高职高专特色课程项目化教材

工程制图与CAD

（第二版）

主编　张　晖　侯海晶

主审　杨红义

东北大学出版社
·沈　阳·

图书在版编目（CIP）数据

工程制图与 CAD ／ 张晖，侯海晶主编. -- 2 版.

沈阳：东北大学出版社，2024.8. -- ISBN 978-7-5517-

3654-1

Ⅰ. TB237

中国国家版本馆 CIP 数据核字第 2024ZN5292 号

内容简介

　　本教材以学生为中心，以任务项目为导向，注重能力培养，体现"教、学、做"一体化的教学理念。本教材内容共分三个模块十四个项目，具体包括绘图基础知识和技能、基本形体三视图、组合体、物体的表达方法、标准件与常用件、零件图、减速器装配图识读、识读换热器设备图、化工工艺图、创建样板文件、绘制与编辑图形、尺寸标注、块的操作与编辑、绘制综合图形等。

　　本教材结构合理、图文并茂、通俗易懂，既可作为高等职业院校化工设备维修技术、石油化工生产技术、数控技术、制冷技术等专业的教材，也可作为相关技术人员的参考书。

出 版 者：东北大学出版社
　　　　　地址：沈阳市和平区文化路三号巷 11 号
　　　　　邮编：110819
　　　　　电话：024-83683655（总编室）
　　　　　　　　024-83687331（营销部）
　　　　　网址：http：//press. neu. edu. cn
印 刷 者：辽宁一诺广告印务有限公司
发 行 者：东北大学出版社
幅面尺寸：185 mm×260 mm
印　　张：21.5
字　　数：471 千字
出版时间：2024 年 8 月第 2 版
印刷时间：2024 年 8 月第 1 次印刷
策划编辑：牛连功
责任编辑：周　朦
责任校对：王　旭
封面设计：潘正一
责任出版：初　茗

ISBN　978-7-5517-3654-1　　　　　　　　　　定　价：45.00 元

前　言

本教材遵循教育部发布的《高等职业学校专业教学标准》中对应的课程要求，以提高学生综合职业能力和素质为培养目标，着力体现以学生为主体及"教、学、做"一体化的教学理念。

本教材选用化工行业典型案例，以典型零件、化工设备和化工装置单元为载体，根据学生的认知规律，共设置三个教学模块，即基础模块、技能模块和计算机绘图模块。每个模块包括多个学习项目，每个项目下设具体任务，每个任务包括任务描述、相关知识、任务实施等环节。本教材注重理论与实践的联系，把培养学生空间思维能力、绘图和识图能力贯穿始终。

本教材主要特色如下。

（1）职业性。本教材依据化工设备维修技术专业教学标准中的人才培养规格要求和"工程图样识读与绘制"课程教学目标要求编写，以培养职业能力和素质为主线进行教学情境的设计。

（2）创新性。本教材打破传统的知识体系，以任务牵动理论知识，进行知识重构；以职业能力培养为主线，融入职业技能大赛考核要求，强化技能训练。

（3）先进性。本教材图形规范，示范性强。在教材编写中贯彻最新的技术制图国家标准和行业标准，紧跟行业动态。

（4）开放性。本教材配有网络课程和教学资源库，能为教师与学生提供可共享的教学资源。

本教材的编写分工为：辽宁石化职业技术学院张晖编写模块一中的项目一、项目四，模块二中的项目五、项目六、项目七；侯海晶编写模块二中的项目八、项目九和模块三；黄健编写模块一中的项目二、项目三。平度市技师学院朱爱菊编写附录。本教材由张晖统稿。

本教材由辽宁石化职业技术学院杨红义担任主审。中国石油锦州分公司高级工程师李红参与审稿。参与审稿的老师和企业专家对书稿进行了认真、细致的审查，提出了许多宝贵的意见和建议，在此表示衷心的感谢。

由于编者水平所限，本教材中难免仍有错漏之处，欢迎读者，特别是任课教师批评指正。

编　者
2024 年 8 月

目 录

┃模块一┃
基础模块

项目一　绘图基础知识和技能 ·· 3

　　任务一　线型练习 ·· 3

　　任务二　绘制平面图形 ·· 14

项目二　基本形体三视图 ·· 22

　　任务一　绘制三视图 ·· 22

　　任务二　绘制几何体三视图 ···································· 27

项目三　组合体 ·· 42

　　任务一　绘制轴承盖的三视图 ································· 42

　　任务二　识读支架三视图 ······································ 55

　　任务三　绘制轴测图 ·· 61

项目四　物体的表达方法 ·· 69

　　任务一　绘制连杆视图 ·· 69

　　任务二　绘制填料压盖剖视图 ································· 73

　　任务三　绘制支架断面图 ······································ 82

┃模块二┃
技能模块

项目五　标准件与常用件 ·· 87

　　任务一　螺栓连接图 ·· 87

　　任务二　从动齿轮测绘 ·· 97

项目六　零件图 ·· 108

　　任务一　绘制从动轴零件图 ·························· 108

　　任务二　识读箱盖零件图 ···························· 129

项目七　减速器装配图识读 ······························ 132

项目八　识读换热器设备图 ······························ 139

项目九　化工工艺图 ···································· 157

　　任务一　空压站工艺管道及仪表流程图识读 ············ 157

　　任务二　空压站设备布置图识读 ······················ 167

　　任务三　空压站管道布置图识读 ······················ 174

┃模块三┃
计算机绘图模块

项目十　创建样板文件 ·································· 185

项目十一　绘制与编辑图形 ······························ 208

项目十二　尺寸标注 ···································· 246

项目十三　块的操作与编辑 ······························ 266

项目十四　绘制综合图形 ································ 278

　　任务一　绘制平面图 ································ 278

　　任务二　绘制剖视图 ································ 284

　　任务三　绘制装配图 ································ 289

参考文献 ·· 294

附　录 ·· 295

　　附录一　螺　纹 ·································· 295

　　附录二　常用的标准件 ···························· 299

　　附录三　极限与配合 ······························ 310

　　附录四　常用材料 ································ 319

　　附录五　化工设备标准零部件 ······················ 323

　　附录六　化工工艺图有关代号和图例 ·················· 335

模块一

基础模块

☆育人目标☆

（1）使学生养成遵守标准规定的习惯，培养学生良好的职业道德素养，增强遵纪守法意识。

（2）培养学生应用唯物辩证法思想看待问题和处理问题，培养学生的逻辑思维与辩证思维能力，形成科学的世界观和方法论。

（3）培养学生爱岗敬业、精益求精、专注、创新等方面的工匠精神。

（4）培养学生团队协作的意识和助人为乐的精神。

项目一　绘图基础知识和技能

【学习目标】

（1）熟悉与制图相关的国家标准中的规定。

（2）掌握尺寸标注的基本方法。

（3）能运用绘图工具绘制平面图形，具备手工绘图技能。

任务一　线型练习

【任务描述】

抄画图1-1所示图形并标注尺寸。要求：绘图比例1∶1，图幅A4。

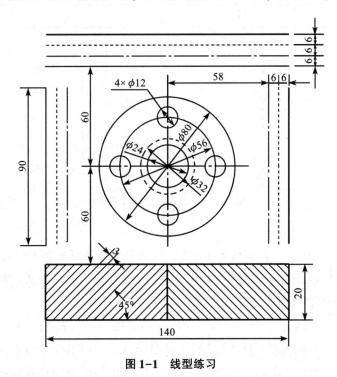

图1-1　线型练习

【相关知识】

一、制图国家标准有关规定

根据投影原理、制图标准或有关规定，表示工程对象并有必要技术说明的图，称为工程图样。我国颁布了《技术制图》《机械制图》国家标准，如《技术制图 图纸幅面和格式》（GB/T 14689—2008）。其中，我国国家标准的代号是"GB"，"T"表示该标准为推荐性国家标准，"14689"是该标准的顺序编号，"2008"为该标准发布的年号。

（一）图纸幅面及格式[《技术制图 图纸幅面和格式》（GB/T 14689—2008）]

1.图纸幅面

国家标准规定五种基本图纸幅面。绘制机械图样时，应优先采用规定的基本幅面，必要时按照基本图幅的短边整数倍加长图幅，图幅尺寸与边框尺寸见表1-1，基本图幅的尺寸关系如图1-2所示。

表 1-1 图纸基本幅面的尺寸　　　　　　　　　　　　　单位：mm

幅面代号	A0	A1	A2	A3	A4
$B×L$	841×1189	594×841	420×594	297×420	210×297
a	25				
c	10			5	
e	20		10		

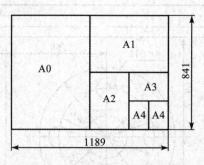

图 1-2 基本图幅的尺寸关系

2.图框格式

绘图时，在图幅内应用粗实线画出图框。图框分为留装订边和不留装订边两种格式，图 1-3 所示为留装订边装订格式，图 1-4 所示为不留装订边装订格式。图纸一般采用 A4 竖装或 A3 横装，具体尺寸见表1-1。

3.标题栏

机械图样必须有标题栏，且按照《技术制图 标题栏》（GB/T 10609.1—2008）规定的标题栏的内容格式和尺寸绘制。在作业中，常采用简化的标题栏及明细栏，如图 1-5 所示。标题栏一般位于图框的右下角,底边和右边与图框线重合,标题栏中的文字方向为看图方向。

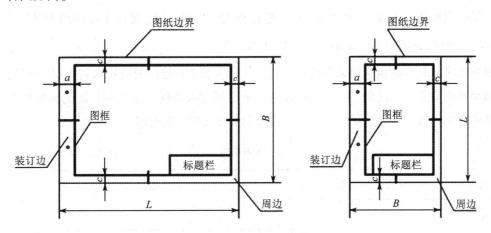

图 1-3 留装订边图框格式

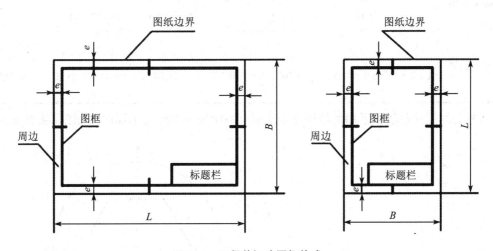

图 1-4 不留装订边图框格式

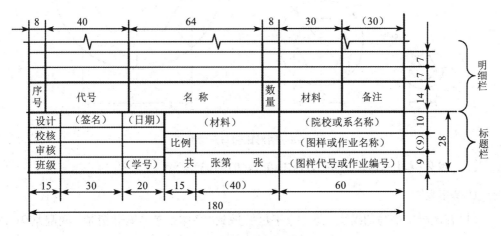

图 1-5 标题栏及明细栏格式

4. 对中符号

为方便在图样复制和缩微摄影时定位,应在图纸边界中点用粗实线画出对中符号,对中符号向图框伸入 5 mm,对中符号在标题栏范围内省略不画,见图 1-3 和图 1-4。

(二)比例[《技术制图　比例》(GB/T 14690—93)]

图中图形与其实物相应要素的线性尺寸之比称为比例。绘图时应按照表 1-2 中列出的比例系列选取适当的比例。同一张图样的各个图形应采用同一个比例,该比例标注在标题栏内相应位置,原值比例能直接反映实物的大小,可优先选用。

表 1-2　比例系列

种类	优先比例系列		允许比例系列				
原值比例	$1:1$						
放大比例	$5:1$　$2:1$ $5\times10^n:1$ $2\times10^n:1$ $1\times10^n:1$		$4:1$　$2.5:1$ $4\times10^n:1$　$2.5\times10^n:1$				
缩小比例	$1:2$　$1:5$　$1:10$ $1:2\times10^n$ $1:5\times10^n$ $1:1\times10^n$		$1:1.5$　$1:2.5$　$1:3$　$1:4$　$1:6$ $1:1.5\times10^n$ $1:2.5\times10^n$ $1:3\times10^n$ $1:4\times10^n$ $1:6\times10^n$				

图上的尺寸数值与采用的绘图比例无关,一律按照实际大小标注,如图 1-6 所示。

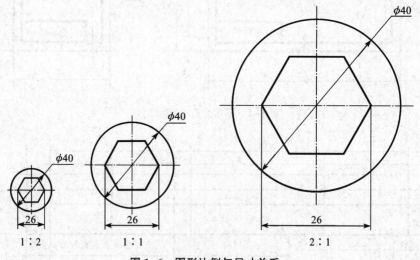

图 1-6　图形比例与尺寸关系

(三)字体[《技术制图　字体》(GB/T 14691—93)]

1. 基本要求

(1)在图样中书写的汉字、数字、字母要做到"字体工整、笔画清楚、间隔均匀、排列整齐"。

(2)字体高度(字号用 h 表示)的公称尺寸系列为:1.8,2.5,3.5,5,7,10,14,20 mm。

(3)汉字应写成长仿宋体字,要采用国家正式颁布的简化字。长仿宋体字的书写要领:横平竖直、注意起落、结构匀称、填满方格。汉字的高度 $h \geqslant 3.5$ mm,字宽约为字高的2/3。

(4)字母和数字可以写成直体或斜体。斜体字字头向右倾斜,与水平基准线成75°。

字母和数字分为 A 型和 B 型。A 型字体的笔画宽度为字高的1/14,B 型字体的笔画宽度为字高的1/10,同一图样,允许用一种形式的字体。

2. 字体示例

汉字、字母和数字的示例见表1-3。

表1-3 字体示例

字体	示例	
长仿宋体汉字	10号字 技术要求 职业技术学院 5号字 化工设备维修技术 数控技术 制冷技术 3.5号字 制图 审核 比例 重量 数量	
拉丁字母	斜体	*ABCDR abcddfg*
	直体	ABCDR abcddfg
阿拉伯数字	斜体	*1234567890*
	直体	1234567890

(四)图线

1. 图线的种类及画法[《技术制图 图线》(GB/T 17450—1998),《机械制图 图样画法 图线》(GB/T 4457.4—2002)]

工程图样是采用国家标准规定线型绘制的,9 种标准图线的线型、宽度及主要应用见表1-4,图线的应用示例见图1-7。在绘制图样时,要按照国家标准规定绘制图线。

国家标准规定的宽度系列如下:0.13,0.18,0.25,0.35,0.5,0.7,1.0,1.4,2 mm,绘图时一般采用 0.5 mm 或 0.7 mm 的宽度。

表 1-4　图线的线型宽度及应用

名称	线型	线宽	一般应用
粗实线	━━━━━━	d	可见轮廓线、相贯线、螺纹牙顶线、螺纹长度终止线等
细实线	──────	$d/2$	过渡线、尺寸线、尺寸界线、指引线和基准线、剖面线等
细虚线	─ ─ ─ ─	$d/2$	不可见轮廓线、不可见棱边线
细点画线	─·─·─·─	$d/2$	轴线、对称线、中心线、分度圆、孔系分布的中心线、剖切线等
波浪线	〜〜〜	$d/2$	断裂处的边界线；视图与剖视图的分界线
双折线	──/\──	$d/2$	
粗虚线	━ ━ ━ ━	d	允许表面处理的表示线
粗点画线	━·━·━·━	d	限定范围表示线
细双点画线	─··─··─	$d/2$	相邻辅助零件的轮廓线、可动零件的极限位置轮廓线等

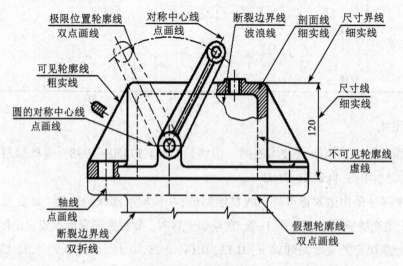

图 1-7　图线应用

2. 图线绘制注意事项

（1）同一图样中同类图线的宽度应基本一致。

（2）虚线、点画线及双点画线的线段长度和间隔应各自大致相等。点画线和双点画线中的"点"应画成长约 1 mm 的横线，而不是圆点。

（3）点画线及双点画线的首尾应是线段而不是点；点画线彼此相交时应该是线段相交；中心线应超出轮廓线 2~5 mm。

（4）虚线与其他图线是线段相交；当虚线为粗实线延长线时，其间应留有空隙。图线绘制注意事项如图 1-8 所示。

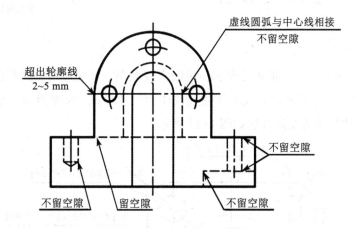

图1-8 图线绘制注意事项

二、尺寸标注

图形只能反映机件的结构形状，而它的大小则是由尺寸决定的。尺寸是图样的主要组成部分。尺寸标注要严格遵守国家标准规定，做到完整、清晰、合理。

（一）标注尺寸的基本原则

（1）机件的实际大小应以图样上标注的尺寸数值为依据，与图形的大小和绘图的准确度无关。

（2）图样中的尺寸以毫米为单位时，不需要标出其计量单位的代号或名称。若采用其他单位，则必须注明相应的计量单位的代号或名称。

（3）图样中标注尺寸为该图样所示机件的最后完工尺寸，否则要另加说明。

（4）机件的每个尺寸一般只标注一次，并应标注在反映该结构特点最清晰的图形上。

（二）尺寸组成

一个完整的尺寸一般由尺寸界线、尺寸线和尺寸数字组成，如图 1-9 所示。尺寸线包括尺寸线终端，机械图样上一般采用箭头表示，如图 1-10 所示。

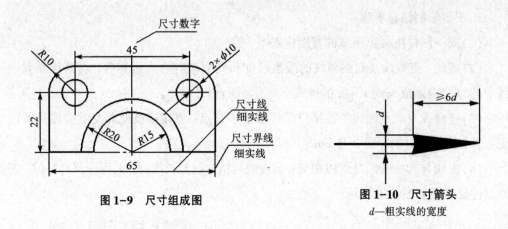

图 1-9　尺寸组成图

图 1-10　尺寸箭头
d—粗实线的宽度

1. 尺寸界线

尺寸界线表示该尺寸的度量范围，用细实线绘制。尺寸界线由图形的轮廓线、轴线或对称中心线引出，也可以直接利用这些线作为尺寸界线。尺寸界线一般要超出尺寸线 2~3 mm。尺寸界线的绘制方法如图 1-11 所示。

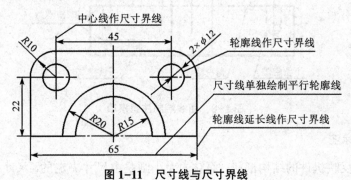

图 1-11　尺寸线与尺寸界线

2. 尺寸线

尺寸线表示该尺寸度量的方向，用细实线绘制。尺寸线必须单独绘出，不能用其他图线代替，也不能与其他图线重合或画在其延长线上。尺寸线一般要与尺寸界线垂直。绘制方法如图 1-12 所示。

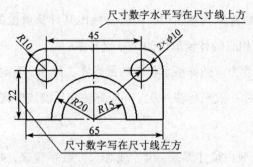

图 1-12　尺寸线与尺寸数字

3. 尺寸数字

尺寸数字必须书写清晰，不能被任何图线穿过，如无法避免，应将图线断开。

线性尺寸的尺寸数字位置：一般应注写在尺寸线的上方或中断处。

线性尺寸的书写方向：以标题栏文字方向为准，水平方向的尺寸数字字头朝上，垂直方向的尺寸数字字头朝左，其他倾斜尺寸的字头方向如图1-13所示。

尽量不要在竖直30°范围内标注尺寸，如无法避免，可按照采用引出线的形式标注，如图1-13所示。

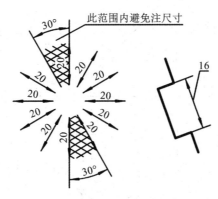

图1-13 竖直30°范围内尺寸数字

(三)常见尺寸标注

常见尺寸标注见表1-5。

表1-5 常见尺寸标注示例

标注内容	图例	说明
直径		（1）标注直径时尺寸线通过圆心，以圆周为尺寸界线。尺寸数字前面要加注直径符号"ϕ"。圆或大于半圆的圆弧要标注其直径。
半径		（2）标注半径时尺寸线自圆心引出，箭头指向圆弧。若圆弧半径过大，可以采用折线表示。尺寸数字前面要加注半径符号"R"。等于或小于半圆的圆弧要标注半径。
球面		（3）标注球面的直径或半径时，应在直径或半径符号前面加注"S"

表 1-5（续）

标注内容	图例	说明
角度	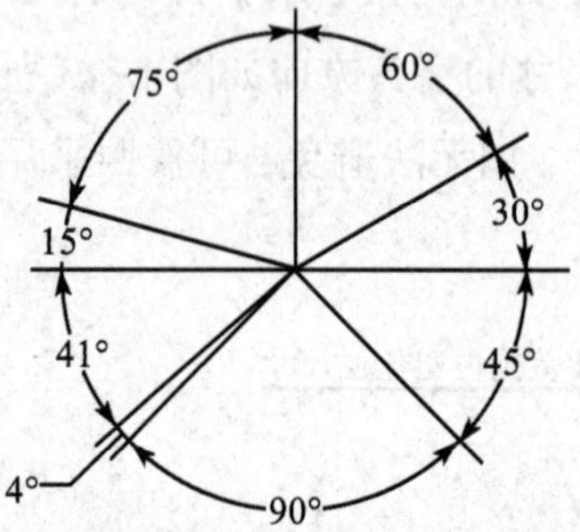	标注角度尺寸的数字一律水平书写在尺寸线的中断处，必要时写在尺寸线的上方或外面，也可以引出标注。尺寸界线沿径向引出，尺寸线是以角顶点为圆心的圆弧
小尺寸	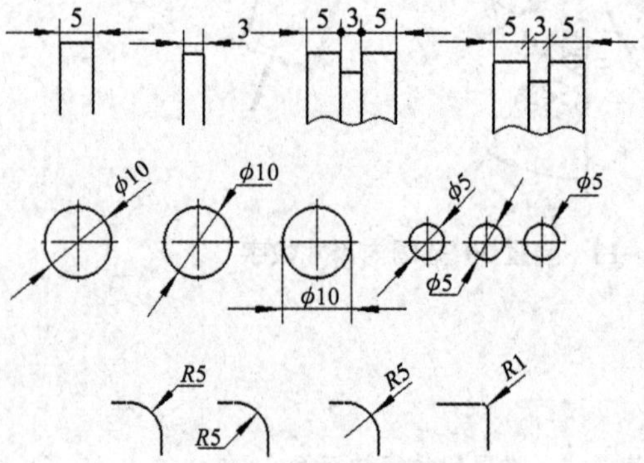	当没有足够的位置画箭头和写数字时，可将尺寸数字或箭头放在尺寸界线外面。标注一连串小尺寸时，可以用小圆点代替中间的箭头
其他标注	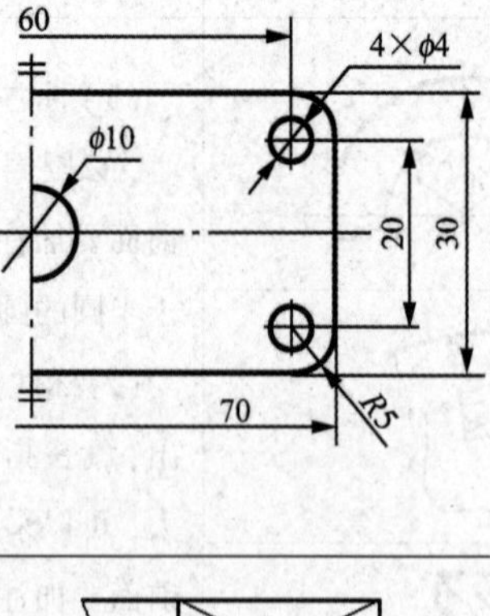	（1）相同直径的孔只标一处，但要注明相同孔的个数，如"4×φ4"表示有 4 个 φ4 的孔。相同半径的圆角只标一处，且不需要注明个数，如左图中的"R5"。 （2）对称结构，图形只画出一半，尺寸线应略超过对称中心线，仅在尺寸线的一端画出箭头
	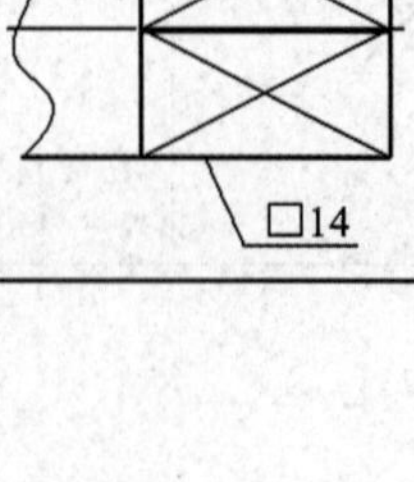	正方形尺寸在边长前加正方形图形符号

（四）尺寸标注注意事项

在尺寸标注时，将小尺寸标注在里面，大尺寸标注在外面；直径前面可以加数字注明相同圆的个数，而半径前不能加数字；标圆弧尺寸时，注意尺寸线方向要指向圆心，如图 1-14 所示。

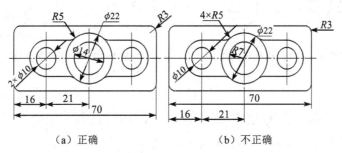

（a）正确　　　　　　　　　（b）不正确

图 1-14　尺寸标注示例

三、常用绘图工具和仪器

（一）图板、丁字尺和三角板

图板是用来铺放和固定图纸的矩形木板。它的左边是工作导向边，要求光滑平直。绘图时，图纸用胶带纸固定在图板的适当位置。

丁字尺用来绘制水平直线，由尺头和尺身组成。尺身上边（有刻度）为工作边，与尺头内侧（工作边）垂直。

三角板一副共两块，由 45°直角三角板和 30°/60°直角三角板组成。用于画垂线和任意倾斜线。丁字尺、三角板和图板配合使用可画出任意方向的直线，其配合使用方法如图 1-15 所示。

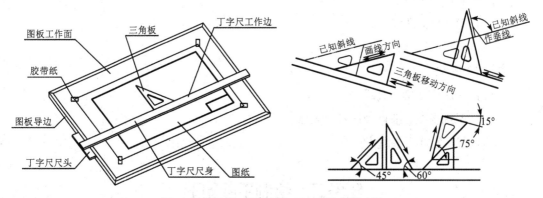

图 1-15　图板、丁字尺和三角板的使用方法

（二）圆规和分规

圆规用来画圆和圆弧，画图时，应尽量使钢针和铅芯都垂直于纸面，钢针的台阶与铅芯尖应平齐。图 1-16 为圆规画圆示意图。

分规用来量取尺寸和分割、截取线段。图 1-17 为分规使用示意图。

图 1-16　圆规及其用法　　　　图 1-17　分规及其用法

（三）铅笔

画底稿时，一般使用 2H 铅笔，便于修改。加深时，粗线一般用 B 或 2B 铅笔，细线一般用 H 或 2H 铅笔。写字可以用 H 或 HB 铅笔。

铅笔的削法如图 1-18 所示。加深用的软铅笔应削成铲形方头，可以使画出的线条宽度一致。其余用途的铅笔可削成圆锥形。

图 1-18　铅笔的削法

【任务实施】

该任务具体绘图步骤如下：

1. 画底稿

（1）绘制图框、标题栏。

（2）布图，画基准线。

（3）按照尺寸完成图形并检查。

2. 描深图线

（1）描深粗实线圆、直线。

（2）描深细虚线、细点画线和细实线。

（3）标尺寸和填写标题栏。

任务二　绘制平面图形

【任务描述】

如图 1-19 所示，扳手图形由直线、圆弧及圆等构成。本任务要求学会绘制扳手平面图形, 掌握平面图形绘图方法和步骤。

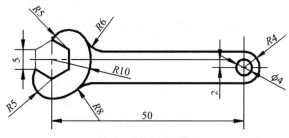

图 1-19　扳手平面图形

【相关知识】

一、等分作图

(一)三角板与丁字尺配合作多边形

三角板配合丁字尺使用, 可将圆周进行三、四、六等分, 其作图方法分别如图 1-20 (a)(b)(c)所示。

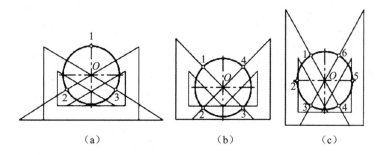

图 1-20　圆周三、四、六等分

(二)用圆规等分圆周作正多边形

用圆规等分圆周及作正六边形, 如图 1-21 所示。

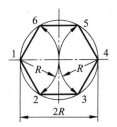

图 1-21　用圆规等分圆周

二、圆弧连接

用已知半径的圆弧, 光滑地连接相邻两线段(直线或圆弧), 称为圆弧连接。圆弧连接必须准确地找到连接圆弧的圆心, 确定连接弧与被连接线段的切点。

（一）圆弧与已知直线相切

圆弧 R 与直线相切，连接圆弧的圆心轨迹是一条平行于该直线且距离为 R 的直线，切点为由圆心向已知直线所作垂线的垂足，如图 1-22 所示。

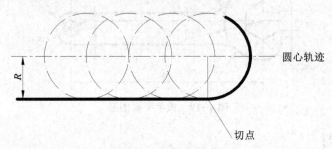

图 1-22　圆与直线相切

（二）圆弧与已知圆弧相切

1. 圆弧与已知圆弧外切

圆弧 R 与已知圆弧 R_1 外切，连接圆弧的圆心轨迹是一个以两圆弧半径之和为半径且与已知圆弧 R_1 同心的圆，切点为两圆弧圆心连线与已知圆弧的交点，如图 1-23（a）所示。

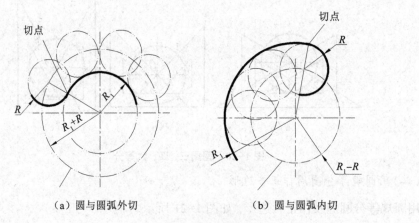

（a）圆与圆弧外切　　　　　（b）圆与圆弧内切

图 1-23　圆与圆弧相切

2. 圆弧与已知圆弧内切

圆弧 R 与已知圆弧 R_1 内切，连接圆弧的圆心轨迹是一个以两圆弧半径之差为半径且与已知圆弧 R_1 同心的圆，切点为两圆弧圆心连线的延长线与已知圆弧的交点，如图 1-23（b）所示。

【例 1-1】　用圆弧 R 连接两条已知线段 AB 和 BC，如图 1-24 所示。

作图步骤：

（1）求圆心。作直线 AB 和直线 BC 的平行线（距离为 R）得交点 O。

（2）找切点。过点 O 分别向两条直线引垂线，得 K_1 和 K_2。

(3)画连接圆弧。以 O 为圆心、R 为半径在 K_1 和 K_2 间画弧，完成圆弧连接。两条直线成直角、锐角、钝角关系的作图方法分别如图 1-24(a)(b)(c)所示。

若两直线成直角关系，还有一种常见的作图方法：以两条直线的交点 B 处为圆心，以连接圆弧半径 R 为半径画弧与两直线相交，直接得 K_1 和 K_2 两点，然后以 K_1 和 K_2 为圆心、R 为半径，分别画弧得交点 O；以 O 为圆心、R 为半径在 K_1 和 K_2 间画弧，完成圆弧连接。

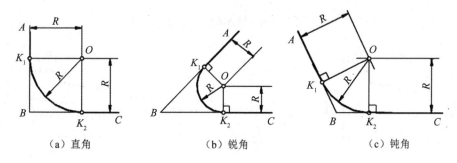

(a) 直角   (b) 锐角   (c) 钝角

图 1-24 圆弧连接两直线

【例 1-2】 用圆弧 R 连接如图 1-25 所示的已知圆 O_1，O_2。

作图步骤：

(1)求圆心。以 O_1 为圆心、$R+R_1$ 为半径画弧；以 O_2 为圆心、$R+R_2$ 为半径画弧；两圆弧的交点 O 即为连接圆弧的圆心，如图 1-25(a)所示。

(2)找切点。连接 O 点、O_1 点，连接 O 点、O_2 点，连线与各自圆的交点 T_1 和 T_2 即为各自圆上的切点，如图 1-25(a)所示。

(3)画出连接圆弧。以 O 点为圆心、R 为半径在 T_1 和 T_2 间画弧，完成圆弧连接，如图 1-25(b)所示。

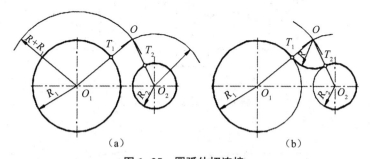

(a)   (b)

图 1-25 圆弧外切连接

三、斜度和锥度

(一)斜度

一直线(或平面)对另一直线(或平面)的倾斜程度称为斜度。如图 1-26(a)所示，斜度为 $\tan\alpha = H/L$。为方便起见，工程中习惯将这一比值写成 $1:n$ 的形式。斜度符号按照

图1-26(b)绘制，斜度标注与画法如图 1-27 所示。

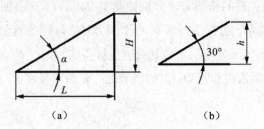

图 1-26　斜度概念与符号

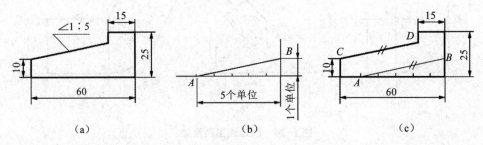

图 1-27　斜度标注与画法

（二）锥度

锥度是指正圆锥的底圆直径与其高度之比。若是锥台，则为两底圆直径之差与锥台高度之比。如图 1-28(a)所示，锥度 $=D/L=(D-d)/l=2\tan(\alpha/2)$。为方便起见，工程中也习惯将这一比值写成 $1:n$ 的形式。锥度符号按照图 1-28(b)绘制，锥度标注与画法如图 1-29 所示。

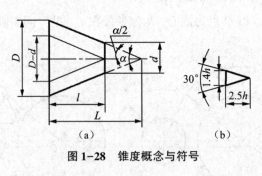

图 1-28　锥度概念与符号

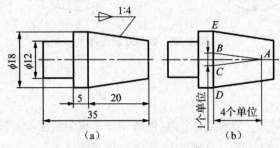

图 1-29　锥度标注与画法

四、平面图形绘制

平面图形是由直线和曲线连接而成的。画图时，首先要对图形进行分析，从而确定画图步骤。

(一)尺寸分析

平面图形中的尺寸，按照其作用可分为定形尺寸和定位尺寸两类。

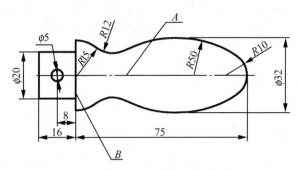

图 1-30　平面图形分析

1. 定形尺寸

平面图形各组成部分形状大小的尺寸称为定形尺寸。如图 1-30 中圆的直径尺寸 $\phi20$，$\phi5$，圆弧的半径尺寸 $R15$，$R12$，$R50$，$R10$，直线长度尺寸 16 等都是定形尺寸。

2. 定位尺寸

平面图形各组成部分之间相互位置的尺寸称为定位尺寸。如图 1-30 中尺寸 8，75，$\phi32$ 等是定位尺寸。

标注定位尺寸的起点称为尺寸基准。一般选择图形的对称线、较大圆的中心线或较长的直线边作为尺寸基准。

平面图形尺寸基准要有水平方向和垂直方向两个，如图 1-30 中 A 为垂直方向的基准，B 为水平方向的基准。

(二)线段分析

1. 已知线段

定形尺寸和定位尺寸齐全的图线称为已知线段。如图 1-30 中的小圆 $\phi5$，圆弧 $R15$，$R10$ 及手柄头部的矩形，都是已知线段。

2. 中间线段

只给出定形尺寸和一个方向的定位尺寸的图线称为中间线段。如图 1-30 中的圆弧 $R50$ 就是中间线段，它只有垂直方向的定位尺寸 $\phi32$，水平方向无法定位，只有等 $R10$ 画出后，利用与之相外切的关系进行定位。

3. 连接线段

只给出定形尺寸而没有给出定位尺寸的图线称为连接线段。图 1-30 中的 $R12$ 就是连接线段。它只有等已知线段 *R*15 和中间线段 *R*50 画完后，利用与它们相外切的关系画出。

（三）平面图形的作图方法和步骤

手柄的绘图过程如图 1-31 所示。

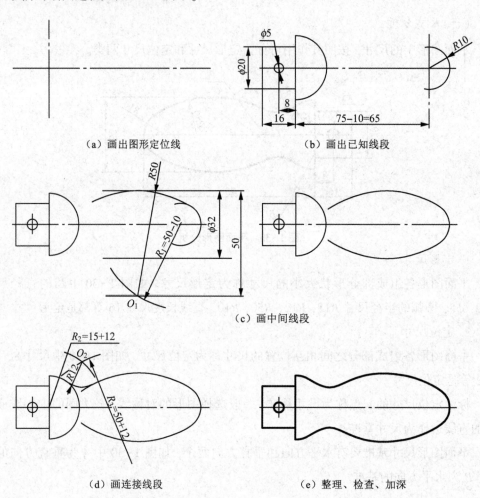

（a）画出图形定位线　　　　　　　　（b）画出已知线段

（c）画中间线段

（d）画连接线段　　　　　　　　（e）整理、检查、加深

图 1-31　平面图形绘图步骤

【任务实施】

该任务的具体绘图步骤如下：

（1）进行尺寸分析和线段分析。

（2）选择合适的比例和图幅，将图纸固定在图板上。

（3）绘制底稿：绘制图框、标题栏；按照首先画已知线段，然后画中间线段，最后画连接线段的顺序完成图形；绘制尺寸界线、尺寸线。

（4）检查底稿，描深图形。加深时，应先粗后细，先曲后直。

（5）标注尺寸，填写标题栏等。

【知识拓展】

草图是指目测估计机件大小后徒手绘制的工程图样。绘制草图是工程技术人员必须掌握的一项基本技能。

1. 直线的画法

徒手画直线时，应先标出直线上的两点作为线段的起止点。徒手画直线手法如图1-32所示。

图1-32　徒手画直线

2. 常用角度的画法

画45°或30°，60°等常见角度时，可根据直角三角形直角边的比例关系，在直角边上取相应的两点连接而成。45°角的画法如图1-33(a)所示；30°或60°角的画法如图1-33(b)所示。

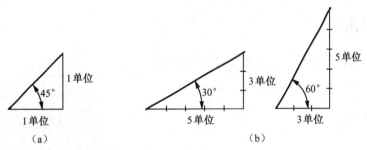

图1-33　徒手画角度

3. 圆的画法

画圆时，先画出两条互相垂直的中心线，确定圆心位置。若圆的直径较小，可直接在两中心线上目测定出四个半径点，徒手光滑连接四点即成小圆，如图1-34(a)所示。若圆的直径较大，可在两中心线间加画一对45°斜线，在其上取四个半径点，光滑连接这八个点，完成大圆，如图1-34(b)所示。

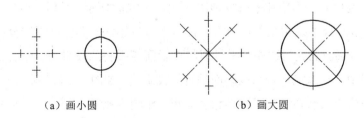

（a）画小圆　　　　　　　（b）画大圆

图1-34　徒手画圆

项目二　基本形体三视图

【学习目标】

（1）熟悉投影的形成及正投影的基本性质。

（2）运用三视图的投影规律绘制物体的三视图。

（3）了解点、直线、平面的投影特性。

（4）掌握几何体三视图绘制方法。

任务一　绘制三视图

【任务描述】

观察分析物体的形状，绘制图 2-1 所示物体的三视图，锻炼图示物体的技能。

【相关知识】

一、投影法

（一）投影的形成及分类

投射线通过物体向选定的平面投射，并在该面上得到图形的方法称为投影法。在选定平面所得到的图形称为投影。

图 2-1　物体轴测图

投影法分为中心投影法和平行投影法。如图 2-2(a)所示，投射线汇交于一点的投影称为中心投影法，投射线相互平行的投影称为平行投影法。平行投影法分为斜投影法和正投影法。斜投影法为投射线相互平行但与投影面相倾斜的投影法，如图 2-2(b)所示。正投影法为投射线相互平行且与投影面垂直的投影法，如图 2-2(c)所示。

由于正投影能反映物体的真实形状和大小，作图也比较方便，所以绘制机械图样主要采用正投影法，简称正投影。

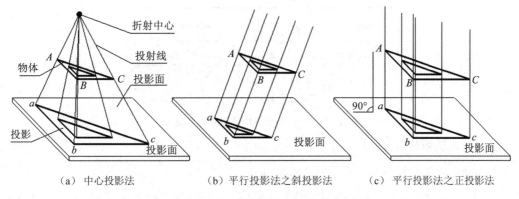

（a）中心投影法　　　　（b）平行投影法之斜投影法　　　（c）平行投影法之正投影法

图 2-2　投影的形成与分类

(二) 正投影的基本性质

1. 真实性

当直线（平面）与投影面平行时，直线（平面）的投影将显示实长（形），如图 2-3（a）所示。

2. 积聚性

当直线（平面）与投影面垂直时，直线（平面）的投影积聚成点（线），如图 2-3（b）所示。

3. 类似性

当直线（平面）与投影面相倾斜时，直线（平面）的投影变短（小），但平面投影的形状与原来的形状类似，如图 2-3（c）所示。

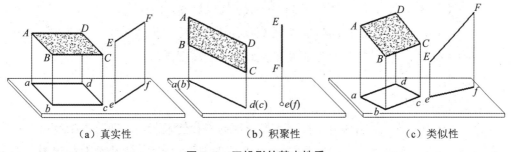

（a）真实性　　　　　　　（b）积聚性　　　　　　　（c）类似性

图 2-3　正投影的基本性质

二、物体的三视图

用正投影绘制物体的图形，将人的视线假想成相互平行且垂直投影面的一组投射线，物体在投影面上的投影称为视图。国家标准规定，可见的轮廓线用粗实线绘制，不可见的轮廓线用细虚线绘制。

一般情况下，一个视图不能完整表达物体的形状，如图 2-4 所示，三个物体视图相同，但形状并不相同，所以一般用一个视图表达物体的形状是不可以的，必须将物体朝着几个方向投影，才能清晰完整地表达出物体的形状和结构。

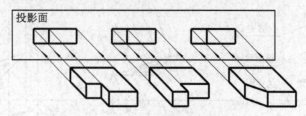

图 2-4　一个视图不能确定物体的形状

(一) 三视图的形成

1. 建立三面投影体系

三面投影体系由三个相互垂直的投影面组成，分别为正立投影面(简称正面或 V 面)、水平投影面(简称水平面或 H 面)和侧立投影面(简称侧面或 W 面)，如图 2-5 所示。

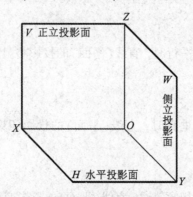

图 2-5　三面投影体系

相互垂直的投影面之间的交线，称为投影轴，具体如下：

OX 轴(简称 X 轴)，是 V 面与 H 面的交线，代表长度方向；

OY 轴(简称 Y 轴)，是 H 面与 W 面的交线，代表宽度方向；

OZ 轴(简称 Z 轴)，是 V 面与 W 面的交线，代表高度方向。

三根投影轴相互垂直，其交点 O 称为原点。

2. 物体的三视图

将物体放在三面投影体系中，按照正投影法向各投影面投射，即可得到物体在三个投影面上的视图，如图 2-6(a)所示。三个视图分别为：主视图——由前向后投射在正投影面上的视图；俯视图——由上向下投射在水平投影面上的视图；左视图——由左向右投射在侧投影面上的视图。

3. 三视图的展开

为了作图方便，需将互相垂直的三个投影面展开在同一个平面上。正立投影面不动，将水平投影面绕 OX 轴向下旋转 $90°$，将侧立投影面绕 OZ 轴向右旋转 $90°$，与正立投影面处在同一平面上，如图 2-6 (b)所示。由于物体的三视图与投影面大小无关，因此，绘制三视图时，不必画出投影面和投影轴，如图 2-6 (c)所示。

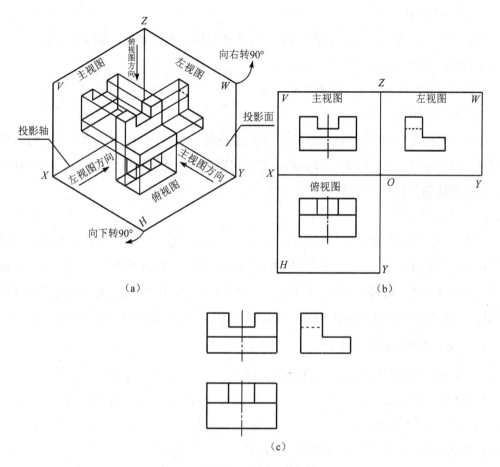

图 2-6　三视图的形成

(二)三视图的对应关系

1. 位置关系

以主视图为准,俯视图在主视图的正下方,左视图在主视图的右方,如图 2-7 (a)
所示。

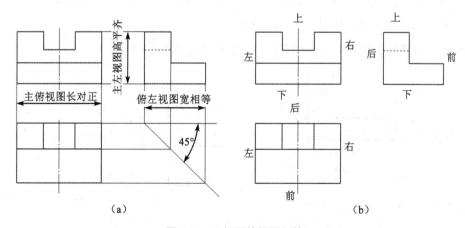

图 2-7　三视图的投影规律

2. "三等"规律

通过分析三视图的形成过程可以发现,每个视图都反映物体两个方向的尺寸:

主视图反映物体的长度(X)和高度(Z);

俯视图反映物体的长度(X)和宽度(Y);

左视图反映物体的高度(Z)和宽度(Y)。

由此可归纳出三视图间的投影规律,即主俯视图长对正、主左视图高平齐、俯左视图宽相等的"三等"规律。整个(局部)物体的三视图都符合此投影规律,依据"三等"规律可以绘制物体的三视图,如图2-7(a)所示。

3. 方位关系

物体在三面投影体系内的位置确定后,它的上、下、左、右、前、后的位置关系也就在三视图上明确地反映出来。如图2-7(b)所示,主视图反映物体的上、下和左、右;俯视图反映物体的左、右和前、后;左视图反映物体的上、下和前、后。俯、左视图靠近主视图的一边(里面)均表示物体的后面,远离主视图的一边(外面)均表示物体的前面。

(三)绘制三视图的步骤

(1)确定物体的摆放位置,使物体主要表面平行或垂直投影面。

(2)选择主视图的投射方向:选择反映物体形状特征的方向为主视图的投射方向,如图2-8所示。

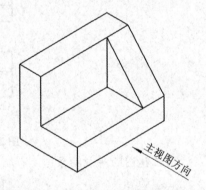

图2-8 选择主视图方向

(3)绘图:画出三视图的定位线和实现俯、左视图宽相等的45°辅助线,如图2-9(a)所示。

先画底板,从主视图入手,依据"三等"规律,依次画出俯视图和左视图,再完成竖板和肋板三视图,如图2-9(b)(c)(d)所示。

擦去多余图线,按照线型描深图线,完成的图形如图2-9(e)所示。

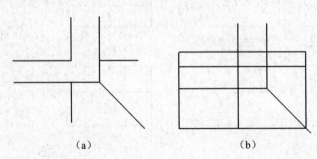

(a)   (b)

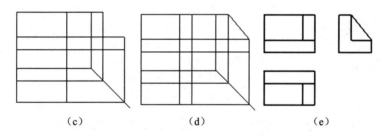

（c） （d） （e）

图 2-9 三视图的绘图步骤

【**任务实施**】

按照三视图的绘图步骤，依据"三等"规律绘制完成的三视图如图 2-10 所示。

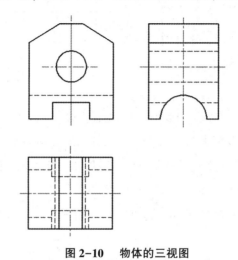

图 2-10 物体的三视图

任务二 绘制几何体三视图

【**任务描述**】

点、直线和平面是构成物体最基本的几何要素。分析图 2-11 所示几何体的组成，绘制几何体的三视图，培养绘图能力和空间思维能力。

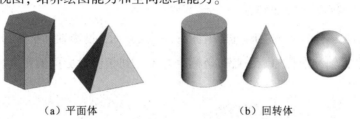

（a）平面体 （b）回转体

图 2-11 几何体

【相关知识】

一、点的投影

(一)点的投影规律

将空间点 A 向三个投影面作垂线，则其垂足 a, a', a'' 即点的投影，如图 2-12(a)所示。

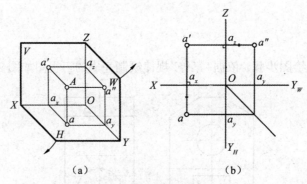

图 2-12 点的三面投影

点的规定标记：空间点用大写字母表示，如 A, B, C 等；水平投影用相应的小写字母表示，如 a, b, c 等；正面投影用相应的小写字母加一撇表示，如 a', b', c' 等；侧面投影用相应的小写字母加两撇表示，如 a'', b'', c'' 等。

展开点的投影如图 2-12(b)所示，通过点的三面投影的形成过程，分析总结出点的投影规律：

(1)点的两面投影连线，必定垂直于相应的投影轴。即 $aa' \perp OX$，$a'a'' \perp OZ$，而 $aa_y \perp OY_H$，$a''a_y \perp OY_W$。

(2)点到投影轴的距离等于空间点到相应的投影面的距离，即"影轴距=点面距"。

$a'a_x = a''a_y = Aa$（A 点到 H 面的距离）；

$aa_x = a''a_z = Aa'$（A 点到 V 面的距离）；

$aa_y = a'a_z = Aa''$（A 点到 W 面的距离）。

利用点的投影规律，可根据点的两个投影作出第三投影。

(二)点的投影与直角坐标系

若将三面投影体系看成空间直角坐标系，则投影面、投影轴和投影原点即相应地称为坐标面、坐标轴和坐标原点，点的坐标值等于点到相应投影面的距离，如图2-13(a)所示。

点的 X 坐标值=点到 W 面的距离；

点的 Y 坐标值=点到 V 面的距离；

点的 Z 坐标值＝点到 H 面的距离。

点 A 的空间位置由坐标 $A(x,y,z)$ 确定，点的投影位置由两个坐标即可确定，如图 2-13(b)所示。

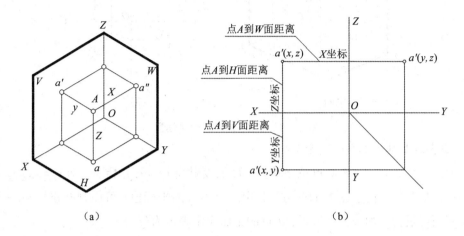

（a）　　　　　　　　　　　（b）

图 2-13　点的投影与坐标的关系

【例 2-1】　已知点(10, 15, 20)，求作它的三面投影图。

作图步骤如图 2-14 所示：

(1)作投影轴，在 OX 轴上由 O 向左量取 10，得 a_x。

(2)过 a_x 作 OX 轴的垂线，并沿垂线向下量取 $a_x a = 15$，得 a；向上量取 $a_x a' = 20$，得 a'。

(3)根据 a，a'，求出第三投影 a''。

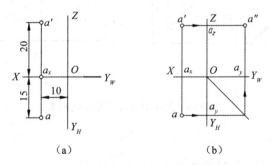

（a）　　　　　　　　　　　（b）

图 2-14　根据已知点坐标所作投影图

(三)两点间的相对位置

1. 两点间相对位置的判断

如图 2-15 所示，两点间的相对位置可以由两点的坐标来确定：

左右相对位置由 X 坐标确定，$X_A > X_B$ 表示点 A 在点 B 的左方；

前后相对位置由 Y 坐标确定，$Y_A < Y_B$ 表示点 A 在点 B 的后方；

上下相对位置由 Z 坐标确定，$Z_A < Z_B$ 表示点 A 在点 B 的下方。

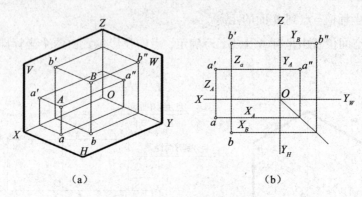

（a）　　　　　　　　　　　（b）

图 2-15　点 A，B 间的相对位置

2. 重影点及其可见性的判断

如图 2-16 所示，E，F 两点位于垂直 V 面的投射线上，e'，f'重合，即 $x_E = x_F$，$z_E = z_F$，但 $y_E > y_F$，表明点 E 位于点 F 的前方。利用这对不等的坐标值，可以判断重影点的可见性。对不可见的点，加圆括号表示，F 点的正面投影表示为 (f')。

对 H 面的重影点，z 坐标大者可见；

对 V 面的重影点，y 坐标大者可见；

对 W 面的重影点，x 坐标大者可见。

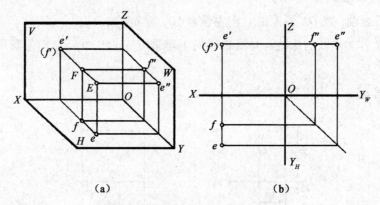

（a）　　　　　　　　　　　（b）

图 2-16　重影点及其可见性的判断

二、直线的投影

(一)各种位置直线的投影特性

在三面投影体系中，直线相对于投影面有三种位置：投影面平行线、投影面垂直线、一般位置直线。

1. 投影面平行线

平行于一个投影面而对另外两个投影面倾斜的直线称为投影面平行线。它有三种形式，即水平线（ // H 面）、正平线（ // V 面）和侧平线（ // W 面）。

各种平行线的投影特性见表 2-1。

表 2-1 投影面平行线的投影特性

名称	正平线(∥V)	水平线(∥H)	侧平线(∥W)
立体图	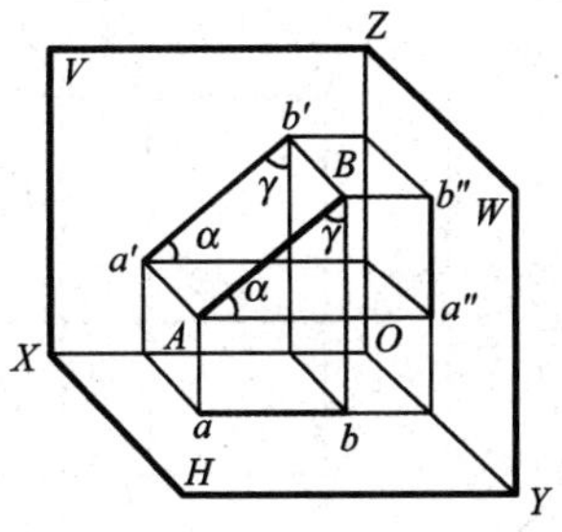	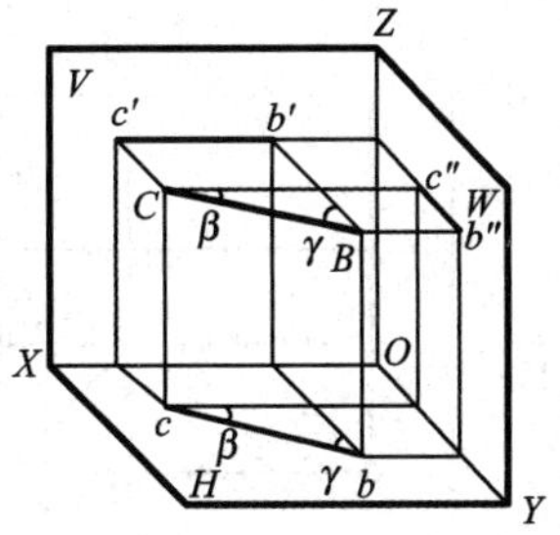	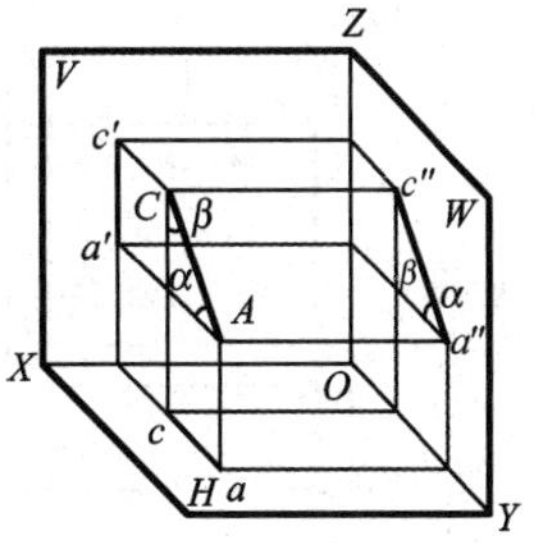
投影图	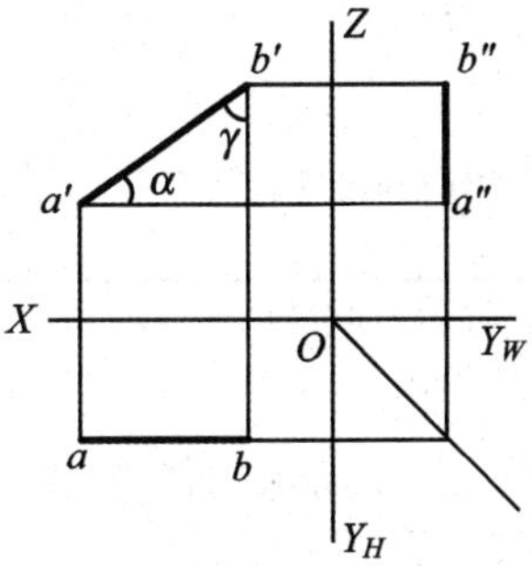	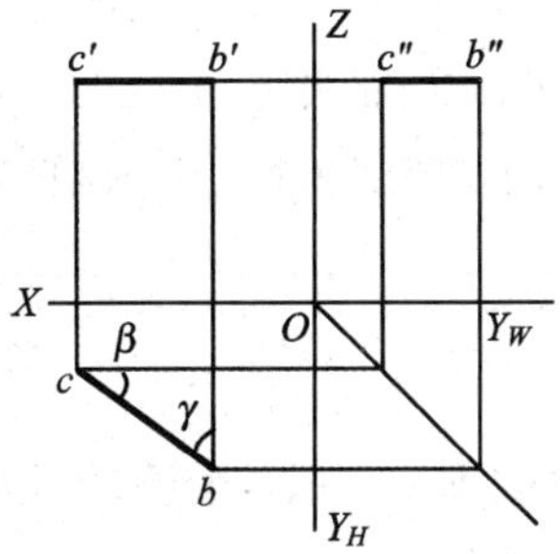	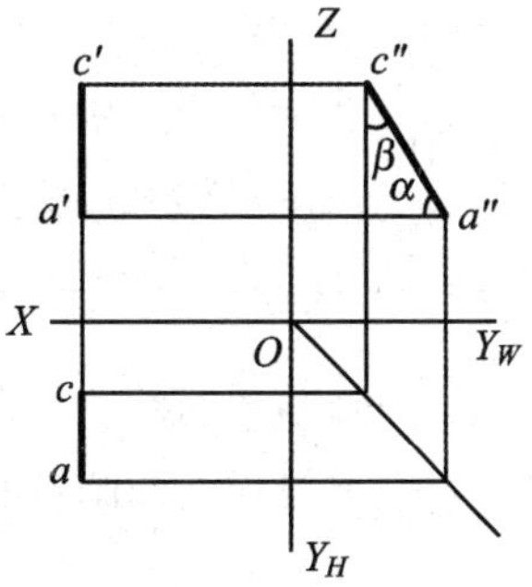
投影特性	(1)直线在所平行的投影面上的投影反映实长,反映实长的投影与投影轴所夹的角度等于空间直线对相应投影面的倾角; (2)其他两面投影平行于相应的投影轴,且均不反映实长		

2. 投影面垂直线

垂直于一个投影面而同时平行于其他两个投影面的直线,称为投影面垂直线。它有三种形式,即铅垂线(⊥H面)、正垂线(⊥V面)和侧垂线(⊥W面)。

各种垂直线的投影特性见表 2-2。

表 2-2 投影面垂直线的投影特性

名称	正垂线(⊥V)	铅垂线(⊥H)	侧垂线(⊥W)
立体图	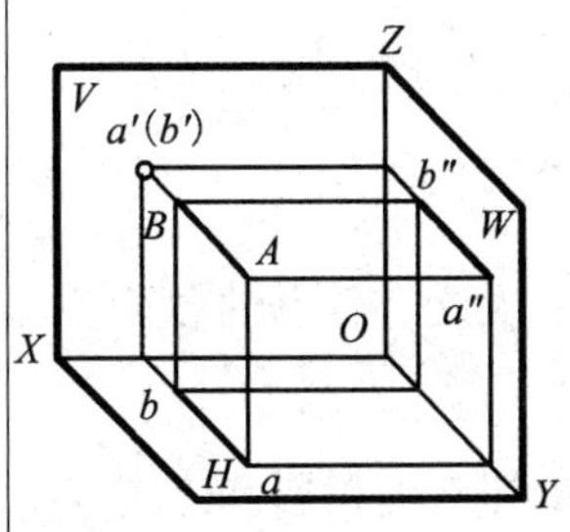	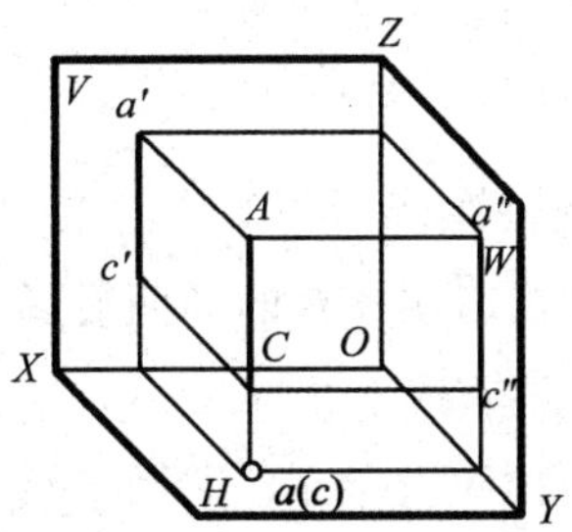	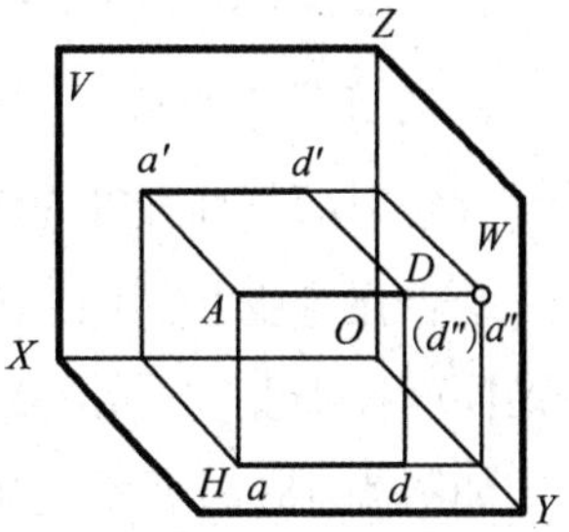

表 2-2（续）

名称	正垂线（⊥V）	铅垂线（⊥H）	侧垂线（⊥W）
投影图	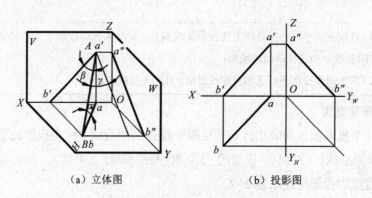		
投影特性	（1）直线在所垂直的投影面上的投影，积聚成一点； （2）其他两面投影反映该直线的实长，且分别垂直于相应的投影轴		

3. 一般位置直线

对三个投影面都倾斜的直线称为一般位置直线，如图 2-17 所示的直线 *AB*。

图 2-17　一般位置直线的投影特性

（a）立体图　　　　　（b）投影图

一般位置直线的投影特性为：

①三个投影都与投影轴倾斜；

②三个投影均小于直线实长。

（二）直线上的点

直线上的点具有以下从属特性。

若点在直线上，则此点的投影在直线的同面投影上；反之，若点的各面投影都在直线的同面投影上，则此点必在该直线上。

如图 2-18（a）所示，点 *C* 属于直线 *AB*，已知直线 *AB* 的三面投影和点 *C* 的水平投影 *c*，求得点 *C* 的正面投影 *c'* 和侧面投影 *c"*，如图 2-18（b）所示。

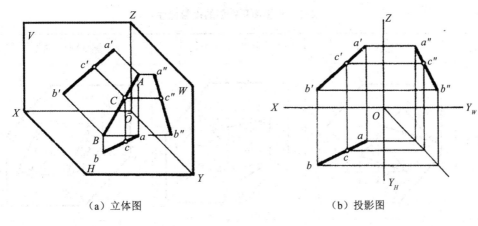

（a）立体图   （b）投影图

图 2-18 直线上的点的投影

二、平面的投影

(一)平面的表示法

在投影图上，平面通常由下列任意一组几何要素的投影来表示，如图 2-19 所示。一般地，常用平面图形来表示平面。

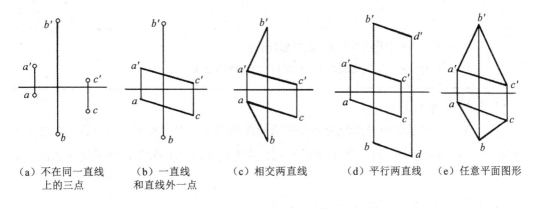

（a）不在同一直线 （b）一直线 （c）相交两直线 （d）平行两直线 （e）任意平面图形
  上的三点   和直线外一点

图 2-19 平面的表示法

(二)各种位置平面的投影特性

平面在三面投影体系中有三种位置：投影面平行面、投影面垂直面、一般位置平面。前两种又称为特殊位置平面。

1. 投影面平行面

平行于一个投影面而同时垂直于其他两个投影面的平面，称为投影面平行面。平行于 H 面的平面，称为水平面；平行于 V 面的平面，称为正平面；平行于 W 面的平面，称为侧平面。

各种投影面平行面的投影特性见表 2-3。

表 2-3　投影面平行面的投影特性

名称	正平面($/\!/V$)	水平面($/\!/H$)	侧平面($/\!/W$)
立体图	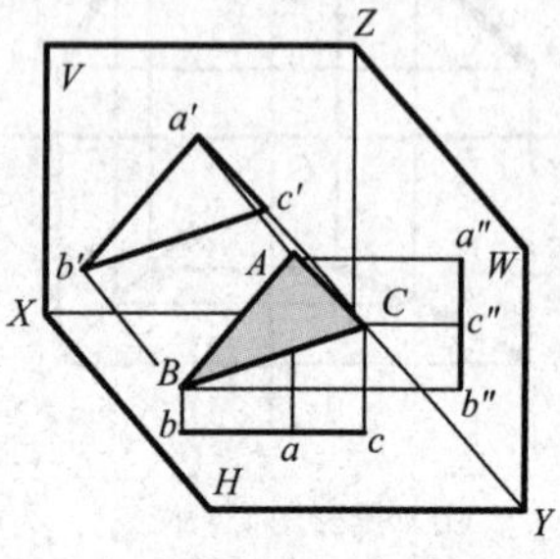	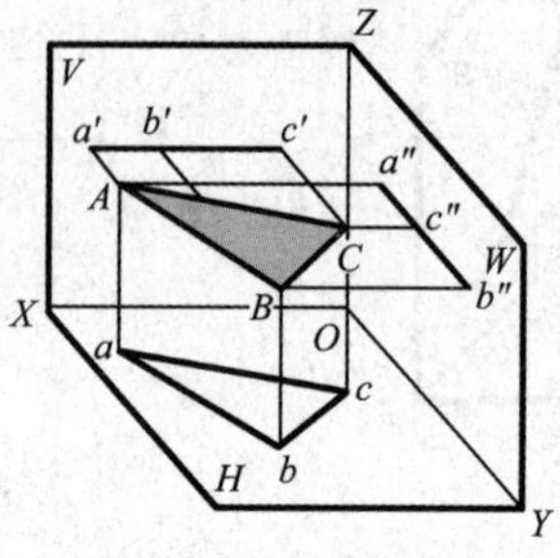	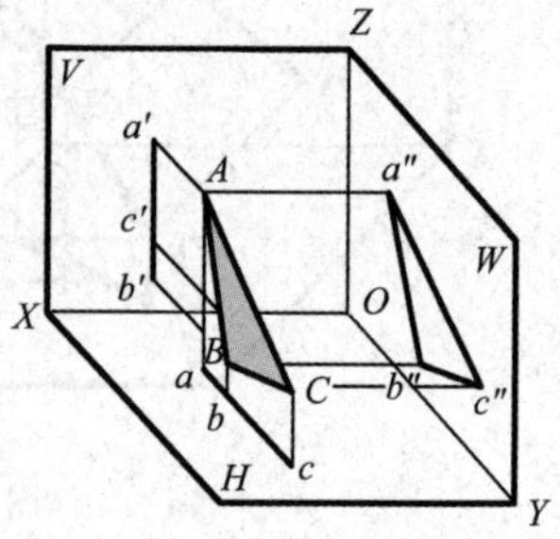
投影图	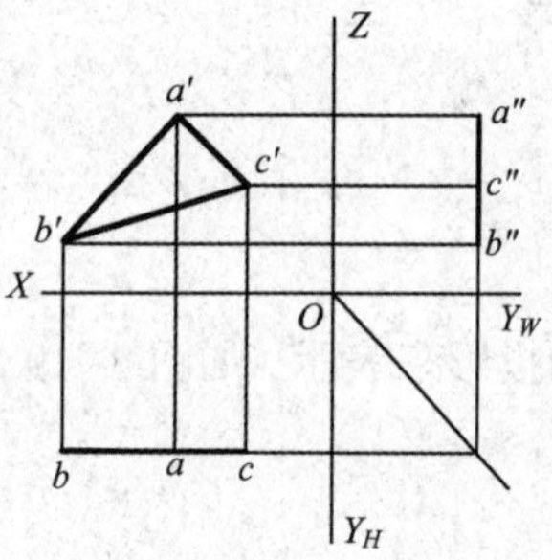	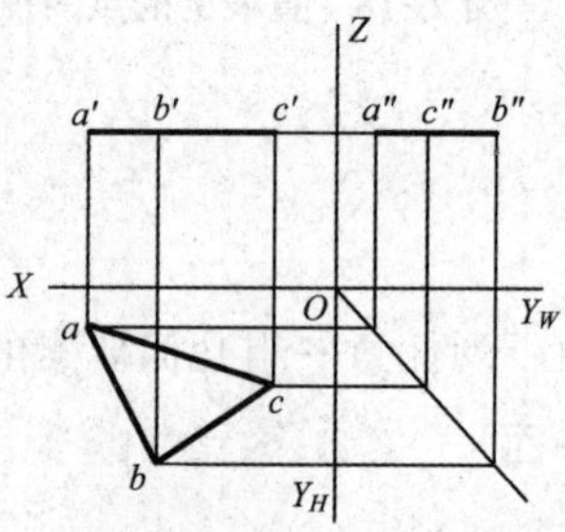	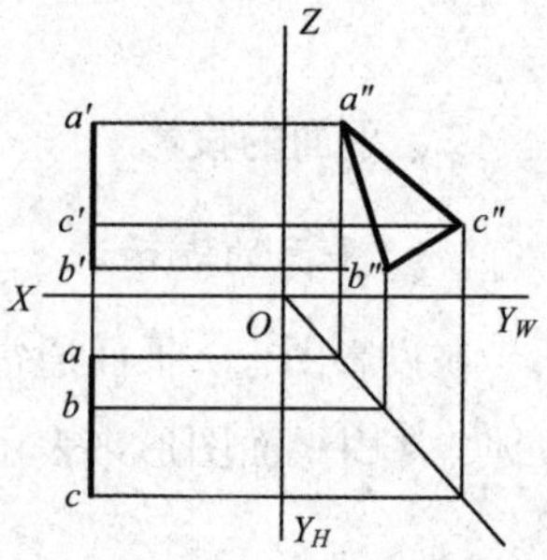
投影特性	(1)平面在所平行的投影面上的投影反映实形； (2)其他两面投影积聚成直线，且平行于相应的投影轴		

2. 投影面垂直面

垂直于一个投影面而对其他两个投影面倾斜的平面，称为投影面垂直面。垂直于 H 面的平面，称为铅垂面；垂直于 V 面的平面，称为正垂面；垂直于 W 面的平面，称为侧垂面。

各种投影面垂直面的投影特性见表 2-4。

表 2-4　投影面垂直面的投影特性

名称	正垂面($\perp V$)	铅垂面($\perp H$)	侧垂面($\perp W$)
立体图	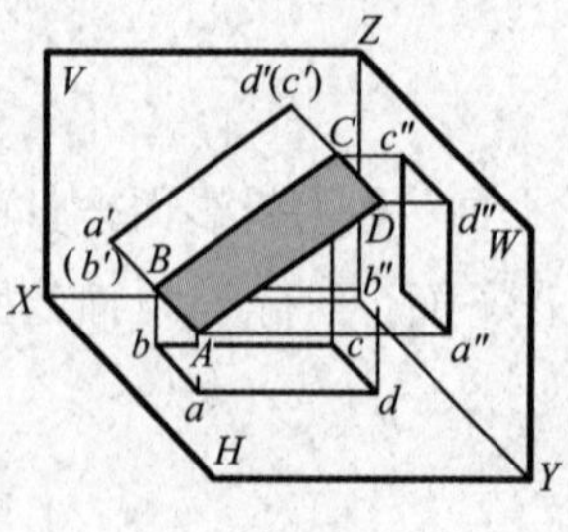	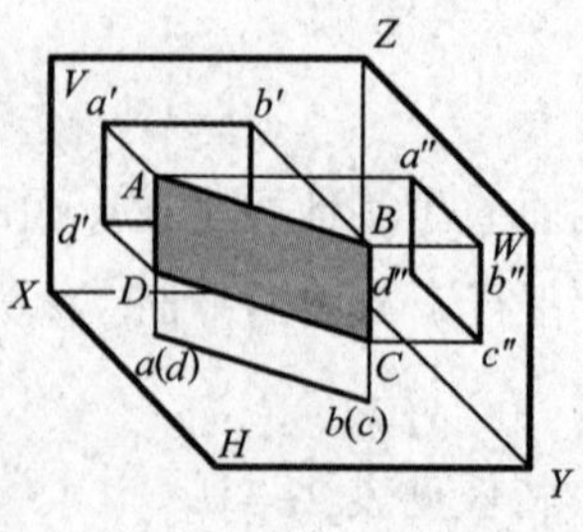	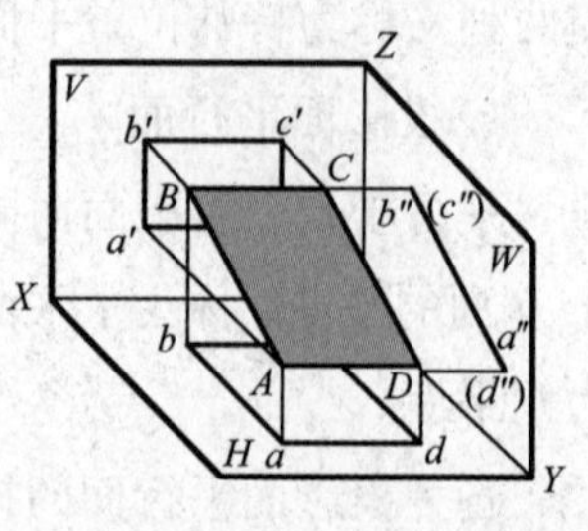

表 2-4（续）

名称	正垂面（⊥V）	铅垂面（⊥H）	侧垂面（⊥W）
投影图			
投影特性	（1）在所垂直的投影面上的投影积聚成直线； （2）其他投影为原形的类似形		

3. 一般位置平面

三个投影面都倾斜的平面，称为一般位置平面。如图 2-20 所示，平面 ABC 对三个投影面都是倾斜的，所以各面投影仍是三角形，但都不反映实形，而是小于实形的类似形。

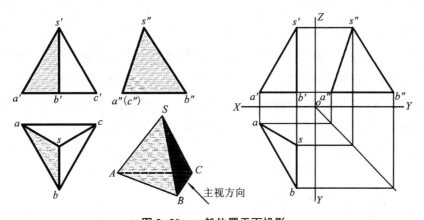

图 2-20　一般位置平面投影

（三）平面上的直线和点

1. 平面上的直线

直线在平面上，应满足下列条件之一：

（1）直线经过属于平面的两个点；

（2）直线经过属于平面的一点，且平行于属于该平面的另一直线。

【例 2-2】　已知平面 △ABC，如图 2-21 所示，试作出属于该平面的任一直线。

做法一：任取属于直线 AB 上的一点 M，它的投影分别为 m 和 m'；再取属于直线 BC 上的一点 N，它的投影分别为 n 和 n'；连接两点的同面投影。

做法二：经过属于平面的任一点 $M(m, m')$，作直线 $MD(md, m'd')$ 平行于已知直线

$BC(bc, b'c')$ 即可。

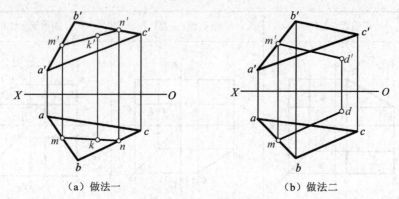

(a) 做法一　　　　　　　　　(b) 做法二

图 2-21　属于平面的直线

2. 平面上的点

点在平面上的几何条件如下：若点在平面的一条直线上，则该点必在此平面上。

【任务实施】

一、平面体

(一)棱柱

如图 2-22(a)所示，顶面和底面为水平面，因此水平投影反映实形，正面投影和侧面投影分别积聚为直线；棱柱的前后棱面为正平面，正面投影反映实形，水平投影和侧面投影积聚成直线；棱柱的四个侧棱面为铅垂面，正面和侧面投影都是类似形。棱柱的六条棱线为铅垂线，水平投影积聚为点，正面投影和侧面投影都反映实长。

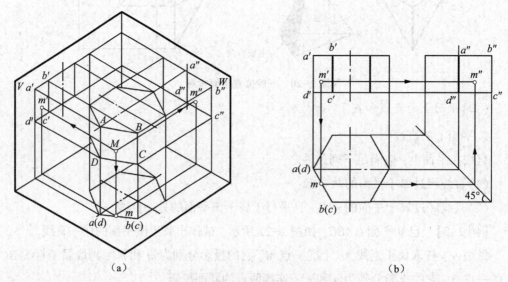

(a)　　　　　　　　　　　　(b)

图 2-22　棱柱三视图及表面取点

1. 棱柱的三视图

作上、下底面俯视图的投影正六边形，根据"三等"关系作出主视图和左视图投影。将上、下底面对应顶点的同面投影连接起来，即为棱线的投影。它们与正六边形的相应边围成正六棱柱的六个棱面。

2. 棱柱表面点的投影

如图 2-22(a)所示，已知正六棱柱表面 $ABCD$ 上点 M 的正面投影 m'，求其余两个投影。

分析：由于棱面 $ABCD$ 为铅垂面，可利用水平投影 $abcd$ 的积聚性求得 m，再根据 m' 和 m 求得 m''，如图 2-22(b)所示。由于点 M 在六棱柱的左前棱面上，因此，除水平投影重影之外，其正面投影与侧面投影均为可见。

(二)棱锥

如图 2-23(a)所示，三棱锥的底面 $\triangle ABC$ 为水平面，因此水平投影反映实形，其正面投影和侧面投影分别积聚成一条直线；棱面 $\triangle SAC$ 为侧垂面，因此侧面投影积聚成一条直线，其水平投影和正面投影都是类似形；棱面 $\triangle SAB$ 和 $\triangle SBC$ 为一般位置平面，它的三面投影均为类似形。

棱线 SB 为侧平线，棱线 SA，SC 为一般位置直线，棱线 AC 为侧垂线，棱线 AB，BC 为水平线。

1. 棱锥的三视图

画正三棱锥的三视图时，先画出底面 $\triangle ABC$ 的各个投影，再画锥顶 S 的各个投影，连接各棱线的同面投影即正三棱锥的三视图。

2. 棱锥表面点的投影

如图 2-23(a)所示，已知棱面 $\triangle SAB$ 上点 M 的正面投影 m' 和棱面 $\triangle SAC$ 上点 N 的水平投影 n，试求点 M，N 的其余投影。

做法：由于棱面 $\triangle SAC$ 是侧垂面，因此，n'' 必在 $s''a''(c'')$ 上，可直接由 n 作出 n''，再由 n'' 和 n 求出 n'。棱面 $\triangle SAB$ 是一般位置平面，要通过作辅助线的方法求得：过 m' 作 $s'1'$，求出辅助线的水平投影 $s1$，然后根据直线上点的投影特性，求出其水平投影 m，再求出侧面投影 m''。可见性判断如图 2-23(b)所示。

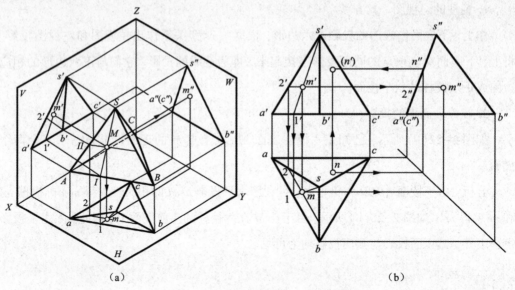

（a）　　　　　　　　　　　　　　　（b）

图 2-23　棱锥三视图及表面上点的投影

二、回转体

（一）圆柱

如图 2-24(a)所示，当圆柱轴线垂直于水平面时，圆柱上顶面、下底面的水平投影反映实形，正面和侧面投影积聚成直线；圆柱面的水平投影积聚为一个圆，在正面投影为一个矩形，矩形的两条竖线分别是圆柱面最左、最右素线的投影。在侧面投影中，矩形的两条竖线分别是圆柱面最前、最后素线的投影，如图 2-24(b)所示。

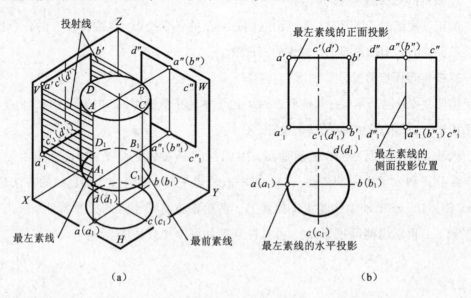

（a）　　　　　　　　　　　　　　　（b）

图 2-24　圆柱的形成及三视图

1. 圆柱的三视图

画圆柱体的三视图时，首先画中心线、轴线和轴向定位基准线(如底面)进行定位，然后画出投影为圆的视图，最后根据圆柱体的高度及"三等"关系画出其余两个视图。

2. 圆柱表面上点的投影

如图2-25(a)所示，已知圆柱面上点 N 的侧面投影 n''，求作 n 和 n'。

根据圆柱面水平投影的积聚性作出 n，由于 n'' 是不可见的，则点 N 在右侧后半圆柱面上，故 n 必在水平投影圆的右侧后半圆周上，再由 n，n'' 作出 n'。由于点 N 在后半圆柱面上，所以 n' 为不可见，可同理分析 M 点的投影，如图2-25(b)所示。

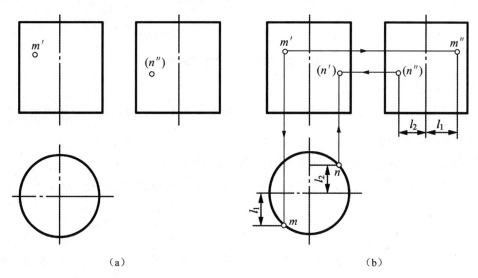

（a）　　　　　　　　　　　　　　（b）

图2-25　圆柱表面上点的投影

(二)圆锥

如图2-26(a)所示，当圆锥轴线垂直于水平投影面时，锥底面为水平面，其水平投影反映实形，正面和侧面投影积聚成直线；圆锥面的正面投影为一个等腰三角形，三角形的两腰分别是圆锥最左、最右素线的投影；圆锥的侧面投影为等腰三角形，三角形的两腰分别是圆锥最前、最后素线的投影。

1. 圆锥的三视图

图2-26(b)所示为圆锥体的三视图，俯视图为圆，主视图和左视图为等腰三角形。画三视图时，首先画出中心线、轴线和锥底面积聚性的投影进行定位；然后画出投影为圆的视图；最后按照圆锥高度画出锥顶点在非圆视图上的投影，进而完成其他两个视图。

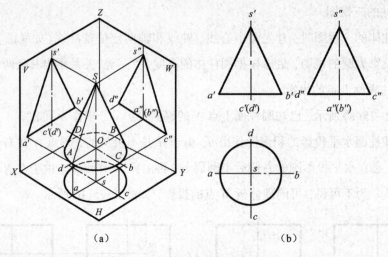

（a）　　　　　　　　　　　　（b）

图 2-26　圆锥的形成及三视图

2. 圆锥表面上点的投影

由于圆锥面的投影没有积聚性，所以求作圆锥表面上点的投影时，需利用辅助素线或辅助纬圆的方法作图。

如图 2-27 所示，已知属于圆锥面的点 M 的正面投影 m′，求 m 和 m″。

根据 M 点的位置和可见性，可判断点 M 在前、左半圆锥面上，因此，点 M 的三面投影均为可见。

作图方法：

（1）辅助素线法。过锥顶 S 和点 M 作一辅助素线 SA，即在图 2-27(a) 中连接 s′m′，并延长到与底面的正面投影相交于 a′，求得 sa 和 s″a″；再由 m′ 及点属于线的投影规律，求出 m 和 m″。

（2）辅助纬圆法。利用辅助纬圆的作图方法如图 2-27(b) 所示。

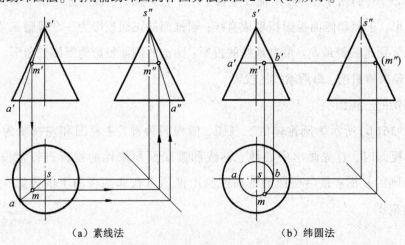

（a）素线法　　　　　　　　　　　（b）纬圆法

图 2-27　圆锥表面上点的投影

(三) 圆球

图 2-28(a)所示为圆球的三面投影，都是与圆球直径相等的圆，但各个圆的意义不同：

正面投影的圆是平行于 V 面圆的投影，它是前、后两半球的分界线；

水平投影的圆是平行于 H 面圆的投影，它是上、下两半球的分界线；

侧面投影的圆是平行于 W 面圆的投影，它是左、右两半球的分界线。

这三个素线圆的其他两面投影，都与圆的相应中心线重合。

1. 圆球的三视图

图 2-28(b)所示为圆球的三视图，圆球的三个视图都为圆。画三视图时，先画出各视图的中心线，再以相同半径画圆。

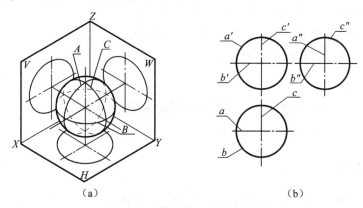

（a）　　　　　　　　　　（b）

图 2-28　圆球的形成及三视图

2. 圆球表面上点的投影

用平行圆法来确定圆球面上一般点的投影。

例如，已知球面上点 k 的正面投影 k′，如图 2-29(a)(b)所示，求作 k 点的水平投影和侧面投影时，可过点 k 在球面上作平行于水平面的圆来求解。如图 2-29(c)所示，过 k′作水平圆的正面投影 1′2′，再以 1′2′为直径作出水平圆反映实形的水平投影，因为 k′可见，所以点 k 必在前半圆周上。由 k′, k 可求出 k″。因为点 k 在右半球面上，所以侧面投影不可见。

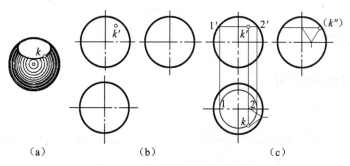

（a）　　　　　　　　（b）　　　　　　　　（c）

图 2-29　圆球表面上点的投影

项目三　组合体

【学习目标】

(1) 理解形体分析法，熟知组合体的组合形式。

(2) 掌握组合体三视图的绘制和尺寸标注方法。

(3) 能识读组合体的三视图，具备初步的读图能力。

(4) 了解组合体轴测图的绘制方法。

任务一　绘制轴承盖的三视图

【任务描述】

绘制图 3-1 所示轴承盖的三视图，初步掌握组合体三视图的绘制方法。

图 3-1　轴承盖

【相关知识】

一、组合体的形体分析

（一）形体分析法

组合体是由几个基本形体按照一定方式组合而成的物体。组合体的组合形式分为叠加型、切割型和综合型，如图 3-2 所示。

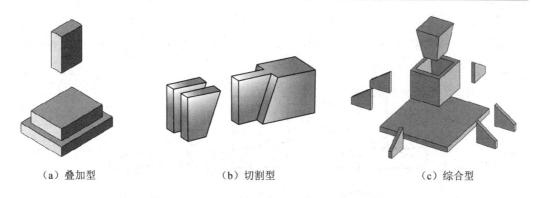

（a）叠加型　　　　　　　（b）切割型　　　　　　　（c）综合型

图 3-2　组合体的组合形式

　　将物体分解成若干个基本几何体，并搞清楚它们之间的相对位置和组合形式的方法，称为形体分析法。形体分析法是绘制、识读组合体视图和尺寸标注的基本方法。图3-3所示轴承座可以看成由圆筒、支撑板、肋板和底座四部分组成。

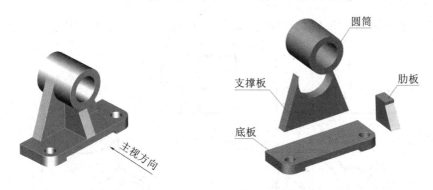

图 3-3　轴承座的形体分析

(二)组合体表面连接关系及画法

1. 表面平齐或不平齐

　　当组合体两形体的表面平齐时，中间不应该画线，如图 3-4 所示；当组合体两形体的表面不平齐时，中间应该画线，如图 3-5 所示。

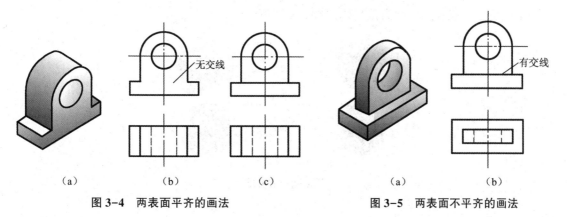

（a）　　　　　　（b）　　　　　　（c）　　　　　　　　（a）　　　　　　（b）

图 3-4　两表面平齐的画法　　　　　　图 3-5　两表面不平齐的画法

2. 表面相切

图 3-6 所示物体是由圆筒和耳板组成的。耳板的前后表面与圆筒表面相切。画图时，切线只画到切点处，两面相切处不应画线。

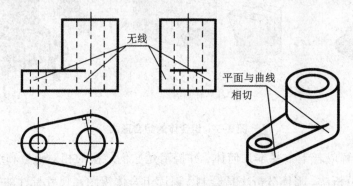

图 3-6 表面相切的画法

3. 表面相交

图 3-7 所示物体耳板的前后表面与圆筒表面相交，画图时，两面相交处画出交线。

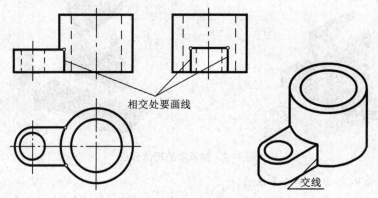

图 3-7 表面相交的画法

二、截交线

截平面与立体表面的交线称为截交线。切割立体的平面称为截平面。基本几何体被平面截切后形成的形体称为截断体，如图 3-8 所示。

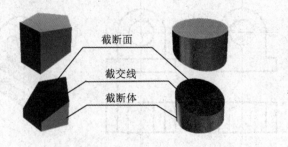

图 3-8 截交线

截交线的性质包括两点：① 共有性，即截交线是截平面与立体表面的共有线；② 封闭性，即截交线一般是闭合的平面图形。

（一）平面切割平面立体

图 3-9(a)所示物体可看成正六棱柱经切割后而形成的。画图时，可先画出完整六棱柱的三视图，再逐个画出被切部分的投影，如图 3-9(b)所示。

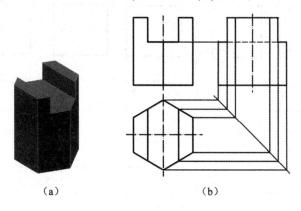

（a）　　　　　　　　　　　　（b）

图 3-9　平面切割平面立体

由作图可知，画切割体的关键在于求切平面与立体表面的截交线，以及切平面之间的交线。

（二）平面切割曲面立体

1. 平面切割圆柱

根据截平面与圆柱轴线相对位置不同，圆柱的截交线有三种形式，见表 3-1。

表 3-1　截平面和圆柱轴线的相对位置不同时所得的三种截交线

截平面的位置	与轴线平行时	与轴线垂直时	与轴线倾斜时
轴测图			

表 3-1（续）

截平面的位置	与轴线平行时	与轴线垂直时	与轴线倾斜时
投影图			
截交线的形状	矩形	圆	椭圆

【例 3-1】 画出中间开槽圆柱体的三视图。

分析：如图 3-10(a)所示，圆柱被一个水平面和对称的两个侧平面切出通槽，两个侧面形状为矩形，底面是由两段弧线和两条线段组成的部分圆，两直线边为槽底面和侧面的交线。

作图过程：该开槽圆柱体的三视图如图 3-10(b)所示，其具体作图步骤如下：

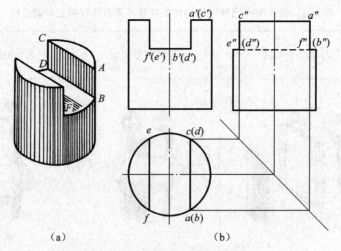

（a）　　　　　　　（b）

图 3-10　开槽圆柱体的三视图

（1）画出完整圆柱的三视图。

（2）画出槽的正面和水平投影。主视图中，由槽的深度和宽度画出槽的正面投影。俯视图中，槽的两个侧面投影积聚为直线，槽底面的水平投影反映实形。

（3）画出槽的侧面投影。左视图中，槽的两个侧面投影反映实形，槽底面的侧面投影积聚成直线。

（4）整理轮廓线并判别可见性。左视图中，槽底（$e''{\rightarrow}f''$）是不可见的，应画成虚线。圆柱最前、最后素线在开槽部位均被切去，故左视图中在开槽部位向内"收缩"。

2. 平面切割圆球

圆球被任意方向的平面截切，其截交线都是圆。当截平面为投影面平行面时，截交线在所平行的投影面上的投影为一个圆，其余两面投影积聚为直线，该直线的长度等于圆的直径，其直径的大小与截平面至球心的距离 B 有关，如图 3-11 所示。

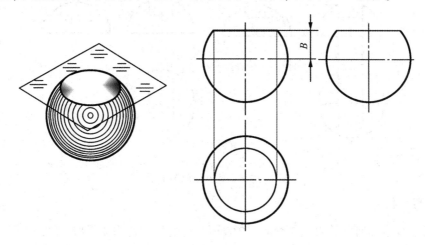

图 3-11 球被水平面截切的截交线

【例 3-2】 画出开槽半圆球的三视图。

分析：由于半圆球被两个对称的侧平面和一个水平面截切，所以两个侧平面与球面的截交线各为一段平行于侧面的圆弧，而水平面与球面的截交线为两段水平的圆弧，两个侧平面与水平面之间的两条交线均为正垂线。

作图过程：开槽半圆球的三视图如图 3-12 所示，具体作图过程如下：

（1）画出完整的半圆球的三视图。

（2）画出槽的正面投影。根据槽宽和槽深尺寸画出槽的正面投影，如图 3-12（a）所示。

（3）画出槽的水平投影。槽底面的水平投影反映实形，如图 3-12（b）所示，两侧面的投影积聚成直线。

（4）画出槽的侧面投影。槽的两侧面投影重合并反映实形，作图方法如图 3-12（c）所示。

（5）整理轮廓线并判别可见性，如图 3-12（d）所示。

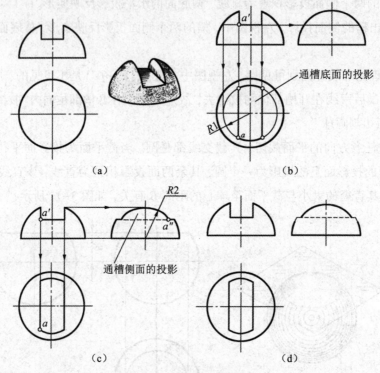

图 3-12　半球开槽的截交线

三、相贯线

当两个基本几何体的表面相交时,在表面产生的交线称为相贯线。图 3-13 所示封头处的表面交线即为相贯线。相贯线具有两个性质:①共有性,即相贯线是两立体表面上的共有线;②封闭性,即相贯线一般情况下是闭合的空间曲线或折线。

图 3-13　封头处的表面交线

(一)圆柱与圆柱正交

由于相贯线是几何体相贯时自然形成的表面交线,因此,绘图时可采用近似画法。如图 3-14 所示,以 a 或 b 为圆心,以相交两圆柱中较大圆柱的半径为半径画弧,交点 O 为相贯线圆弧的圆心,再以点 O 为圆心画弧即得相贯线。

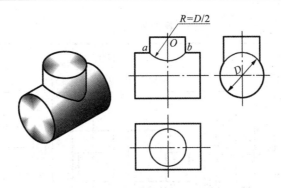

图 3-14 相贯线的近似画法

当两个圆柱筒相贯时，内、外表面均有相贯线，如图 3-15 所示。内相贯线与外相贯线的画法相同，内相贯线的投影为不可见，因此用虚线表示。

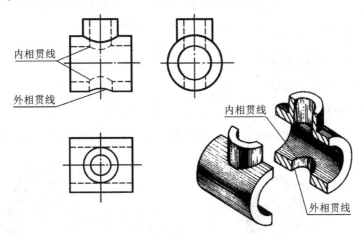

图 3-15 两圆筒正交相贯线的近似画法

(二)相贯线的特殊情况

当两个回转体相交时，一般情况下，相贯线为空间曲线。但在特殊情况下，相贯线为平面曲线或者直线，见表 3-2。

表 3-2 相贯线的特殊情况

项目	直径相等的 两个圆柱正交	轴线平行的 两个圆柱相交	同轴回转 体相交
轴测图	相贯线为椭圆	相贯线为两条平行素线	相贯线为圆

表 3-2（续）

项目	直径相等的 两个圆柱正交	轴线平行的 两个圆柱相交	同轴回转 体相交
投影图			

四、组合体三视图的画法

绘制组合体三视图的步骤如下。

1. 支架形体分析

如图 3-16 所示，支架由底板、立板和肋板组成，它们之间的组合形式均为叠加。

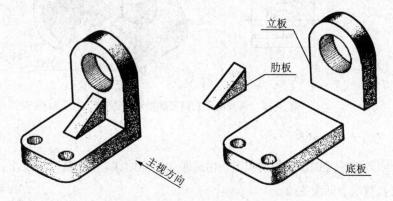

图 3-16　支架的形体分析

2. 选择主视图

主视图应能够明显地反映出组合体的主要形状特征。

3. 作图

（1）选比例、定图幅。根据组合体的大小和复杂程度，选择合适的绘图比例和图幅。

（2）布置视图。视图布局合理，排列均匀；视图之间留有足够标注尺寸的位置。

（3）绘制底稿。支架的绘图步骤如图 3-17 所示。

（4）检查、描深。认真检查底稿，再按标准线型描深，完成全图。

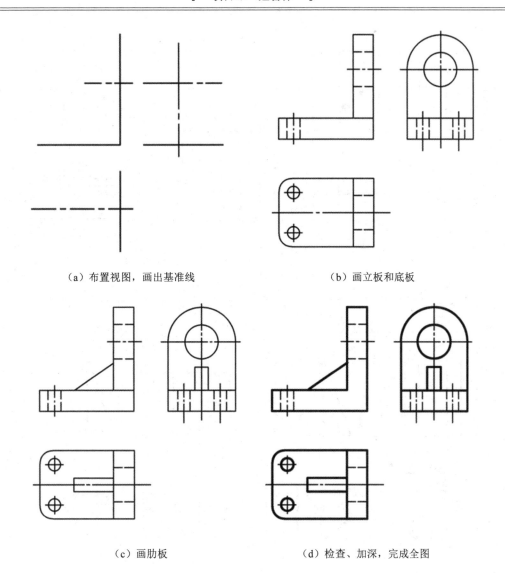

（a）布置视图，画出基准线　　　　　　（b）画立板和底板

（c）画肋板　　　　　　　　　　　（d）检查、加深，完成全图

图 3-17　支架的绘图步骤

画底稿时，应注意两点：① 每个形体的三个视图配合着画，且先画特征明显的视图，再画一般的视图；② 按照先主再次、先可见再不可见、先画圆(圆弧)再直线的顺序依次画图。

五、组合体的尺寸标注

视图只能表达组合体的形状，其大小及各部分相对位置需要通过标注尺寸来确定。

(一)基本形体的尺寸标注

1. 平面立体的尺寸标注

平面立体一般要标注长、宽、高三个方向的尺寸，如图 3-18 所示。

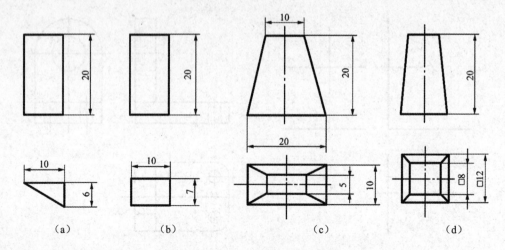

图 3-18　平面立体的尺寸标注实例

正棱柱和正棱锥除了标注高度尺寸外，一般还应标注出其底面的外接圆直径尺寸，也可以根据需要标注成其他形式，如图 3-19 所示。

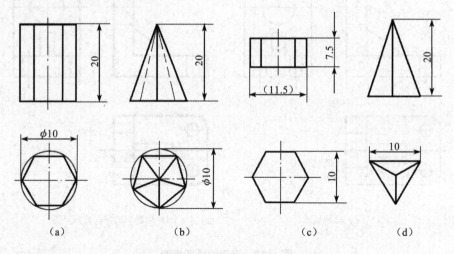

图 3-19　正棱柱和正棱锥的尺寸标注实例

2. 回转体的尺寸标注

圆柱和圆台(或圆锥)应标注出高度尺寸和底圆直径尺寸，并在直径尺寸前加注"ϕ"，如图 3-20(a)(b)所示。球的直径尺寸应在尺寸前加注符号"$S\phi$"，并且只用一个视图就可以将其形状和大小表示清楚，如图 3-20(c)所示。

(二)组合体的尺寸标注

1. 尺寸种类

(1)定形尺寸。它是指确定组合体各组成部分形状大小的尺寸。如图 3-21(c)中的 65, 14, 46, 25, 18, 10, ϕ24, R10, 2×ϕ10。

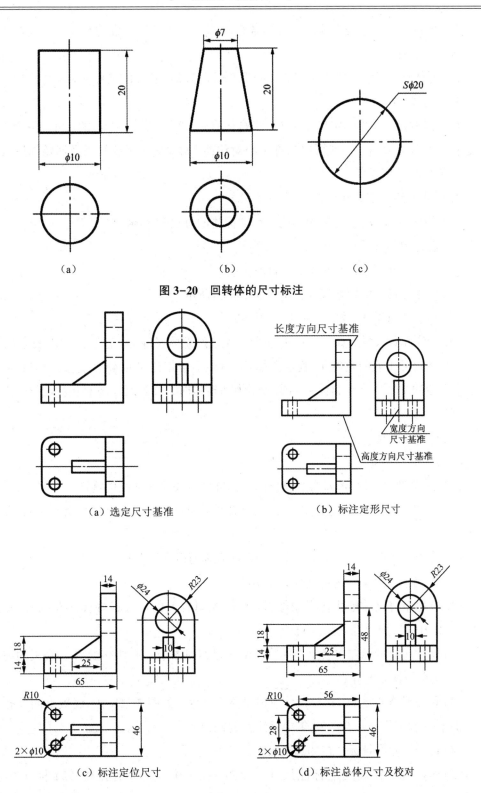

（a）　　　　　　　　　（b）　　　　　　　　　（c）

图 3-20　回转体的尺寸标注

（a）选定尺寸基准　　　　　　　　　　　（b）标注定形尺寸

（c）标注定位尺寸　　　　　　　　　　　（d）标注总体尺寸及校对

图 3-21　组合体的尺寸标注

（2）定位尺寸。它是指确定组合体各组成部分之间相对位置的尺寸。如图 3-21(d)中的 56，28，48。

（3）总体尺寸。它是指确定组合体外形总长、总宽、总高的尺寸。

2. 尺寸基准

标注尺寸前，应先确定尺寸基准。组合体有长、宽、高三个方向的尺寸，每个方向至少选择一个尺寸基准。一般可以选择中心对称面、底平面、重要端面及回转体轴线等作为尺寸基准的几何要素。

3. 尺寸标注的方法和步骤

下面以图 3-16 所示支架为例说明尺寸标注的方法和步骤。

（1）进行形体分析。

（2）选定尺寸基准，如图 3-21(a) 所示。

（3）标注各形体的定形尺寸，如图 3-21(b) 所示。

（4）标注定位尺寸，如图 3-21(c) 所示。

（5）标注总体尺寸，如 3-21(d) 所示。支架的总体尺寸为：总长尺寸由底板长度 65 确定，总宽尺寸由底板宽度 46 确定，总高尺寸由立板定位尺寸 48 和立板定形尺寸 46 确定，不再标注 71，即当组合体一端或两端为回转体时，总体尺寸不直接注出，否则会出现重复尺寸。

（6）校对，修改。

4. 尺寸标注的基本要求

（1）正确。所注尺寸形式必须符合国家标准中有关尺寸注法的规定。

（2）完整。所注尺寸应能完全确定组合体的形状大小及相对位置，不能遗漏和重复。

（3）清晰。标注尺寸不仅要求完整，而且应排列适当、清晰。

为使尺寸标注清晰，还应注意以下五点。

（1）应尽量将尺寸标注在视图外部，与两视图有关的尺寸最好标注在两视图之间，如图 3-21 中主、俯视图之间的 65 等。

（2）尺寸应尽量标注在表示形体特征最明显的视图上。如图 3-21 中，底板的高度尺寸 14 标注在主视图上等。

（3）同一形体的定形、定位尺寸应尽量集中标注。如图 3-21 中，底板上两圆孔定形尺寸 $2×\phi10$ 和定位尺寸 56，28 集中标注在俯视图上。

（4）直径尺寸尽量标注在非圆视图上。

（5）尽量避免在虚线上标注尺寸。如图 3-21 中，立板的孔径 $\phi24$ 标注在左视图上。

【任务实施】

按照组合体三视图的绘图方法和尺寸标注步骤完成的轴承盖三视图，如图 3-22 所示。

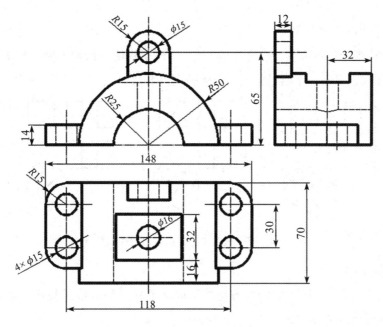

图 3-22　轴承盖三视图

任务二　识读支架三视图

【任务描述】

识读图 3-23 所示支架的三视图。

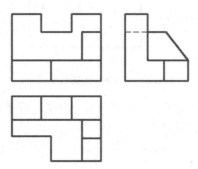

图 3-23　支架的三视图

【相关知识】

一、识读组合体视图的方法

(一)看图的基本要领

1. 将三个视图联系起来

如图 3-24 所示,物体主、俯视图完全相同,但是物体的形状不同。因此,看图时需要把几个视图联系分析,才能想象出组合体的完整形状。

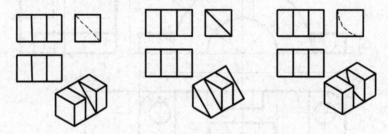

图 3-24 两个视图不能确切表示物体的形状

2. 理解线框的含义

(1)图线的含义。视图中的图线有可能是曲面的转向轮廓线的投影、立体表面积聚投影及两表面交线的投影等,如图 3-25 所示。

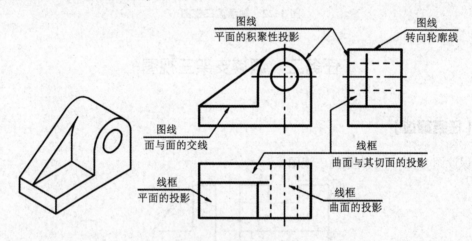

图 3-25 线、线框的含义

(2)线框的含义。视图中的线框可能是平面的投影、曲面的投影、曲面与切平面的投影及通孔的投影,如图 3-25 所示。

(二)看图的方法和步骤

1. 形体分析法

根据视图中的线框,先将形体假想分成一些基本体,再把各基本体的视图按投影规律联系起来，想出各部分的形状、相对位置、组合形式，然后综合归纳，想出组合体的整体形状。具体步骤如下。

（1）抓住特征部分。特征是指物体的形状特征和组成物体的各基本形体间相对位置的特征，如图3-26（a）（b）（c）所示，它们的形状特征视图分别为俯视图、主视图和左视图。

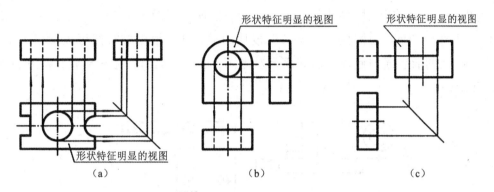

图3-26　形状特征明显的视图

如图3-27所示，主、俯视图中Ⅰ，Ⅱ两形体哪个凸出、哪个凹进不能确定。左视图（a）明显反映了图（c）所示物体的相对位置特征，图（b）明显反映了图（d）所示物体的相对位置特征。因此，读图时，要从其形状、位置特征视图入手，把物体的各组成部分一个一个地"分离"出来。

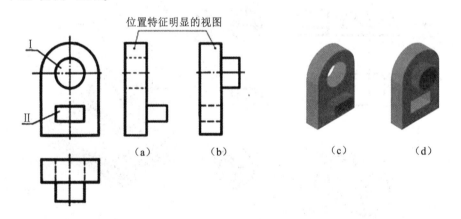

图3-27　位置特征明显的视图

（2）旋转归位想形状。先将物体分解成几个较简单的形体后，再从形状特征明显的视图出发，依据"三等"规律，找出其他视图的投影，然后经"旋转归位"，逐个想出每部分的形状。

（3）综合起来想整体。在想出各组成部分的形状之后，再根据它们之间的上下、左右、前后的位置关系及组合形式，综合想象出该物体的整体形状。

【例3-3】 读图3-28(a)所示支座的三视图,想象出其整体形状。

(1)分析视图划线框。通过分析,可将其划分为Ⅰ,Ⅱ,Ⅲ三个部分,按照"三等"规律找到每个部分在另外两个视图上的对应投影,如图3-28(b)(c)(d)所示。

(2)对照投影想形体。想象出Ⅰ是一个长方体底板,其上有两个小圆孔;Ⅱ是一个带有半圆形缺口的梯形棱柱;Ⅲ是一个空心圆柱。

(3)综合起来想整体。从图3-28(a)中,根据主视图可以确定,梯形棱柱在底板的中央部位,而空心圆柱则置于梯形棱柱的缺口中;根据左视图可以确定,梯形棱柱、圆柱的后表面与底板的后表面是对齐的,最后想象出物体的形状,如图3-28(e)所示。

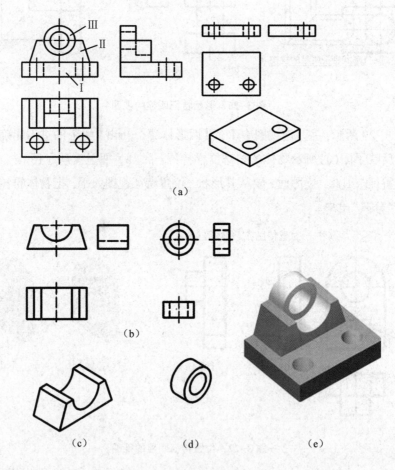

图3-28 读支架视图

2. 线面分析法

线面分析法是运用线、面的投影特性,分析形体表面的投影,从而读懂整个形体。其具体步骤为:按线框、找投影、明投影、识面形、定位置、想整体。

利用线面分析法读压块三视图的过程见表3-3。

表 3-3　线面分析法读压块三视图

读图过程	视图及轴测图
分析基本形状和切割面的位置	基本形体为长方体。正垂面切出左上角；用两个铅垂面切出前、后缺角；用正平面和水平面切出下方前、后的缺口 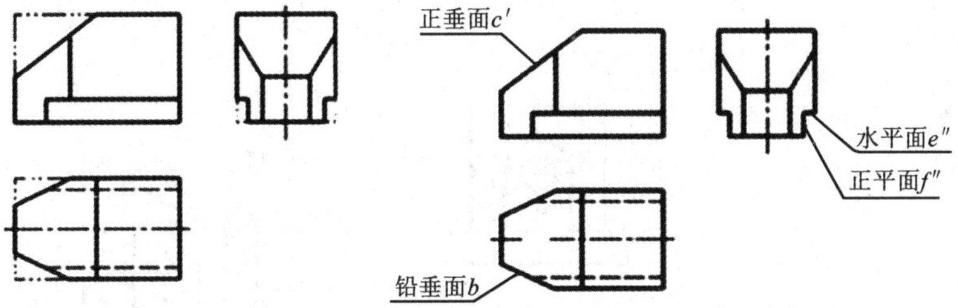 正垂面c′　　水平面e″　正平面f″ 铅垂面b
分析切面正垂面、铅垂面的形状	当被切面为"垂直面"时，从积聚投影斜线出发，在其他两视图上找出对应的线框。得出一对边数相等的类似性平面图形，如图中 B 面、C 面的形状均为六边形 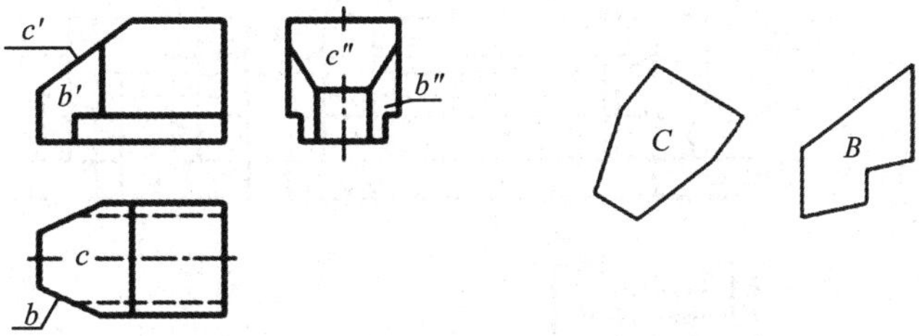 c′　b′　c″　b″　C　B c　b
分析切面正平面、水平面的形状	当被切面为"平行面"时，从该平面在切口处投影积聚直线出发，在其他两视图上找出对应投影的另一直线和一个反映该平面实形的图形，如图中的 E 面、F 面，形状分别为梯形、矩形平面 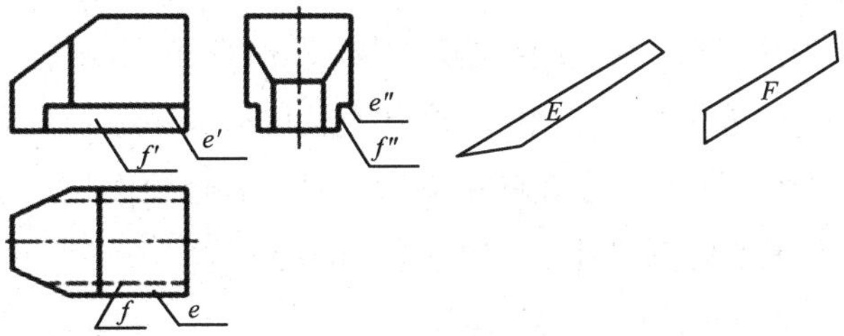 e′　e″　f′　f″　E　F f　e
确定压块的形状	确定压块各表面的空间位置与形状后，根据视图分清楚面与面间的相对位置，进而综合想象出压块的整体形状 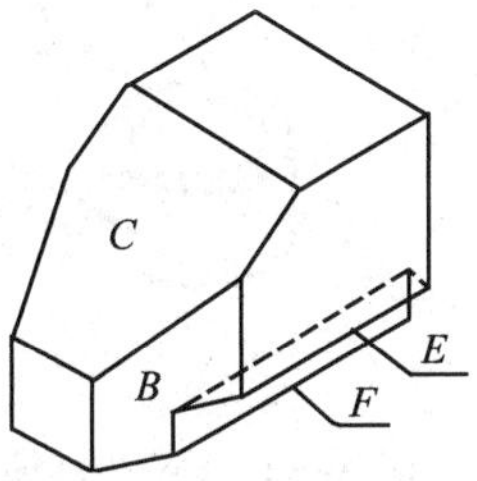 C　B　F　E

【例3-4】 已知组合体的主视图和俯视图如图3-29(a)所示，请补画左视图。

运用形体分析法，由主视图和俯视图可以看出，该组合体是由底板 A、后立板 B 和前半圆板 C 叠加起来后，又上下切去一个通槽、前后钻一个通孔而成的，如图3-29(b)所示。

补画左视图时也是按形体分析法，逐一画出每一部分，最后检查描深，如图3-29(c)所示。

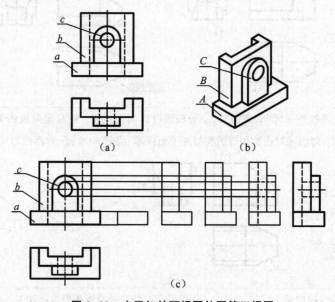

图3-29 由已知的两视图补画第三视图

【例3-5】 补画图3-30(a)中视图的漏线。

运用形体分析法，由缺线的三视图可以想象出该组合体由底板 A、圆筒 B 叠加而成，两部分分界处表面相切，其空间结构形状如图3-30(b)所示。

根据已知视图分析，主视图中两个基本几何体表面相切处既遗漏一条实线，也遗漏了反映圆柱孔的两条虚线；左视图中遗漏了表现底板顶面投影的一条虚线。根据三视图的投影特性，将遗漏的图线补出，如图3-30(c)所示。

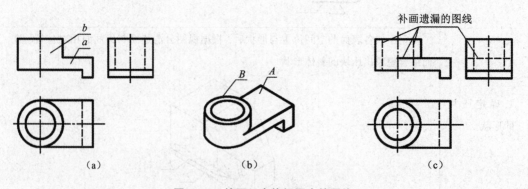

图3-30 补画组合体视图中的漏线

【任务实施】

经过分析确定支架的形状如图 3-31 所示，具体读图过程与前面相同。

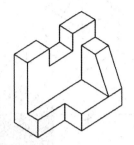

图 3-31 支架的形状

任务三 绘制轴测图

【任务描述】

根据图 3-32 所示三视图，绘制压块正等测图、法兰盘斜二测图。

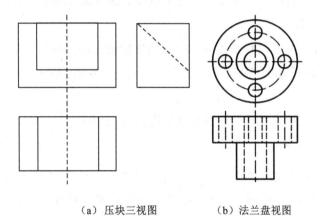

（a）压块三视图　　　（b）法兰盘视图

图 3-32 物体三视图

【相关知识】

一、轴测图的基本知识

（一）轴测图的形成

轴测图是将物体连同其直角坐标系，沿不平行于任一坐标平面的方向，用平行投影法将其投射在单一投影面上所得到的图形，也称轴测投影，如图 3-33 所示。

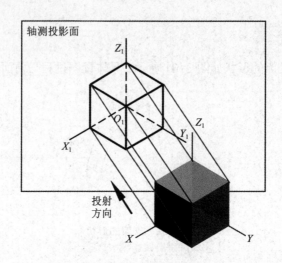

图 3-33 轴测图的形成

(二)轴测轴、轴间角和轴向伸缩系数

1. 轴测轴

直角坐标轴(OX，OY，OZ)在轴测投影面上的投影(O_1X_1，O_1Y_1，O_1Z_1)称为轴测轴。

2. 轴间角

轴测投影中，任意两个坐标轴在轴测投影面上的投影之间的夹角，称为轴间角。

3. 轴向伸缩系数

直角坐标轴轴测投影单位长度与相应直角坐标轴上的单位长度的比值，称为轴向伸缩系数。X，Y，Z 轴的轴向伸缩系数分别用 p_1，q_1，r_1 表示，即 $p_1 = O_1X_1/OX$；$q_1 = O_1Y_1/OY$；$r_1 = O_1Z_1/OZ$。

为了便于作图，简化后的伸缩系数分别用 p，q，r 表示。

(三)轴测图的基本性质

(1) 物体上与坐标轴平行的线段，它们的轴测投影必与相应的轴测轴平行。

(2) 物体上相互平行的线段，它们的轴测投影也相互平行。

二、正等轴测图

为了使物体的空间直角坐标轴对轴测投影面的倾角相等，用正投影法将物体连其坐标轴一起投影到轴测投影面上所得的轴测图称为正等轴测图，简称正等测。

(一)正等轴测图的轴间角和轴向伸缩系数

如图 3-34 所示，正等轴测图的轴间角均为 120°，轴向伸缩系数 $p_1 = q_1 = r_1 = 0.82$。绘图时，为方便起见，一般都把轴向伸缩系数简化为 1(称为简化伸缩系数)，即所有与坐标轴平行的线段，在作图时，其长度都取实长。

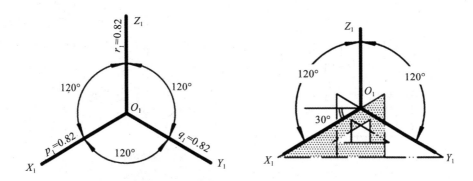

图 3-34 正等测的轴间角和轴向伸缩系数

(二)平面立体的正等轴测图画法

1. 坐标法

画平面立体的轴测图,应选定合适的坐标轴,画出物体上各角点的轴测图,然后依次连线而成。

【例 3-6】 已知正六棱柱的两个视图,作正等轴测图。具体绘图步骤如图 3-35 所示。

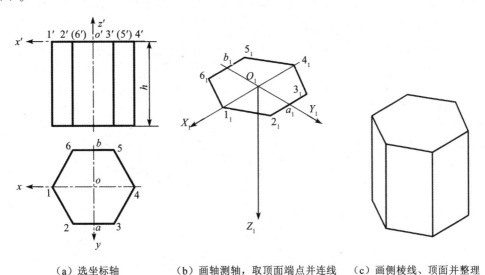

（a）选坐标轴 　　　（b）画轴测轴,取顶面端点并连线　　　（c）画侧棱线、顶面并整理

图 3-35 坐标法绘制六棱柱轴测图

2. 叠加法

叠加法即先将组合体分解成若干个基本形体,再按照其相对位置逐个画出各基本形体的轴测图,进而完成整体的轴测图。

【例 3-7】 根据图 3-36(a)所示已知视图绘制正等测图,绘图步骤如图 3-36(b)(c)(d)所示。

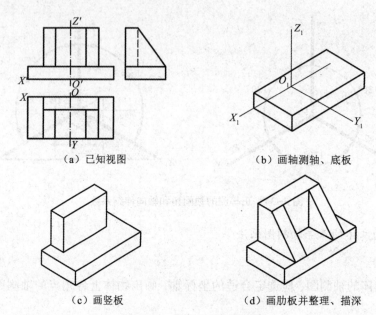

（a）已知视图   （b）画轴测轴、底板

（c）画竖板   （d）画肋板并整理、描深

图 3-36   叠加法绘制轴测图

3. 切割法

切割法要求先画出完整的基本形体的轴测图（方箱），再按照其结构特点，逐个切去多余部分，进而完成组合体的轴测图。

【例 3-8】   根据图 3-37（a）所示已知视图绘制正等测图，绘图步骤如图 3-37（b）（c）（d）（e）所示。

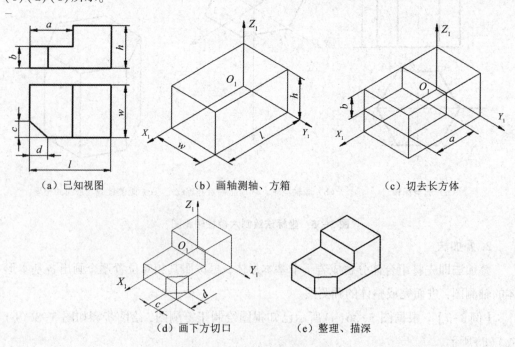

（a）已知视图   （b）画轴测轴、方箱   （c）切去长方体

（d）画下方切口   （e）整理、描深

图 3-37   切割法绘制轴测图

(三)曲面立体的正等轴测图画法

1. 圆的正等轴测图画法

如图3-38所示,平行于坐标面的圆的正等轴测图都是椭圆,它们除了长短轴的方向不同外,画法均相同。

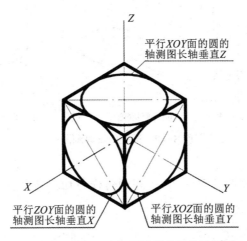

图3-38　平行于坐标面的圆的正等轴测图

2. 正等轴测图中椭圆的近似画法

【例3-9】　画平行于 XOY 面的圆的正等测图,绘图步骤如图3-39所示。

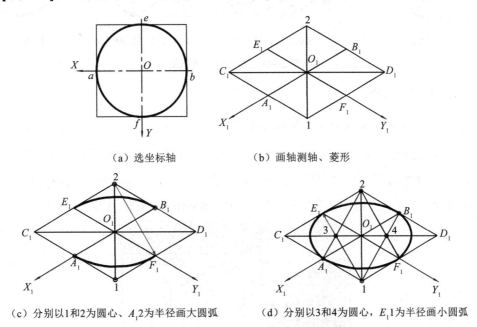

（a）选坐标轴　　　　　　　（b）画轴测轴、菱形

（c）分别以1和2为圆心、$A_1 2$ 为半径画大圆弧　　（d）分别以3和4为圆心,$E_1 1$ 为半径画小圆弧

图3-39　平行于 XOY 面的圆的正等测图

3. 回转体正等轴测图的画法

画回转体正等轴测图时,只有明确圆所在的平面与哪个坐标面平行,才能保证画出方位正确的椭圆。

【例 3-10】 画圆柱的正等测图, 绘图步骤如图 3-40 所示。

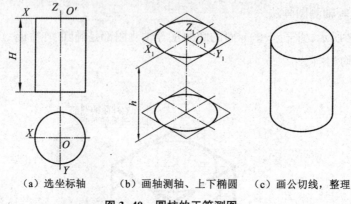

（a）选坐标轴　　　（b）画轴测轴、上下椭圆　　（c）画公切线，整理

图 3-40　圆柱的正等测图

4. 圆角的简化画法

每个圆角都相当于整圆的四分之一, 可通过作各切点的垂直线来绘制。它的正等测图绘图步骤如图 3-41 所示。

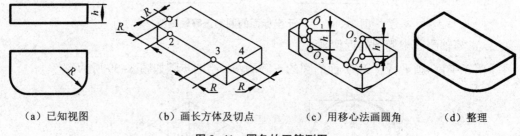

（a）已知视图　　　（b）画长方体及切点　　　（c）用移心法画圆角　　　（d）整理

图 3-41　圆角的正等测图

三、斜二等轴测图

(一)斜二等轴测图的形成及投影特点

在确定物体的直角坐标系时, 使 OX 轴和 OZ 轴平行于轴测投影面 P, 用斜投影法将物体连同其坐标轴一起向 P 面投影, 得到的轴测图称为斜二等轴测图, 简称斜二测, 如图 3-42 所示。在斜二测中, 平行于 XOZ 坐标平面的图形, 其轴测投影均反映实形。

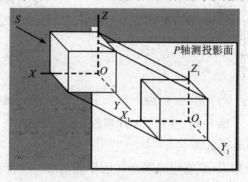

图 3-42　斜二测的形成

(二)斜二等轴测图的轴间角和轴向伸缩系数

如图 3-43 所示，由于轴测投影面平行于 XOZ 坐标面，因此轴测轴 O_1X_1，O_1Z_1 仍分别为水平和垂直方向，其轴向伸缩系数 $p_1=r_1=1$；轴测轴中的 O_1Y_1 轴与水平线成 $45°$，其轴向伸缩系数 $q_1=0.5$，轴间角 $\angle X_1O_1Z_1=90°$，$\angle X_1O_1Y_1=\angle Y_1O_1Z_1=135°$。

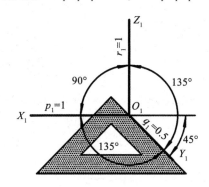

图 3-43　斜二测的轴间角和轴向伸缩系数

(三)组合体斜二测图的画法

当物体上具有较多平行于一个坐标平面的圆时，画斜二测图比画正等测图简便。

【例 3-11】　根据图 3-44(a)所示已知视图绘制组合体的斜二测图，绘图步骤如图 3-44 所示。

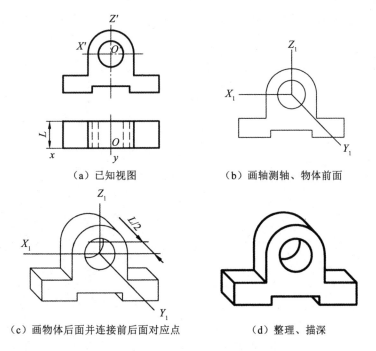

（a）已知视图　　　　　　　　　　　（b）画轴测轴、物体前面

（c）画物体后面并连接前后面对应点　　　　（d）整理、描深

图 3-44　斜二测图的画法

【任务实施】

按照轴测图绘图步骤完成的相应轴测图如图 3-45 所示。

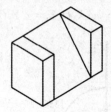 

（a）压块正等测图　　　　（b）法兰盘斜二测图

图 3-45　轴测图

项目四　物体的表达方法

（1）掌握视图、剖视图和断面图的基本概念。

（2）能绘制视图、剖视图和断面图并进行正确标注。

（3）能初步运用各种表达方法，比较完整、清晰地表达物体的形状和结构。

任务一　绘制连杆视图

【任务描述】

分析图4-1所示连杆的形状，绘制视图，将其结构清晰、完整地表达出来。

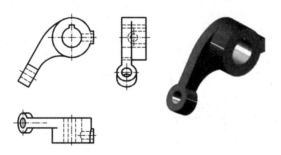

图4-1　连杆

【相关知识】

视图主要用来表达物体的外部结构形状。国家标准[《技术制图　通用术语》（GB/T 13361—2012），《技术制图　图样画法　视图》（GB/T 17451—1998）]规定的视图有基本视图、向视图、局部视图和斜视图四种。

一、视图

（一）基本视图[《技术制图　图样画法　视图》（GB/T 17451—1998）]

物体向基本投影面投射所得的视图，称为基本视图。国家标准规定，以正六面体的六个面为基本投影面，将物体放在正六面体中，分别向六个基本投影面投射，即得到六个基本视图，如图4-2(a)所示。

主视图（*A* 视图）——由物体的前方(*a* 方向)投射所得的视图；

俯视图（*B* 视图）——由物体的上方(*b* 方向)投射所得的视图；

左视图（*C* 视图）——由物体的左方(*c* 方向)投射所得的视图；

右视图（*D* 视图）——由物体的右方(*d* 方向)投射所得的视图；

仰视图（*E* 视图）——由物体的下方(*e* 方向)投射所得的视图；

后视图（*F* 视图）——由物体的后方(*f* 方向)投射所得的视图。

基本投影面展开如图4-2(b)所示，正面不动，其他投影面按箭头所示方向旋转到正面。基本视图配置如图4-3所示。

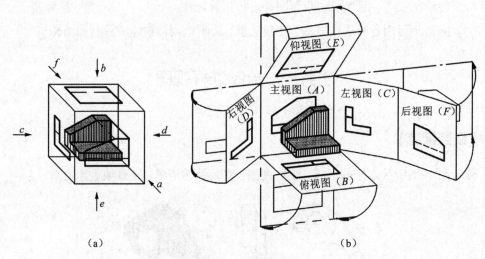

（a）　　　　　　　　　　　　　　　　（b）

图 4-2　基本视图

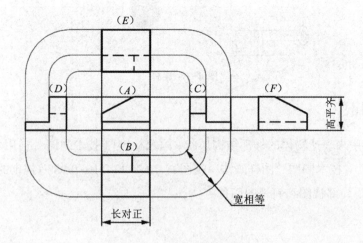

图 4-3　六个基本视图的配置

基本视图符合"长对正、高平齐、宽相等"的投影规律。在左视图、右视图、俯视图和后视图中，靠近主视图的面是机件的后面，远离主视图的面是机件的前面；后视图左右方向与机件空间方位相反。

在绘制机械图样时，优先采用主、俯、左视图，一般并不需要将物体的六个基本视图全部画出，可以根据零件的结构形状和复杂程度来选择基本视图。

(二)向视图[《技术制图　图样画法　视图》(GB/T 17451—1998)]

可以自由配置的基本视图，称为向视图。由于六个基本视图的配置固定，有时会给布图带来不便，因此，国家标准中规定了可以采用向视图。画图时，在向视图上方用大写拉丁字母标出视图的名称"×"，并在相应视图附近用箭头标明投射方向，标注上相同的字母，如图4-4所示。

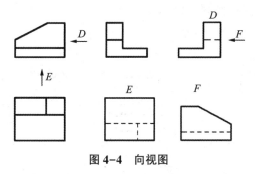

图4-4　向视图

(三)局部视图[《技术制图　图样画法　视图》(GB/T 17451—1998)，《机械制图图样画法　视图》(GB/T 4458.1—2002)]

将机件的某一部分向基本投影面投射所得的视图，称为局部视图。图4-5所示机件，主、俯两个基本视图已将机件主要部分的结构表达清楚，但左边凸台与右边缺口形状尚未表达清楚，可以采用两个局部视图来表示，既补充了主、俯视图尚未表达的要素，又省去绘制两个基本视图，视图更加清晰明确、重点突出。

1. 局部视图的画法

若局部视图表达的只是机件某一部分的形状，则需要用波浪线画出断裂边界，如图4-5中"A"所示；若所表示的局部结构是完整的，且外形轮廓线封闭，则波浪线可省略不画，如图4-5中局部左视图所示。

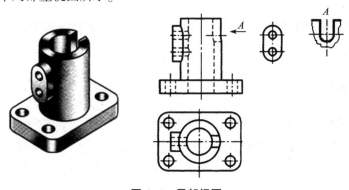

图4-5　局部视图

2. 局部视图的配置与标注

局部视图应尽量按基本视图的位置配置。当局部视图按投影关系配置、中间又无其他视图隔开时，允许省略标注，如图4-5中局部左视图所示。

局部视图按向视图形式配置，应在局部视图上方用大写拉丁字母标出视图的名称"×"，并在相应视图附近用箭头指明投射方向，标注上相同的字母，如图4-5中的"*A*"所示。

(四)斜视图[《技术制图　图样画法　视图》(GB/T 17451—1998)]

将机件向不平行于基本投影面的投影面投射所得的视图，称为斜视图，如图4-6(a)所示。斜视图用于表达机件倾斜结构表面实形。

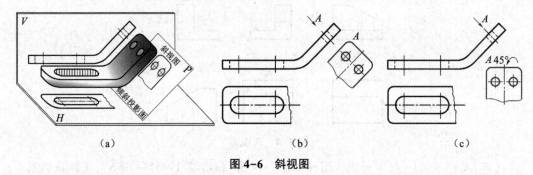

图4-6　斜视图

1. 斜视图的画法

斜视图只画出倾斜部分的局部形状，其断裂边界用波浪线表示。当所表示的结构是完整的，且外形轮廓线封闭时，波浪线可省略不画。

2. 斜视图的配置

斜视图通常按投影关系配置，必要时，也可以配置在其他位置。在不引起误解时，允许将图形旋转，如图4-6(b)(c)所示。

3. 斜视图的标注

斜视图必须标注，其标注方法与局部视图相同。旋转后的斜视图必须标注旋转符号，如图4-6(c)所示。表示该视图名称的大写拉丁字母应靠近旋转符号的箭头端，旋转角度允许注写在字母后。

注意：不论斜视图如何配置，指明投射方向的箭头一定垂直于被表达物体的倾斜部分，而字母应水平书写。

【任务实施】

连杆主要由四部分组成：大圆筒(内部带有键槽)、小圆筒、连接板和U形块。选择主视图、斜视图和两个局部视图表达连杆的形状，其视图如图4-7所示。

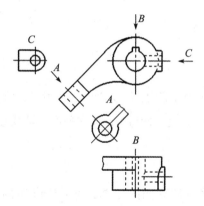

图 4-7　连杆的视图

任务二　绘制填料压盖剖视图

【任务描述】

绘制图 4-8 所示填料压盖的剖视图。

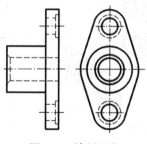

图 4-8　填料压盖

【相关知识】

物体内部结构复杂，视图上虚线多，给画图和看图带来困难，也不便于标注尺寸。为了清晰地表达机件的内部结构，国家标准[《技术制图　图样画法　剖视图和断面图》（GB/T 17452—1998），《机械制图　图样画法　剖视图和断面图》（GB/T 4458.6—2002）]规定了剖视图的表达方法。

一、剖视概念与画法

（一）剖视图的概念

假想用剖切面剖开物体，移去观察者和剖切面之间的部分，将其余部分向投影面投射即可得到剖视图，简称剖视，如图 4-9(a) 所示。在主视图的剖视图中，原来不可见的孔、槽成为可见的。在剖面区域内实体处画上剖面符号，使图形层次分明、清晰明了，如

图 4-9(b)所示。

(二)剖视图的画法

1. 选择剖切面的位置

为了清楚地表示物体的内部结构，避免剖切后产生不完整的结构要素，剖切平面的位置应尽量通过物体内部结构(孔、槽等)的对称平面、轴线或中心线，并且使剖切平面平行或垂直于某一投影面。

2. 画剖视图

画出剖切平面与物体接触的断面的轮廓，还需要画出剖切平面后面的可见部分的投影。

3. 剖面区域

用剖切平面剖开物体，剖切平面与物体的接触部分称为剖面区域，画剖视图需要在剖面区域内画出与物体材料相对应的剖面符号，如图 4-9(b)所示。

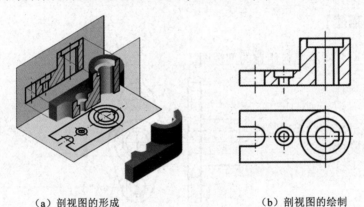

(a) 剖视图的形成　　　　　　　　　(b) 剖视图的绘制

图 4-9　剖视图

4. 剖面符号

按国家标准[《技术制图　图样画法　剖面区域的表达法》(GB/T 17453—2005)]规定，不同材料用不同的剖面符号表示。常用材料的剖面符号见表 4-1。

表 4-1　常用材料的剖面符号

材料类别	剖面符号	材料类别	剖面符号
金属材料		非金属材料	
粉末冶金、砂轮等		液体	

按国家标准规定，剖面符号用通用的剖面线表示；同一物体的各个剖面区域，其剖面线的方向及间隔应一致。通用剖面线是与图形的主要轮廓线或剖面区域的对称线成45°角且间隔相等的细实线。当图形中的主要轮廓线与水平线成45°时，该图形的剖面线应画成与水平线成30°或60°的平行线，其方向与间隔应与该机件其他视图的剖面线相同，如图4-10所示。

(三)剖视图的标注

为了方便看图，需对剖视图进行标注。标注内容如下。

1. 剖切符号

剖切符号(长5~8 mm的粗实线)表示剖切面起讫和转折处的位置，并尽可能不与图形的轮廓线相交。

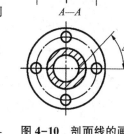

图4-10 剖面线的画法

2. 投射方向

在剖切符号两端外侧用箭头表示剖切后的投射方向。

3. 剖视图名称

在剖视图上方，用大写的字母标出剖视图的名称"×—×"，并在剖切符号附近注上同样字母。

下列情况可省略或简化标注。

(1)当单一剖切平面通过物体的对称面或基本对称面，且剖视图按投影关系配置，中间没有其他图形隔开时，可省略标注，如图4-10所示主视图。

(2)当剖视图按投影关系配置，中间没有其他图形隔开时，可省略箭头，如图4-10所示俯视图。

(四)画剖视图时应注意的问题

(1)因为剖切是假想的，并不是真的把物体切开拿走一部分，因此，当一个视图画成剖视图后，其余视图应按照完整的物体画出，如图4-11所示。

(2)剖切平面后的所有可见的线均要画出，不能遗漏，如图4-11所示。

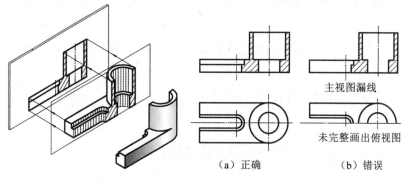

图4-11 剖视图注意事项

二、剖视图种类

按剖切面剖开物体范围的大小不同，剖视图分为全剖视图、半剖视图和局部剖视图。

(一)全剖视图

用剖切平面完全地剖开机件所得的剖视图称为全剖视图。全剖视图用于外形比较简单、内形比较复杂的零件，其绘制方法与标注方法见前文所述。

(二)半剖视图

当物体具有垂直于投影面的对称平面时，在该投影面投射所得的图形，可以以对称中心线为界，一半画成剖视图，另一半画成视图。这种组合的图形称为半剖视图，简称半剖视，如图 4-12 所示。

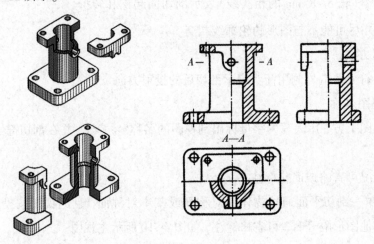

图 4-12　半剖视图

半剖视图既表达了物体的内部形状，又保留了物体的外部形状，所以内外形状都比较复杂的对称物体常采用半剖视图的表达方法。

画半剖视图时应注意：

(1)半个视图和半个剖视图的分界线是对称中心线，在主视图中，半剖视图位于对称中心线的右侧；在俯视图中，半剖视图位于对称中心线的下方；在左视图中，半剖视图位于对称中心线的右侧。

(2)物体内部结构在半剖视图中已表达清楚，在半个视图中的细虚线可省略，但对孔、槽等需用细点画线表示中心位置。

(3)半个视图的标注与全剖视图相同。

(三)局部剖视图

用剖切平面局部地剖开物体所得的剖视图称为局部剖视图，简称局部剖视，如图 4-13所示。

局部剖视是一种比较灵活的表达方法，剖切位置及剖切范围的大小可根据需要决定，常用于不对称图形不宜采用半剖视图和全剖视图表达内外结构的情况。

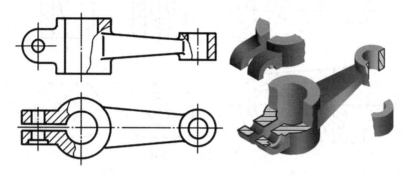

图 4-13　局部剖视图

画局部剖视图时应注意以下三点。

（1）局部剖视和视图之间用波浪线分界。波浪线表示物体上断裂的痕迹，它不应与图样上的其他图线重合，更不要超出物体的实体部分，如图 4-14 所示。

（2）当被剖切结构为回转体时，允许将该结构的中心线作为局部剖视和视图的分界线，如图 4-15（a）所示。

（3）有些物体虽然对称，但轮廓线与对称中心线重合，不宜采用半剖视，而应采用局部剖视，如图 4-15（b）所示。

对于剖切位置明显的局部剖视，一般不予标注，必要时可按全剖视的标注方法标注。

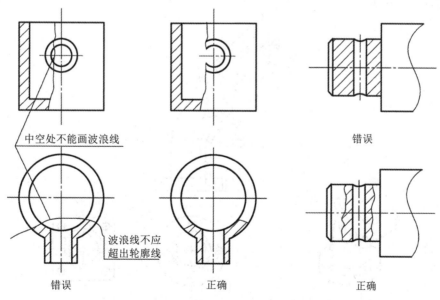

图 4-14　波浪线画法

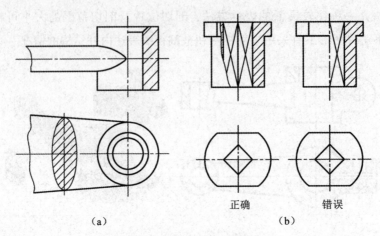

正确　　　　　　　错误

（a）　　　　　　　　　　　（b）

图 4-15　局部剖视特殊情况

三、剖切面的种类

（一）单一剖切面

当机件的内部结构位于一个剖切平面上时，可选用单一剖切平面剖开机件。单一剖切平面也可以是单一斜剖切平面。其中，单一剖切平面主要用于表达机件上与基本投影面平行的内部结构，如全剖视图、半剖视图和局部剖视图等；单一斜剖切平面主要用于表达机件上倾斜的内部结构。

为了看图方便，由单一斜剖切平面得到的剖视图一般配置在与倾斜部分保持投影关系的位置上；在不引起误解的情况下，也允许将图形旋转配置，但此时必须加注旋转符号，如图 4-16 所示。

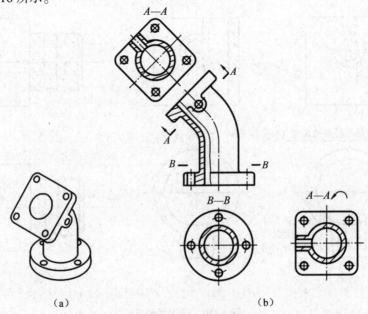

（a）　　　　　　　　　　　（b）

图 4-16　单一斜剖切面

（二）几个平行的剖切面

当机件上具有几种不同的结构要素（如孔、槽等），且它们的中心线排列在几个互相平行的平面上时，宜采用几个平行的剖切面剖开机件。如图4-17所示机件，就是用两个互相平行的剖切面将机件剖开，得到"A—A"剖视图。

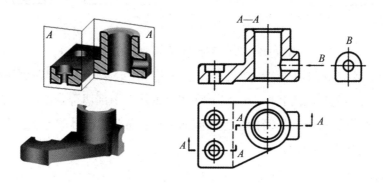

图4-17 几个平行的剖切面

绘制被几个平行的剖切面剖切的剖视图时，必须注意以下四点。

（1）两个剖切平面的转折处必须是直角，且转折处的分界线在投影图上不应画出，如图4-18所示。

（2）剖切符号不应与轮廓线相交，剖切面的转折处不应与图中的轮廓线重合，如图4-18所示。

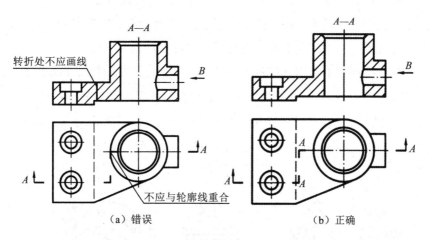

（a）错误　　　　　　　　　　　（b）正确

图4-18 几个平行的剖切面的画法（一）

（3）剖切位置要选择恰当，避免在剖视图上出现不完整的结构要素，如孔、槽、凸台和肋板等结构不能一部分剖去、另一部分保留。仅当两个要素具有公共对称中心线或轴线时，可以以中心线为分界线各画一半，如图4-19所示。

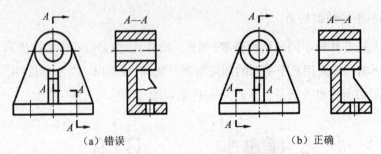

（a）错误　　　　　　　　　　　　（b）正确

图 4-19　几个平行的剖切面的画法（二）

（4）用几个平行的剖切平面剖切机件得到的剖视图必须标注，即在剖视图上方用大写拉丁字母标注出剖视图的名称"×—×"；在相应视图上用剖切符号表示剖切位置，并在剖切符号起、止及转折处的外侧标注上相同的字母；在剖切符号的起、止位置用与其垂直的箭头表示剖切后的投射方向。

（三）相交的剖切平面

当用单一剖切平面或几个平行的剖切平面不能完整地表达机件的内部结构时，可利用几个相交的剖切平面（剖切平面的交线垂直于某一基本投影面）将机件剖开，如图 4-20（a）所示。

相交的剖切平面剖开机件时注意以下三点。

（1）相交的剖切平面的交线应与机件上的回转轴线重合，并垂直于某一基本投影面。

（2）应按照"先剖切、后旋转"的方法画出剖视图，即首先假想按剖切位置剖开机件，然后将其中被倾斜平面剖开的结构绕它们的交线旋转到与选定的投影面平行后，再投射画出。但处于剖切平面后的其他结构，仍按原来位置投射。

（3）采用相交的剖切平面剖开机件时，必须进行标注。在剖视图上方用大写字母标注出剖视图的名称"×—×"；在相应视图上用剖切符号表示剖切位置，并在剖切符号起、止及转折处的外侧注上相同的字母；在剖切符号的起、止位置处用与其垂直的箭头表示剖切后的投射方向。如果剖视图按投影关系配置，中间又无其他图形隔开时，允许省略箭头，如图 4-20（b）所示。

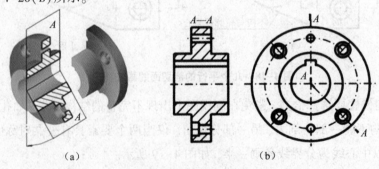

（a）　　　　　　　　　　　　　　（b）

图 4-20　相交剖切面

四、剖视规定画法

（1）物体上的肋板、轮辐及薄壁等结构，纵向剖切时不画剖面符号，而是用粗实线将它们与相邻的结构分开；横向剖切时画剖面符号，如图 4-21 所示。

（2）回转体上均匀分布的肋板、轮辐、孔等结构不处于剖切平面上时，可假想将这些结构旋转到剖切平面上画出，如图 4-22 所示。

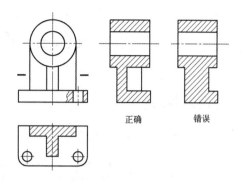

图 4-21 肋板的画法

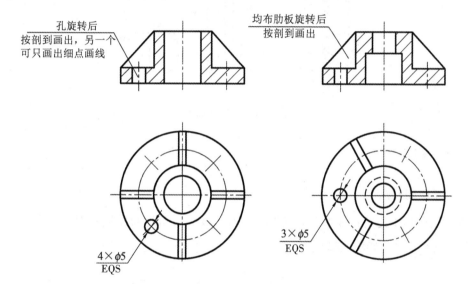

图 4-22 回转体上均匀分布结构的简化画法

【任务实施】

完成的填料压盖剖视图如图 4-23 所示。

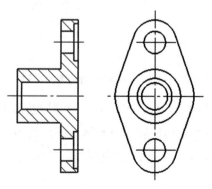

图 4-23 填料压盖剖视图

任务三　绘制支架断面图

【任务描述】

绘制图 4-24 所示支架断面图。

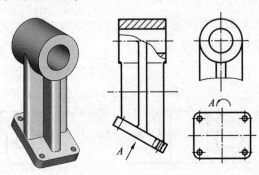

图 4-24　支架断面图

【相关知识】

一、断面图概念

假想用剖切平面将物体的某处切断，仅画出该剖切面与物体接触部分的图形，称为断面图，简称断面，如图 4-25 所示。

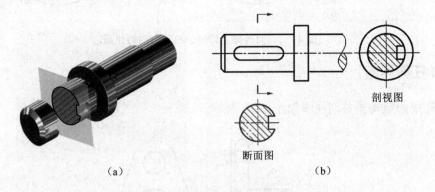

（a）　　　　　　　　　　　　　　　　（b）

图 4-25　断面图与剖视图的区别

断面图与剖视图的区别在于：断面图仅画出物体切断面的图形；而剖视图除画出物体切断面的图形外，还要画出剖切面后面所有可见部分的图形。

断面图主要用来表达物体某一局部的断面形状，例如物体上的肋板、轮辐、键槽、小孔及各种型材等的断面形状。

二、断面图的分类及画法

按其图形所处位置不同，断面图分为移出断面图和重合断面图两种。

（一）移出断面图

画在视图轮廓之外的断面图，称为移出断面图，简称移出断面。移出断面图的轮廓线用粗实线绘制，在断面上画出剖面符号，如图4-26所示。

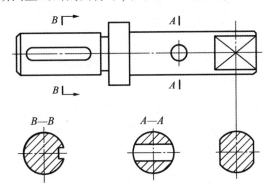

图4-26 移出断面图

1. 移出断面图的画法

移出断面图应尽量配置在剖切线的延长线上，必要时，也可画在其他适当位置。

当剖切平面通过回转面形成的孔或凹坑的轴线时，这些结构应按剖视绘制，如图4-27所示。当剖切平面通过非圆孔导致出现完全分离的两部分断面时，这样的结构也应按剖视绘制，如图4-28所示。

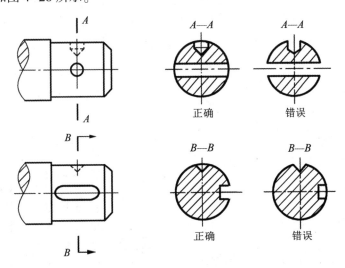

图4-27 带有孔或凹坑的断面

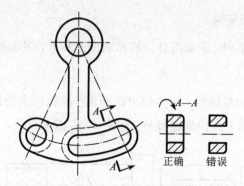

图4-28　按剖视绘制的断面图

2. 移出断面图的标注

（1）移出断面图一般应在相关的视图上用剖切符号表示剖切位置，用箭头表示投影方向，并注上字母，在断面图的上方应用同样字母标出相应的名称"×—×"，如图4-26中的"B—B"所示。

（2）配置在剖切线延长线上的不对称移出断面可省略字母，如图4-25所示。对称移出断面可省略标注，如图4-26所示。

（3）当移出断面图形对称，即与投影方向无关时，可省略箭头，如图4-26中的"A—A"所示。

（二）重合断面图

画在视图之内的断面图，称为重合断面图，简称重合断面。重合断面图的轮廓线用细实线绘制，如图4-29所示。

1. 重合断面图的画法

当重合断面图与视图中的轮廓线重叠时，视图的轮廓线仍需连续画出，不可间断，如图4-29所示。

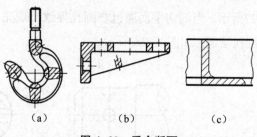

（a）　　　　（b）　　　　（c）

图4-29　重合断面

2. 重合断面图的标注

对称的重合断面和不对称的重合断面均不标注，如图4-29所示。

【任务实施】

完成的支架断面图如图4-30所示。

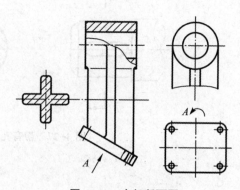

图4-30　支架断面图

模块二

技能模块

☆育人目标☆

（1）培养学生良好的道德品质，使学生养成良好的行为习惯，增强遵纪守法意识和保密意识。

（2）培养学生吃苦耐劳、不怕困难、勇敢向前的精神，以及责任感、使命感。

（3）培养学生团队合作的意识和助人为乐的精神。

（4）使学生树立效率和效益观念，实现科学发展。

项目五　标准件与常用件

【学习目标】

(1)熟知螺纹的规定画法和标注方法。

(2)掌握螺栓连接的简化画法。

(3)掌握直齿圆柱齿轮的规定画法及测绘方法。

(4)了解键销连接和滚动轴承的画法。

任务一　螺栓连接图

【任务描述】

减速器箱盖和箱体使用螺栓连接，使用的螺纹紧固件包括：六角头螺栓（GB/T 5780　M8×25）、螺母（GB/T 41　M8）、垫圈（GB/T 97.1　8）；箱盖、箱体厚度均为 7 mm。按比例画法完成螺栓连接图。

【相关知识】

一、螺纹

螺纹是零件上常见的结构，它是在圆柱或圆锥表面上沿着螺旋线所形成的具有相同剖面的连续凸起和沟槽。在圆柱（或圆锥）外表面上加工的螺纹称为外螺纹，在圆柱（或圆锥）内表面加工的螺纹称为内螺纹。

图 5-1 所示为在车床上加工内、外螺纹的方法，工件做匀速旋转运动，车刀沿工件轴向做等速直线运动，其合成运动的轨迹是螺旋线，刀尖在工件表面上切出的螺旋线沟槽就是螺纹。

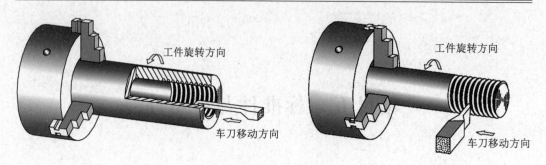

（a）车内螺纹　　　　　　　　　　　（b）车外螺纹

图 5-1　在车床上加工螺纹

（一）螺纹的要素

螺纹由牙型、直径、线数、螺距和导程、旋向五个要素组成。

1. 牙型

在通过螺纹轴线的剖面上，螺纹的轮廓形状称为牙型。常见的螺纹牙型有三角形、梯形和锯齿形。

牙型上向外凸起的尖端称为牙顶，向内凹进的槽底称为牙底，如图 5-2 所示。

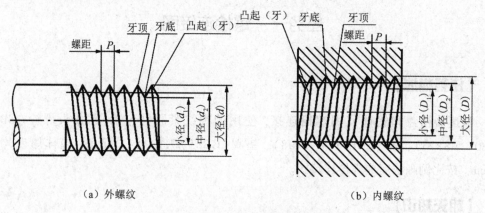

（a）外螺纹　　　　　　　　　　　　（b）内螺纹

图 5-2　螺纹各部分的名称及代号

2. 直径

螺纹直径有大径(D，d)、小径(D_1，d_1)和中径(D_2，d_2)，如图 5-2 所示。螺纹的公称直径一般指螺纹大径。

3. 线数

螺纹有单线和多线之分，沿一条螺旋线形成的螺纹称为单线螺纹，如图 5-3(a) 所示；沿两条或两条以上螺旋线形成的螺纹称为多线螺纹，如图 5-3(b) 所示。螺纹线数用 n 表示。

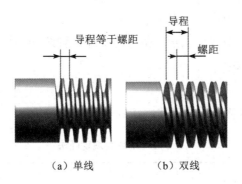

（a）单线　　　　（b）双线

图 5-3　螺纹的线数、导程和螺距

4. 螺距和导程

螺距（P）是指相邻两牙中径线上对应两点间的轴向距离。导程（P_h）是指同一条螺旋线相邻两牙在中径线上对应两点间的轴向距离。单线螺纹的螺距等于导程，多线螺纹的螺距乘以线数等于导程，即 $P_h=nP$，如图 5-3 所示。

5. 旋向

螺纹有右旋和左旋之分，如图 5-4 所示。顺时针旋转旋入的螺纹称为右旋螺纹；逆时针旋转旋入的螺纹称为左旋螺纹，工程上常用右旋螺纹。

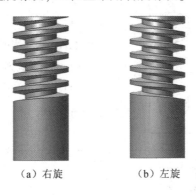

（a）右旋　　　　（b）左旋

图 5-4　螺纹的旋向

当内、外螺纹连接时，只有当外螺纹和内螺纹的五个要素完全相同时，内、外螺纹才能旋合在一起。

螺纹的种类有很多，按照用途可分为连接螺纹和传动螺纹两类，前者起连接作用，后者用于传递动力和运动。在螺纹要素中，国家标准对牙型、大径与螺距的数值进行了统一规定，符合国家标准的螺纹称为标准螺纹。在标准螺纹中，用于连接的螺纹有普通螺纹和管螺纹等，其中普通螺纹的应用最为广泛。

(二)螺纹的规定画法

螺纹的结构与尺寸已经标准化，为了提高绘图效率，国家标准对螺纹画法进行了规定，基本规定有以下四项，具体画法见表 5-1。

(1)螺纹牙顶的投影用粗实线表示。

(2)螺纹牙底投影用细实线表示，在垂直于螺纹轴线的投影面的视图中，表示牙底的细实线圆只画约3/4圈。

(3)螺纹的终止线用粗实线表示。

(4)在剖视图或断面图中，剖面线一律画到牙顶处。

表5-1　螺纹的规定画法

名称	画法	说明
外螺纹	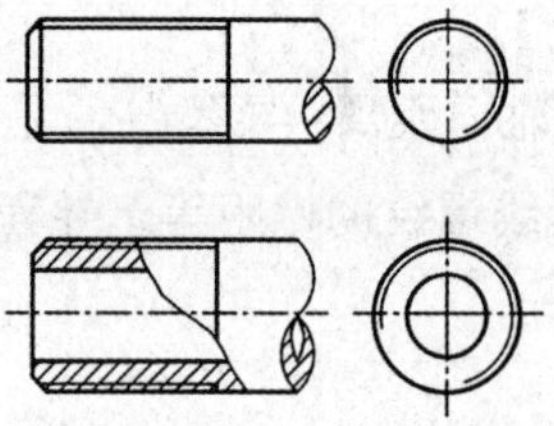	(1)外螺纹大径线用粗实线表示；小径线用细实线表示。 (2)小径通常按照大径的0.85倍绘制。 (3)牙底线在倒角或倒圆部分也应画出；在投影为圆的视图上，端部的倒角圆省略不画。 (4)剖面线画到表示大径的粗线处
内螺纹	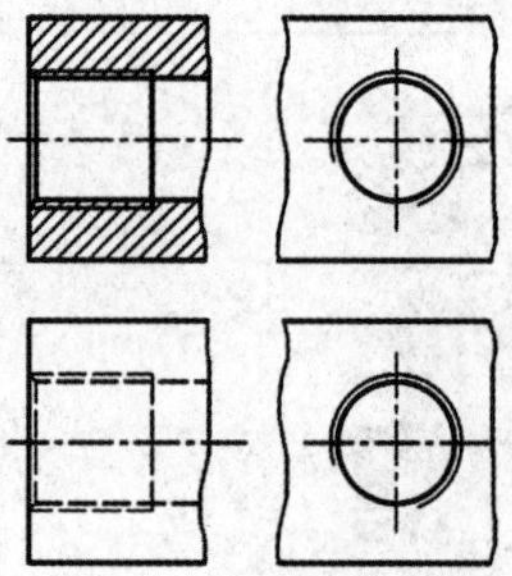	(1)内螺纹一般用剖视表达，小径线($D_1 = 0.85D$)用粗实线表示；大径线用细实线表示。 (2)剖面线画到表示小径的粗实线处。 (3)在内螺纹未采用剖视表达时，所有的图线均画细虚线
不穿通螺纹孔	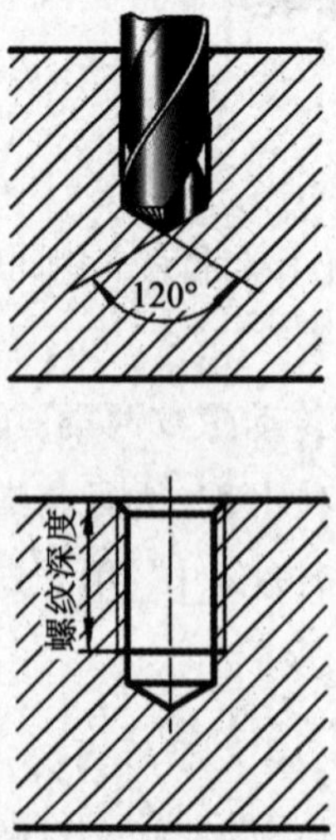	绘制不穿通的螺孔时，应将钻孔深度和螺纹深度分别画出，钻孔锥底角度画成120°

表 5-1（续）

名称	画法	说明
螺纹连接		用剖视图表示螺纹连接时，旋合部分按照外螺纹画法绘制，其余部分按照各自画法表示。注意要使内、外螺纹相应的大小直径线对齐

（三）螺纹的标记及标注

螺纹图上并未标明牙型、公称直径、螺距和导程、线数、旋向等要素，为区别不同种类的螺纹，国家标准规定了螺纹标记和标注方法。

1. 螺纹的规定标记。

（1）普通螺纹的规定标记。普通螺纹的标记格式为：

螺纹特征代号　尺寸代号-公差带代号-旋合长度代号-旋向代号

标记的注写规则如下。

①螺纹特征代号：表示牙型。不同牙型的螺纹有不同的螺纹特征代号，用 M 表示。

②尺寸代号：表示螺纹的大小。单线螺纹的尺寸代号为"公称直径×螺距(P)"，多线螺纹的尺寸代号为"公称直径×导程(P_h)　螺距(P)"，粗牙普通螺纹不标注螺距。

③公差带代号：包括中径公差带代号和顶径公差带代号，当两个公差带代号相同时，只注写一个代号（常用公差带见附表 F-1）。螺纹公差带是由表示其大小的公差等级数字和基本偏差的字母（内螺纹用大写字母，外螺纹用小写字母）组成的，最常用的中等公差精度（6H 和 6g）不标注。

④旋合长度代号：旋合长度分为短、中、长三种，分别用代号 S，N，L 表示，应用最多的中等旋合长度可不标"N"。

⑤旋向代号：右旋螺纹不标注旋向，左旋螺纹用代号"LH"表示。

【例 5-1】　已知细牙普通螺纹，公称直径为 20 mm，螺距为 2 mm，左旋，中径公差带代号为 5h，顶径公差带代号为 6h，短旋合长度。

其标记形式为：

$$M20×2LH-5h6h-S$$

（2）管螺纹的规定标记。在管路连接中常用 55°管螺纹，分为 55°非密封管螺纹和 55°

密封管螺纹。

55°非密封管螺纹标记格式为：

螺纹特征代号　尺寸代号　公差等级代号–旋向代号

55°密封管螺纹标记格式为：

螺纹特征代号　尺寸代号–旋向代号

管螺纹标记的注写规则如下。

①55°非密封管螺纹代号用 G 表示；对于 55°密封管螺纹，Rc 表示圆锥内螺纹，Rp 表示圆柱内螺纹，R 表示圆锥外螺纹。

②管螺纹的尺寸代号不等于管螺纹的直径(查附表 F–2 确定管螺纹的直径)。

③非密封的外螺纹公差等级分为 A 和 B 两种，内螺纹不标记。

④右旋螺纹的旋向不标注，左旋螺纹标注"LH"。

2. 螺纹的标注方法

普通螺纹在图样上直接标注在大径的尺寸线上，管螺纹一律标注在引出线上。引出线应由大径或由对称中心处引出，如表 5–2 所列。

表 5–2　螺纹的标记和标注方法

螺纹类别		特征代号	标注示例	说明
普通螺纹	粗牙普通螺纹	M		粗牙普通螺纹，公称直径 16 mm，右旋；中径公差带和顶径公差带代号均为 6 g；中等旋合长度
	细牙普通螺纹			细牙普通螺纹，公称直径 16 mm，螺距 1 mm，右旋；中径公差带和顶径公差带代号均为 6 H；中等旋合长度
管螺纹	非螺纹密封的管螺纹	G		55°非密封管螺纹： G——螺纹特征代号 1——尺寸代号 A——外螺纹公差等级代号

表 5-2（续）

螺纹类别		特征代号	标注示例	说明
管螺纹	螺纹密封的管螺纹（圆锥内螺纹）	Rc	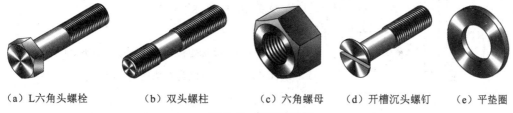	55°密封管螺纹：
	螺纹密封的管螺纹（圆柱内螺纹）	Rp		Rc——55°密封圆锥内螺纹
	螺纹密封的管螺纹（圆锥外螺纹）	R		R——55°密封圆锥外螺纹 11/2——尺寸代号

（四）螺纹紧固件

螺纹紧固件连接是应用最为广泛的一种可拆卸连接。常用的螺纹紧固件有螺栓、螺母、螺柱、螺钉等，如图 5-5 所示，这些零件都属于标准件，它们的结构和尺寸可在有关的标准手册中查到。本书附录摘录了常用螺纹紧固件标准件的国家标准，详见附表 F-3 至附表 F-6。

（a）L六角头螺栓　　　（b）双头螺柱　　　（c）六角螺母　　（d）开槽沉头螺钉　　（e）平垫圈

图 5-5　螺纹紧固件

螺纹紧固件的标记格式一般为：

名称　标准号　规格

其中，规格由该紧固件的大小及型式代号和尺寸组成。常用的螺纹紧固件及标记示例见表 5-3。

常见的螺纹连接形式有螺栓连接、双头螺柱连接和螺钉连接，下面分析各种连接的画法。

1. 螺栓连接

螺栓连接是用螺栓、螺母和垫圈将两个零件连接在一起。装配时，螺栓穿过被连接件上的通孔，套上垫圈，拧上螺母。螺栓连接用于较薄的两个零件的连接，如图 5-6(a) 所示。

在装配图中采用简化画法绘制螺栓连接，尺寸关系如图 5-6(b) 所示。计算螺栓长度 $l \approx \delta_1 + \delta_2 + 1.35d$，查附表 F-3 取相近标准值。

表 5-3　常用螺纹紧固件及标记示例

名称	图例	标记及说明
六角头螺栓	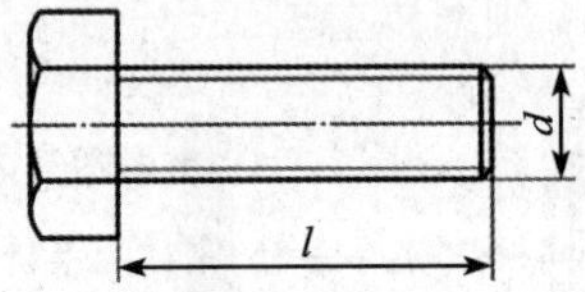	标记： 螺栓 GB/T 5780　M12×80 表示： 螺纹规格为 M12、公称长度 $l=80$ mm、性能等级为 4.8 级、表面不经处理、产品等级为 C 级的六角头螺栓
六角螺母	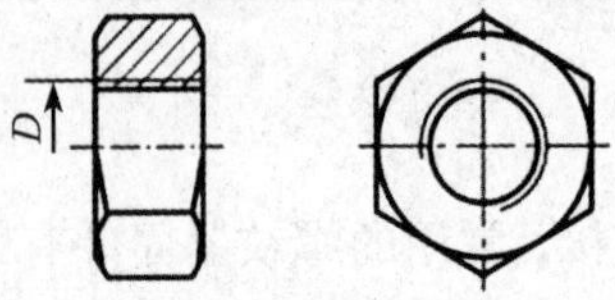	标记： 螺母 GB/T 41 表示： 螺纹规格为 M12、性能等级为 5 级、表面不经处理、产品等级为 C 级的 I 型六角螺母
平垫圈	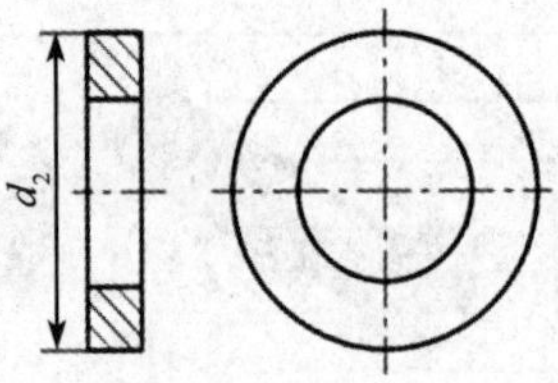	标记： 垫圈 GB/T 95　8 表示： 标准系列、公称规格 8 mm、硬度等级为 100 HV、不经表面处理、产品等级为 C 级的平垫圈
双头螺柱	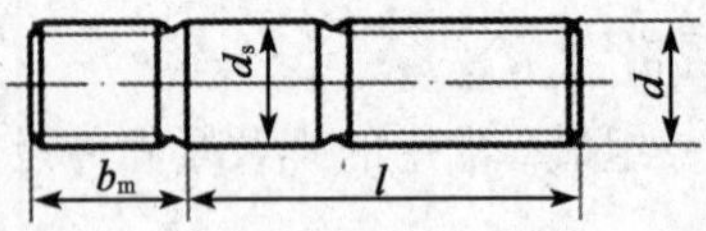	标记： 螺柱 GB/T 899　AM10×50 表示： 两端均为粗牙普通螺纹、螺纹规格为 M10、公称长度 $l=50$ mm、性能等级为 4.8 级、A 型、$b_m=d$ 的双头螺柱

规定画法：由于剖切平面通过螺栓、螺母和垫圈的轴线，所以这些标准件按照不剖绘制；被连接件的光孔与螺栓为非接触面，应画出空隙，同时注意此空隙内应画出被连接件接合面处可见的轮廓线；两个被连接件剖面线的方向或间隔不得相同。

2. 双头螺柱连接

双头螺柱连接常用于被连接件中有一个太厚而不能加工成通孔的情况。双头螺柱两端都有螺纹，其中一端全部旋入被连接件的螺孔内，称为旋入端，其长度用 b_m 表示；另一端穿过另一个被连接件的通孔,加上垫圈,旋紧螺母,如图5-7(a)所示。

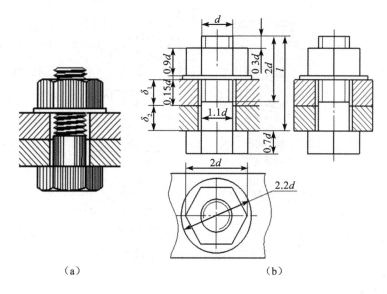

图5-6　螺栓连接绘制

双头螺柱连接的简化画法如图5-7(b)。画图时,注意双头螺柱旋入端的螺纹终止线应画成与被连接件的接触表面相重合,表示旋入端已拧紧。

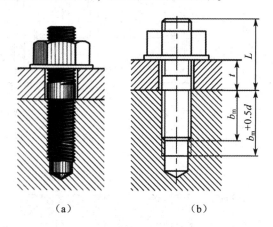

图5-7　双头螺柱连接的简化画法

3. 螺钉连接

螺钉连接一般用于受力不大而又不经常拆卸的地方。一般在较厚的被连接件上加工出螺孔,然后把螺钉穿过另一被连接件的通孔旋进螺孔来连接两零件,如图5-8(a)所示。

螺钉连接的简化画法如图5-8(b)所示。按照国家标准规定,螺钉一字槽在俯视图上应与水平线成45°角;螺钉一字槽也可简化成一条加粗实线。

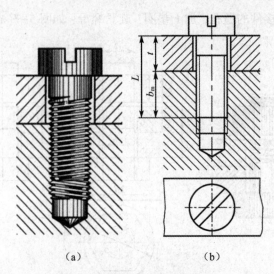

（a）　　　　　　　　　　（b）

图 5-8　螺钉连接的简化画法

【任务实施】

按照尺寸比例，采用简化画法绘制螺栓零件连接图，如图 5-9 所示。

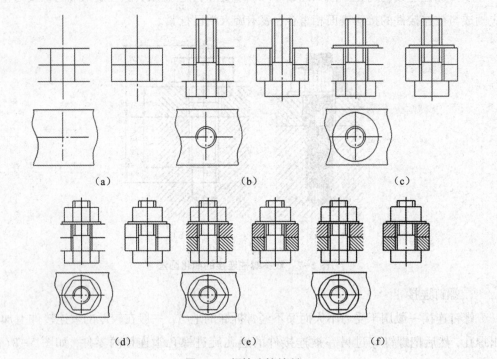

图 5-9　螺栓连接绘制

作图步骤如下：

（1）绘制作图基线、被连接件（箱盖和箱座），如图 5-9（a）所示。

（2）绘制螺栓三视图，如图 5-9（b）所示。

（3）绘制垫圈三视图，如图 5-9（c）所示。

（4）绘制螺母三视图，如图 5-9（d）所示。

（5）绘制剖面线，如图 5-9（e）所示。

（6）检查、描深，完成螺栓三视图，如图 5-9（f）所示。

任务二　从动齿轮测绘

【任务描述】

绘制图 5-10 所示减速器从动齿轮视图。

图 5-10　从动齿轮

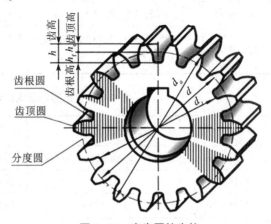

图 5-11　直齿圆柱齿轮

【相关知识】

一、齿轮

齿轮是传动件，通过齿轮啮合，可将一根轴的动力及旋转运动传递给另一根轴，也可以改变转数和旋转方向。

（一）齿轮的基本知识

直齿圆柱齿轮各部位的名称如图 5-11 所示。

1. 齿轮的三个圆

（1）齿顶圆 d_a：齿顶圆柱面被垂直于其轴线的平面所截的截线与端平面的交线。

（2）齿根圆 d_f：齿根圆柱面被垂直于其轴线的平面所截的截线与端平面的交线。

（3）分度圆和节圆 d：分度圆柱面与垂直于其轴线的一个平面的交线。

2. 齿轮的三个高度

（1）齿顶高 h_a：齿顶圆与分度圆之间的径向距离。

(2)齿根高 h_f：齿根圆与分度圆之间的径向距离。

(3)齿高 h：齿顶圆与齿根圆之间的径向距离。

3. 直齿圆柱齿轮的基本参数与齿轮各部分的尺寸关系

模数 m 是齿轮的一个参数，为了简化和统一齿轮的轮齿规格，国家标准对齿轮的模数作了统一规定，见表 5-4，应优先选用第一系列，其次选择第二系列，避免采用括号内的模数。直齿圆柱齿轮轮齿的各部分尺寸关系见表 5-5。

表 5-4　标准模数[《通用机械和重型机械用圆柱齿轮　模数》(GB/T 1357－2008)]

单位：mm

模数系列	标准模数
第一系列	1, 1.25, 1.5, 2, 2.5, 3, 4, 5, 6, 8, 10, 12, 16, 20, 25, 32, 40, 50
第二系列	1.125, 1.375, 1.75, 2.25, 2.75, 3.5, 4.5, 5.5, (6.5), 7, 9, (11), 14, 18, 22, 28, 36, 45

表 5-5　直齿圆柱齿轮轮齿的各部分尺寸关系

名称及代号	计算公式	名称及代号	计算公式
模数 m	$m = d / z$，按照表取标准值	分度圆直径 d	$d = mz$
齿顶高 h_a	$h_a = m$	齿顶圆直径 d_a	$d_a = d + 2h_a = m(z+2)$
齿根高 h_f	$h_f = 1.25m$	齿根圆直径 d_f	$d_f = d - 2h_f = m(z-2.5)$
齿高 h	$h = h_a + h_f = 2.25m$	中心距 a	$a = \dfrac{d_1 + d_2}{2} = \dfrac{m(z_1 + z_2)}{2}$

(二)直齿圆柱齿轮的规定画法

1. 单个齿轮的规定画法

齿轮一般用两个视图或者用一个视图和一个局部视图来表示；齿顶圆和齿顶线用粗实线绘制；分度圆和分度线用细点画线绘制；齿根圆和齿根线用细实线绘制，也可省略不画，但在剖视图中，齿根线用粗实线绘制，如图 5-12 所示。

2. 齿轮啮合的规定画法

(1)在剖视图中，在啮合区域内，将一个齿轮轮齿用粗实线绘制，另一个齿轮轮齿的被遮挡部分用虚线绘制，如图 5-13(a)所示，被遮挡部分可以省略不画。

(2)在端面视图中，两分度圆相切，啮合区内的齿顶圆用粗实线绘制或省略不画，齿根线用细实线绘制或省略不画，如图 5-13(b)(c)所示。

(3)在视图中，两分度线重合，用粗实线绘制；啮合区的齿顶线不需要画出，如图 5-13(d)所示。

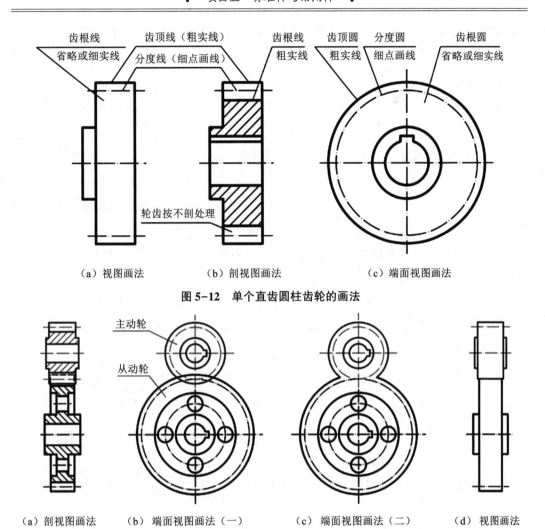

（a）视图画法　　　　（b）剖视图画法　　　　　（c）端面视图画法

图 5-12　单个直齿圆柱齿轮的画法

（a）剖视图画法　　（b）端面视图画法（一）　　（c）端面视图画法（二）　　（d）视图画法

图 5-13　两齿轮啮合画法

二、齿轮测绘

在设备检修过程中，需要对损坏零件进行现场测绘。测绘是对现有零件进行分析、绘制零件草图、测量并标注尺寸及技术要求、画出零件图的过程。

（一）零件测绘步骤

1. 了解和分析零件

了解零件在机械、设备中的位置和作用，并对零件的结构进行分析。

2. 确定零件表达方案

首先选择零件主视图，再选择其他视图。

3. 绘制零件草图

绘制零件草图与绘制零件工作图的区别在于：不使用绘图工具，凭眼力确定比例；

可以使用简化标题栏，但内容要完整，图线画法符合国家标准要求，粗细分明，图形不需要描深。

4. 测量零件尺寸

测量尺寸是零件测绘过程中的一个重要步骤，在零件草图视图上标注出零件所有尺寸，选择量具进行尺寸测量。具体步骤如下：

（1）测量长度尺寸。线性尺寸可以直接用钢直尺、游标卡尺进行测量，如图5-14（a）（c）所示。

（2）测量直径。外径用外卡钳测量，内径用内卡钳测量，再在钢直尺上读出数值。精度要求较高的尺寸可以用游标卡尺和千分尺测量，如图5-14（b）（c）（d）所示。

（3）测量壁厚。当无法直接测量壁厚时，可间接地分为两次完成测量，如图5-14（e）所示的 $X=A-B$，$Y=C-b$。

（4）测量中心距和中心高。测量孔间距时，可用外（内）卡钳配合钢直尺测量。如图5-14（f）所示，其中心距 $L=A+（D_1+D_2）/2$；测量中心高时，可用外（内）卡钳配合钢直尺测量，如图5-14（g）所示孔的中心高 $H=A+D/2=B+d/2$。

（5）测量圆角和螺距。测量圆角半径，一般采用圆角规。在圆角规中找到与被测部分完全吻合的一片，由该片上的数值可知圆角半径的大小，如图5-14（h）所示。用螺纹规测得螺距，如图5-14（i）所示。

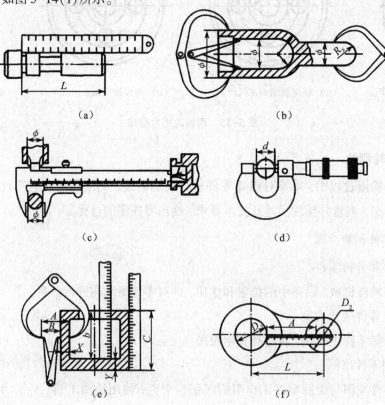

（a）

（b）

（c）

（d）

（e）

（f）

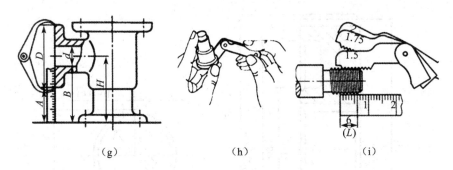

（g）　　　　　　　　　　（h）　　　　　　　　　　（i）

图 5-14　零件尺寸测量

5. 检查草图，根据草图绘制零件图

（二）零件测绘需要注意的问题

（1）对于零件制造缺陷和磨损、变形等情况，画草图时，应予以纠正。

（2）绘制出零件上的工艺结构，如倒角、圆角、退刀槽等。

（3）零件上标准结构的尺寸要标准化。

【任务实施】

1. 测绘前，准备测绘件、测量工具、坐标纸和相关资料

2. 了解、分析测绘件

从动齿轮通过键连接到轴上，与齿轮轴啮合，起到减速和传递动力的作用，属于盘盖类零件，加工材料为 HT150。

3. 确定齿轮的表达方法

从动齿轮结构简单，采用主视图和左视图（局部）视图即可。

4. 具体测绘步骤

（1）绘制齿轮的草图，并标出尺寸。

（2）计算和测量齿轮的尺寸。

①数出齿数为 55。

②测量齿顶圆直径 d_a；当齿数为奇数时，测出孔的直径及孔壁到齿顶的距离，计算齿顶圆直径。

③计算并取标准模数为 2。

④计算轮齿的高度和齿轮的直径尺寸；测量出齿轮的宽度、孔径、键槽宽度、槽深。

（3）检查草图，根据草图绘制齿轮零件图，完成的图形如图 5-15 所示。

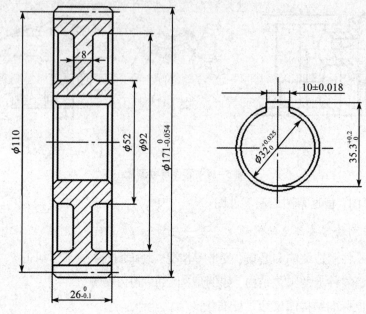

图 5-15　齿轮零件图

【知识拓展】

一、键、销连接

(一)键连接

为了使轴和齿轮、带轮一起转动,通常在轮孔和轴上切出键槽,用键将轴与轮连接起来,进行传动,如图 5-16 所示。

图 5-16　键连接

键是标准件,键的型式、尺寸可查阅相关标准。常用键的种类有平键、半圆键和钩头楔键,其中平键用途广泛,分为普通平键(A 型)、方头平键(B 型)和单圆头平键(C 型)三种,如图 5-17 所示。

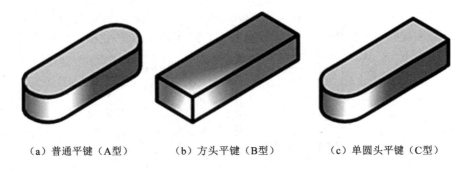

（a）普通平键（A型）　　　（b）方头平键（B型）　　　（c）单圆头平键（C型）

图 5-17　平键的种类

键的标记由名称、型式与尺寸、标准编号三部分组成。

例如 A 型（圆头）普通平键，$b=12$ mm，$h=8$ mm，$L=50$ mm，其标记为：

GB/T 1096 键 12×8×50

C 型（单圆头）普通平键，$b=18$ mm，$h=11$ mm，$L=100$ mm，其标记为：

GB/T 1096 键 C 18×11×100

标记中 A 型键的"A"字省略不注，而 B 型和 C 型要标注"B"和"C"。

键是标准件，基本尺寸有长度 L、键宽 b 和键高 h，其值均可查附表 F-10 中的相关标准。零件上与键相配合的键槽的画法和尺寸标注如图 5-18 所示。

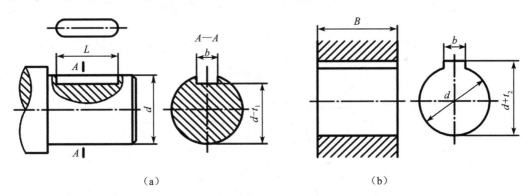

（a）　　　　　　　　　　　　　　（b）

图 5-18　键槽的画法和尺寸标注

普通平键的两侧面为工作面，底面和顶面为非工作面。在绘制装配图时，键的两侧面和底面分别与轴上的键槽接触，应画成一条线；平键的顶面与键槽的底面之间是有间隙的，应画成两条线，如图 5-19 所示。

在键连接装配图中，当剖切平面通过轴的轴线和键的对称面时，轴和键按不剖绘制；为了表示键在轴上的装配关系，轴采用局部剖视图表达，如图 5-19 所示。

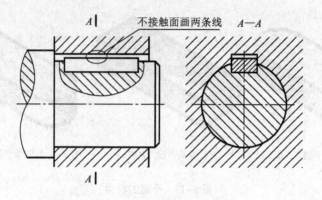

图 5-19　普通平键连接画法

(二) 销连接

　　销通常用于零件间的定位或连接。常用销有圆柱销、圆锥销和开口销，如图 5-20 所示。销也是标准件，销的型式、尺寸可查阅相关标准。绘制销连接图时，当剖切平面通过销的轴线时，销按不剖绘制，如图 5-21 所示。

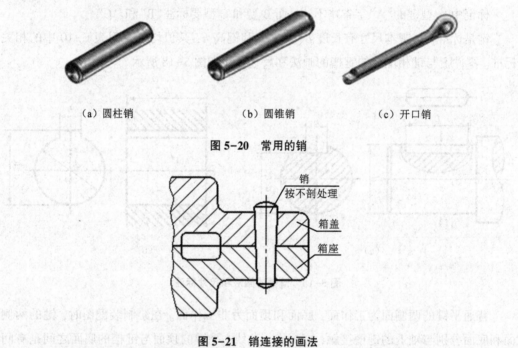

（a）圆柱销　　　　　　（b）圆锥销　　　　　（c）开口销

图 5-20　常用的销

图 5-21　销连接的画法

二、滚动轴承

　　滚动轴承是用来支承轴的标准件，具有结构紧凑、摩擦力小等优点，因此，在机械生产中被广泛应用。滚动轴承有深沟球轴承、推力球轴承和圆锥滚子轴承。

　　滚动轴承一般由外圈、内圈、滚动体和保持架四部分组成，如图 5-22 所示。内圈与轴相配合，通常与轴一起转动；外圈一般固定在机体或轴承座内，固定不动。

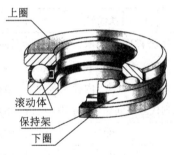

（a）深沟球轴承　　　　　　（b）推力球轴承　　　　　　（c）圆锥滚子轴承

图 5-22　滚动轴承

（一）滚动轴承的代号

滚动轴承的基本代号由轴承类型代号、尺寸系列代号、内径代号三部分组成。滚动轴承的类型代号见表 5-6。

表 5-6　滚动轴承类型代号[《滚动轴承　代号方法》(GB/T 272—2017)]

代号	轴承类型	代号	轴承类型
0	双列角按触球轴承	7	角接触球轴承
1	调心球轴承	8	推力圆柱滚子轴承
2	调心滚子轴承和推力调心滚子轴承	N	圆柱滚子轴承
			双列或多列用字母 NN 表示
3	圆锥滚子轴承	U	外球面球轴承
4	双列深沟球轴承	QJ	四点接触球轴承
5	推力球轴承	C	长弧面滚子轴承（圆环轴承）
6	深沟球抽承		

滚动轴承的尺寸系列代号包括宽(高)度系列代号和直径系列代号两部分,用两位阿拉伯数字表示。它的主要作用是区别内径相同而宽度和外径不同的滚动轴承。内径代号与轴承公称内径的关系见表 5-7。

表 5-7　滚动轴承内径

轴承公称内径/mm	内径代号	示例
0.6~10（非整数）	用公称内径毫米数直接表示,在其与尺寸系列代号之间用"/"分开	深沟球轴承 617/0.6 $d = 0.6$ mm 深沟球轴承 618/2.5 $d = 2.5$ mm

表 5-7(续)

轴承公称内径/mm	内径代号		示例
1~9(整数)	用公称内径毫米数直接表示，对深沟及角接触球轴承直径系列 7，8，9，内径与尺寸系列代号之间用"/"分开		深沟球轴承 625 $d=5$ mm 深沟球轴承 618/5 $d=5$ mm 角接触球轴承 707 $d=7$ mm 角接触球轴承 719/7 $d=7$ mm
10~17	10	00	深沟球轴承 6200 $d=10$mm
	12	01	调心球轴承 1201 $d=12$ mm
	15	02	圆柱滚子轴承 NU 202 $d=15$ mm
	17	03	推力球轴承 51103 $d=17$ mm
20~480(22，28，32 除外)	公称内径除以 5 的商数，商数为个位数，需在商数左边加"0"，如 08		调心滚子轴承 22308 $d=40$ mm 圆柱滚子轴承 NU1096 $d=480$ mm
≥500 及 22，28，32	用公称内径毫米数直接表示，但在与尺寸系列之间用"/"分开		调心滚子轴承 230/500 $d=500$ mm 深沟球轴承 62/22 $d=22$ mm

滚动轴承代号标记示例：

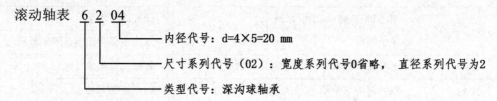

滚动轴表　6　2　04

内径代号：d=4×5=20 mm

尺寸系列代号（02）：宽度系列代号0省略，直径系列代号为2

类型代号：深沟球轴承

(二)滚动轴承的画法

当需要画滚动轴承的图形时，特征画法和规定画法如表 5-8 所列。滚动轴承的尺寸(D，d，B)可根据轴承代号查阅附表 F-11。

表 5-8　滚动轴承的画法

轴承类型	通用画法	特征画法	规定画法
深沟球轴承			

表 5-8（续）

轴承类型	通用画法	特征画法	规定画法
圆锥滚子轴承	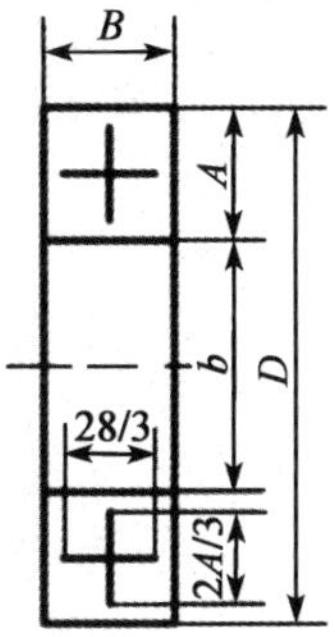	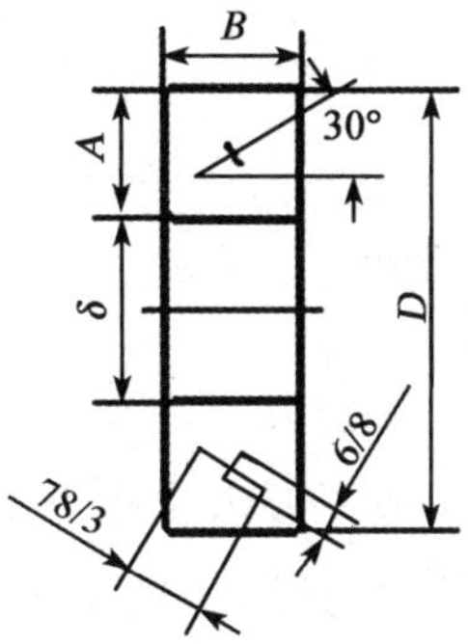	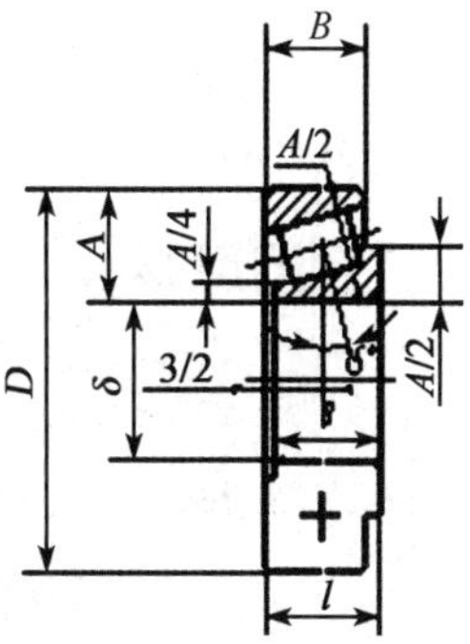
推力球轴承	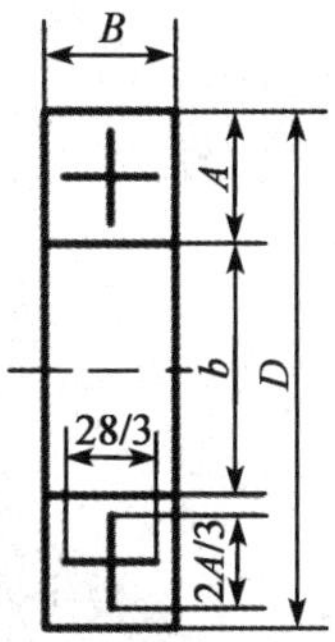	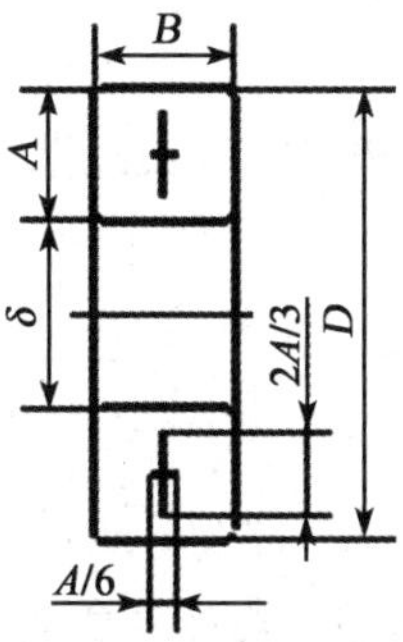	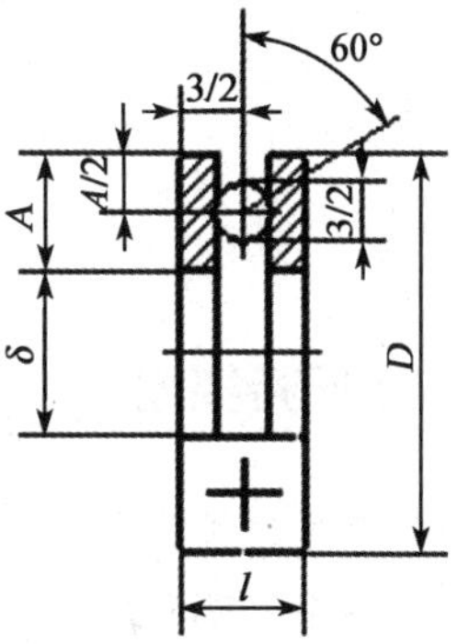

项目六　零件图

【学习目标】

（1）逐步掌握典型零件的表达方法。

（2）掌握零件尺寸标注的基本要求及标注方法。

（3）了解表面粗糙度、极限与配合的概念及标注。

（4）具备一定识读与绘制零件图的能力。

任务一　绘制从动轴零件图

【任务描述】

绘制图 6-1 所示从动轴的零件图。从动轴是减速器主要零件，用来支撑和定位轴承、齿轮等零件。轴类零件用途广泛，通过绘制从动轴的零件图掌握零件图的绘图方法。

图 6-1　从动轴

【相关知识】

一、零件图的作用和内容

表达零件结构形状、大小和技术要求的图样称为零件图。它是指导零件加工制造和检验的依据，是生产中的重要技术文件之一。机器或部件中除标准件外的其余零件，一般均应绘制零件图。

图 6-2 所示为填料压紧套的零件图。一张完整的零件图必须包括制造和检验零件的全部资料，其具体内容如下。

（一）一组视图

综合运用视图、剖视图、断面图及其他规定和简化画法，正确、完整、清晰、简便地表达零件各部分结构的内、外形状。图 6-2 用主视图（全剖视）和左部视图来表达螺母的结构形状。

（二）完整的尺寸

正确、完整、清晰、合理地注出零件在制造和检验时所需的全部尺寸。

（三）技术要求

技术要求常用符号或文字来表示，用以表示或说明零件在加工、检验过程中要达到的各项质量要求，如尺寸公差、形状和位置公差、表面粗糙度、材料、热处理等。

（四）标题栏

填写零件的名称、材料、数量、比例及责任人签名等。

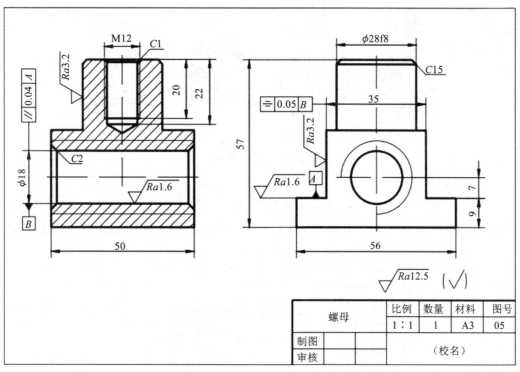

螺母	比例	数量	材料	图号
	1：1	1	A3	05
制图				
审核		（校名）		

图6-2 填料压紧套零件图

二、零件的视图选择

零件图要正确、完整、清晰地表达零件的全部结构形状，并且要考虑到符合生产要求及有利于读图和画图，应先对零件进行结构分析，恰当地选择表达方案。表达方案包括主视图的选择、视图数量的确定和表达方法的选择等。

（一）零件图主视图的选择

主视图的选择是否合理，将直接影响其他视图的绘制以及图面布置的合理性和看图的方便性等。因此，主视图的选择是确定零件表达方案的关键。一般来说，零件主视图的选择应满足以下原则。

1. 形状特征原则

将最能反映零件形状特征的视图作为主视图。从不同的方向观察零件，得到的主视图也各不相同。在考虑投射方向选择主视图时，应使主视图明显地反映出零件的主要结构形状和各部分之间的相对位置关系。

2. 工作位置原则

将零件在机器中的工作位置作为主视图。这样可与整台机器直接对照，容易想象零件的工作状况，便于根据装配关系来考虑零件的结构形状和尺寸。如图 6-3 所示吊钩和汽车前拖钩便符合工作位置原则。

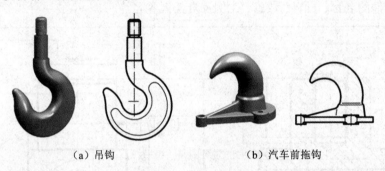

（a）吊钩　　　　　　　　　（b）汽车前拖钩

图 6-3　工作位置原则

3. 加工位置原则

将零件在机床上加工时的位置作为主视图。回转类零件一般在车床上加工，将零件轴线水平放置作为主视图，便于操作者看图加工、检测尺寸，减少加工误差，如图 6-4 所示。

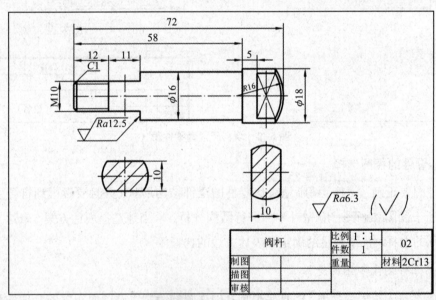

图 6-4　加工位置原则

（二）其他视图的选择

主视图确定后，还需要选择其他视图。其他视图用于补充表达主视图尚未表达清楚的结构。选择其他视图时，应注意以下三点。

（1）选择合适的表达方法。每个视图都有自身的表达重点，因此要结合零件的内、外结构形状特点，分析整体与局部的关系，使表达方案既突出重点又避免重复。优先考虑选用基本视图及在基本视图上作剖切。

（2）选择合适的视图数量。在能清楚表达零件结构、尺寸和各部分相互关系的前提下，视图的数量要尽量少。

（3）对于同一结构提出几种表达方案，然后进行分析、比较，最后确定最佳的方案。

（三）典型零件视图表达

零件的形状繁多，但按其结构形状，大体可归纳为四大类，即轴套类零件、轮盘类零件、叉架类零件和箱体类零件。每一类零件应根据其自身的结构特点来确定表达方案。

1. 轴套类零件

轴套类零件多用于传递动力和支承其他零件，如轴、套筒、衬套、套管、轴杆等。一般由若干段直径不等的同轴回转体组成，且多在车床、磨床上加工。由于设计、加工或装配上的需要，其上常有倒角、螺纹退刀槽、键槽、销孔和平面等结构，如图 6-5 所示。

图 6-5　轴套类零件

轴套类零件视图一般先画出主视图，并将其轴线按加工位置水平放置，再采用适当的断面图、局部放大图等表示零件上的局部结构，如图 6-6 所示。

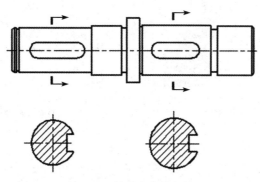

图 6-6　轴套类零件视图

2. 轮盘类零件

轮盘类零件包括手轮、飞轮、皮带轮、端盖、法兰盘和分度盘划等。轮盘类零件的主要部分为回转体，径向尺寸较大、轴向尺寸较短；其上常见沿圆周分布的孔、肋、槽和轮辐等结构。这类零件主要也是在车床上加工的，如图 6-7 所示。

轮盘类零件常采用两个基本视图表示。主视图多按加工位置原则，将轴线水平放置，且多取非圆投影作为主视图，并用全剖视来表达其轴向结构。此外，还需要选用左（或右）视图来表示零件上孔、肋、槽和轮辐的分布情况和形状，如图 6-8 所示。

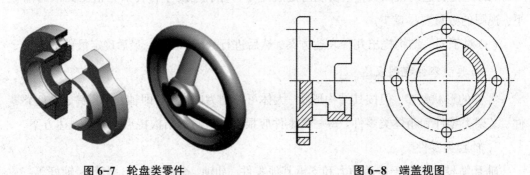

图 6-7　轮盘类零件　　　　　　　　图 6-8　端盖视图

3. 叉架类零件

叉架类零件包括各种用途的拨叉、支架、中心架和连杆等。叉架类零件的结构形状复杂多样，多由肋板、连接板、底板或圆柱形的轴、孔、实心杆等部分组成，如图 6-9 所示，在制造时一般需要对毛坯进行多道工序加工。

叉架类零件一般多采用两个或两个以上的基本视图表示。除基本视图外，常选取断面图、局部放大图、斜视图等，如图 6-10 所示。

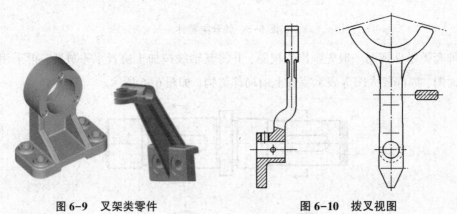

图 6-9　叉架类零件　　　　　　　　图 6-10　拨叉视图

4. 箱体类零件

箱体类零件包括泵体、阀体、机座和减速箱等。如图 6-11 所示，箱体类零件内、外结构和形状都比较复杂，其中以铸造件居多，需要经过多种机械加工。

图 6-11　箱体类零件

箱体类零件一般采用三个或三个以上的基本视图和一定数量的辅助视图来表达。根据形状特征和工作位置来选择主视图。

图 6-12 所示为阀体的视图,根据零件的结构特点确定采用三个视图表达。其中,主视图按照形状特征原则和工作位置原则,选用全剖视的表达方法,主要反映阀体的内部结构;左视图表达阀体外形;俯视图采用全剖视图,用以表达底板及连接部分的形状,同时避免阀体上部的重复表达。

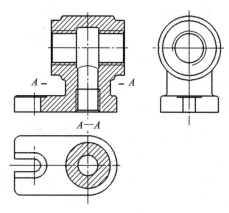

图 6-12　阀体视图

三、零件图的尺寸标注

零件图中标注的尺寸是加工和检验零件的重要依据。零件图的尺寸标注除了保证正确、完整和清晰的基本要求外,还必须具备合理性。尺寸标注的合理性是指所标注的尺寸既要符合设计要求,以保证机器的质量;又要满足工艺要求,以便于加工制造和检测。

(一)合理选择尺寸基准

尺寸基准是指在设计计算或加工测量中确定零件或部件上某些结构位置时所依据的那些面、线或点,是尺寸标注和测量的起始位置。

1. 设计基准和工艺基准

根据零件结构和设计要求,用以确定零件在机器中位置的一些面、线或点,称为设计基准。如图6-13所示轴,其径向是通过轴与支座上的轴孔处于同一条轴线来定位的,而轴向是通过轴肩右端面 *A* 来定位的。轴线和轴肩端面 *A* 就是其在径向和轴向的设计基准。

根据零件加工制造、测量和检验等工艺要求所选定的一些面、线或点，称为工艺基准。如图 6-13 所示轴，在车床上加工和测量右端 φ32 轴段时，以端面 B 为起点；加工各段圆柱面时，以轴线定位。因此，B 端面和轴线是加工轴时的工艺基准。

从设计基准出发标注尺寸，能保证设计要求；从工艺基准出发标注尺寸，便于加工和测量。

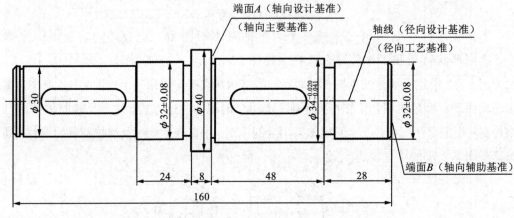

图 6-13 轴的尺寸基准

2. 主要基准和辅助基准

零件有长、宽、高三个度量方向，每一个方向至少有一个尺寸基准，当一个方向上存在几个基准时，把决定零件主要尺寸的基准称为主要基准，其余的称为辅助基准。如图 6-13所示的轴，选择轴线作为径向（宽度和高度方向）的主要基准，根据轴的工作情况，选择端面 A 为轴向（长度方向）的主要基准，端面 B 为轴向（长度方向）的辅助基准。

(二) 标注尺寸注意事项

1. 主要功能尺寸直接注出

标注尺寸时要分清尺寸的主次，功能尺寸对机器（或部件）的使用性能和装配质量有直接影响，这些尺寸必须在图样上直接注出。图 6-14 所示是轴承座尺寸的两种标注方法，根据轴承座的设计要求，选择轴承座底面为高度方向上的主要尺寸基准，其中心高度 a 为主要尺寸。如果按照图 6-14(b)所示标注尺寸 b 和 c，加工后中心高 a 的误差等于 b 和 c 之和，不能保证 a 的精度，所以尺寸 a 在零件图上必须根据主要尺寸基准直接注出。

2. 避免出现封闭尺寸链

零件同一方向上的尺寸首尾相接形成封闭状的情况，称为封闭尺寸链。如图 6-15(a)所示。封闭尺寸链中的每个尺寸都受其他尺寸精度的影响，如果注成封闭尺寸链，想要同时满足每个尺寸的精度是不可能的。因此，标注尺寸时，应选择一个不重要的尺寸不予标注，将所有尺寸的加工误差都累积在此处，从而保证其他尺寸的精度。图 6-15

（b）中没有标注轴肩尺寸 A_2，使加工误差积累到这个尺寸上，以保证精度要求较高的尺寸 A_3 和 A_4，应避免标注成图 6-15（c）。

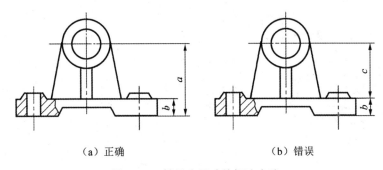

（a）正确　　　　　　　　　　　（b）错误

图 6-14　轴承座尺寸的标注方法

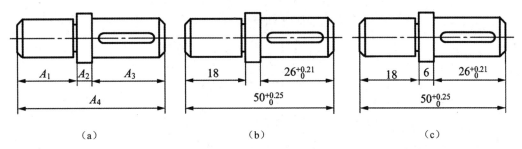

（a）　　　　　　　　　　　（b）　　　　　　　　　　　（c）

图 6-15　封闭尺寸链的标注

3. 便于加工和测量

除主要尺寸必须直接标注外，零件的其他尺寸在标注时，应尽可能与加工顺序一致，以便于加工和测量，如图 6-16 所示。

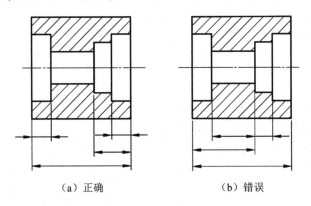

（a）正确　　　　　　　　　　　（b）错误

图 6-16　其他尺寸的标注

（三）常见结构的尺寸标注

1. 光孔、沉孔和螺孔

光孔、沉孔和螺孔是零件上常见的结构，它们的尺寸标注分为直接注法和旁注法两种。孔深、沉孔、锪平孔及埋头孔可用规定的符号来表示，见表 6-1。

表 6-1 光孔、沉孔和螺孔的尺寸注法

结构类型		普通注法	旁注法		说明
光孔	一般孔	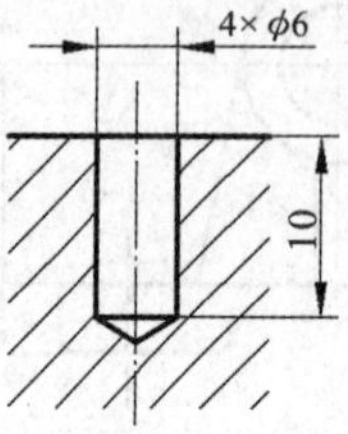 4×φ6 10	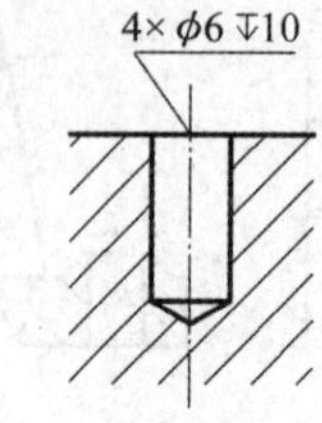 4×φ6▽10	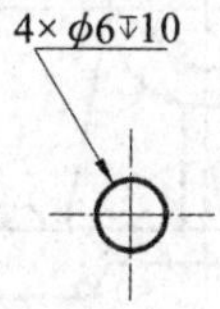 4×φ6▽10	"▽"为深度符号
	锥销孔		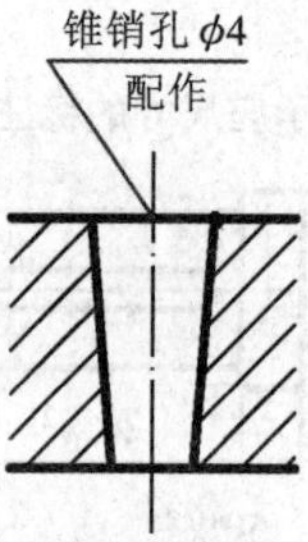 锥销孔 φ4 配作	 锥销孔 φ4 配作	"配作"是指和另一零件的同位锥销孔一起加工
螺孔	通孔	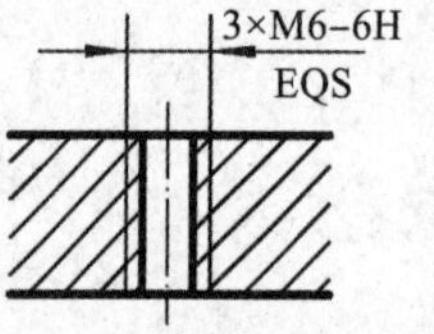 3×M6–6H EQS	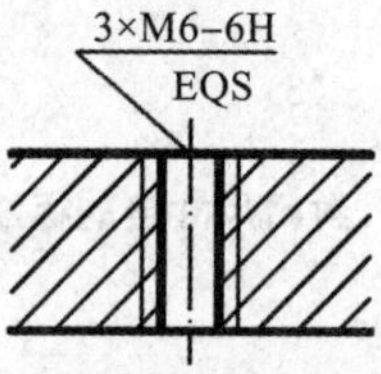 3×M6–6H EQS	 3×M6–6H EQS	"EQS"是"均布"的缩写词
	不通螺孔	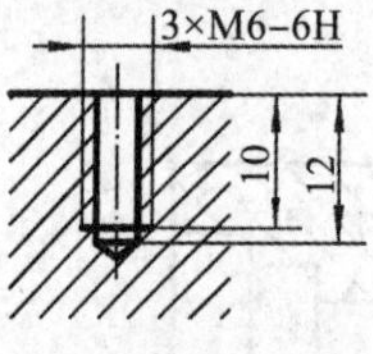 3×M6–6H 10 12	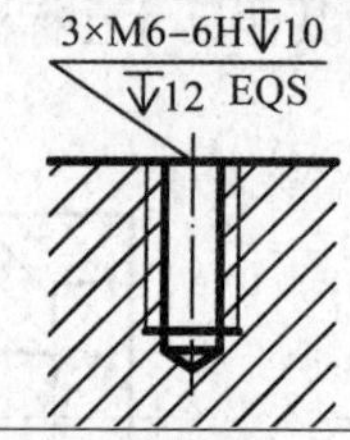 3×M6–6H▽10 ▽12 EQS	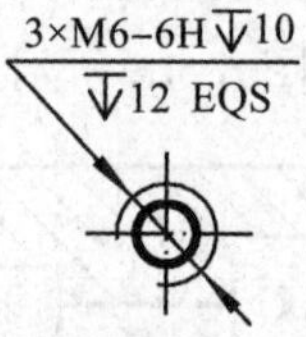 3×M6–6H▽10 ▽12 EQS	
沉孔	锥形沉孔	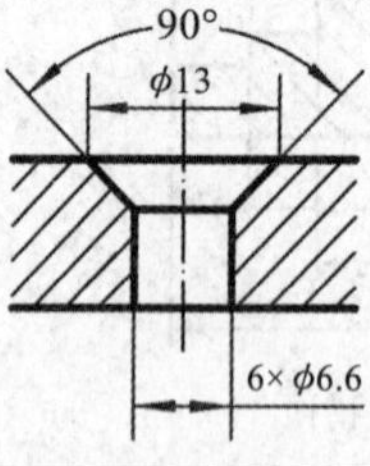 90° φ13 6×φ6.6	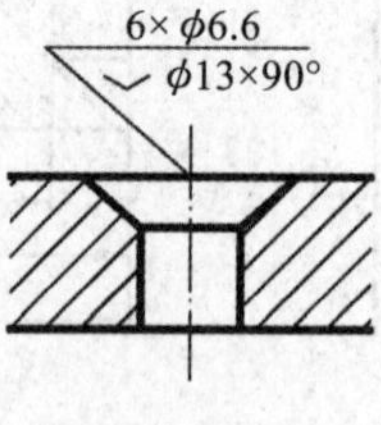 6×φ6.6 ⌵ φ13×90°	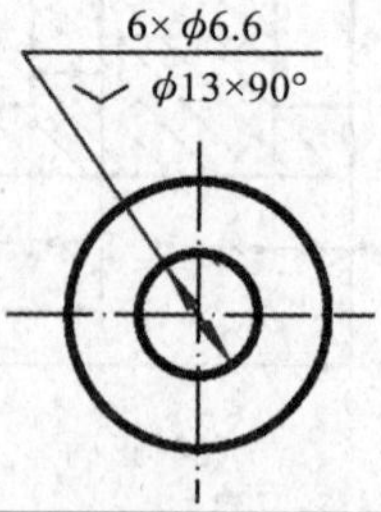 6×φ6.6 ⌵ φ13×90°	"⌵"为埋头孔符号
	柱形沉孔	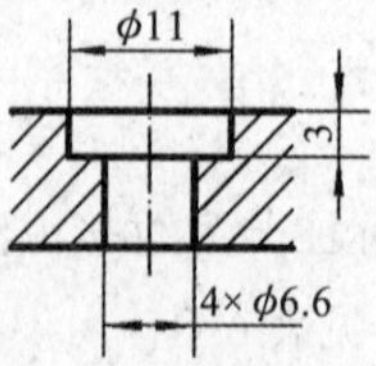 φ11 3 4×φ6.6	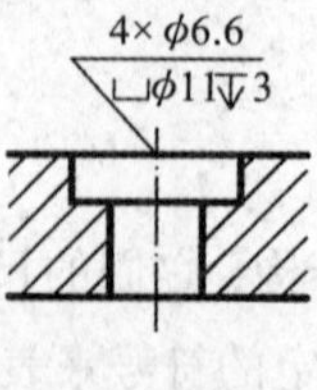 4×φ6.6 ⊔φ11▽3	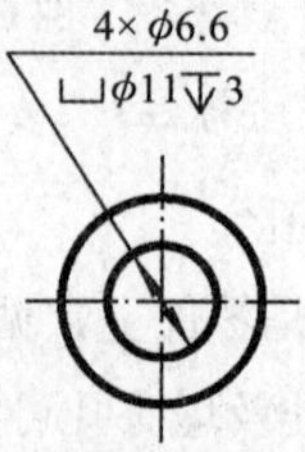 4×φ6.6 ⊔φ11▽3	"⊔"为沉孔符号

2. 倒角和退刀槽

为了去除零件的毛刺、锐边和便于装配，在轴和孔的端部，一般都加工成倒角。45°倒角用符号"C"表示，"C1"表示宽度为 1 的 45°倒角，如图 6-17 所示。

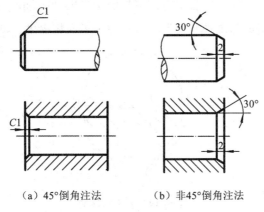

（a）45°倒角注法　　　　（b）非45°倒角注法

图 6-17　倒角注法

在切削加工时，特别是在车螺纹和磨削时，为了便于退出刀具或使砂轮可以稍稍越过加工面，通常在零件待加工面的末端，先车出螺纹退刀槽和砂轮越程槽。一般，退刀槽可按"槽宽×直径"或"槽宽×槽深"的形式标注，如图 6-18 所示。

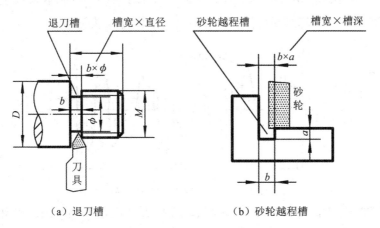

（a）退刀槽　　　　（b）砂轮越程槽

图 6-18　退刀槽注法

四、零件图上的技术要求

零件的技术要求一般是指零件的表面结构、尺寸公差、几何公差、热处理和表面处理等。技术要求在图样上的表示方式有两种：一种是用规定代（符）号标注在视图中；另一种是用简明的文字在图样的适当位置逐项书写。

（一）表面结构要求

在机械图样上，为保证零件装配后的使用要求，需要对零件的表面结构作出要求。表面结构是表面粗糙度、表面波纹度、表面缺陷、表面纹理和表面几何形状的总称。表面结构的各项要求在图样上的表示法在《产品几何技术规范(GPS)技术产品文件中表面结构的表示法》(GB/T 131—2006)中均有具体规定。

1. 表面粗糙度

零件经过机械加工后的表面会留有许多高低不平的凸峰和凹谷。零件加工表面上具有较小间距和峰谷所组成的微观几何形状特性称为表面粗糙度,如图 6-19 所示。

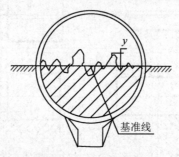

图 6-19 表面粗糙度

2. 表面粗糙度评定参数

表面粗糙度的评定参数主要有轮廓算术平均偏差 Ra 及轮廓最大高度 Rz。Ra 是表面粗糙度中最常用的高度参数,其数值一般常用 0.2, 0.4, 0.8, 1.6, 3.2, 6.3, 12.5, 25, 50, 100。

轮廓算术平均偏差 Ra 是指在取样长度内,测量方向(Z 方向)轮廓线上的点与基准线之间偏距的绝对值的算术平均值,如图 6-20 所示,单位为 μm。

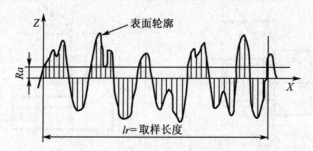

图 6-20 轮廓算术平均偏差 Ra

Rz 是轮廓的最大高度,指在同一取样长度内,最大轮廓峰高与最大轮廓谷深之和的高度,如图 6-21 所示。

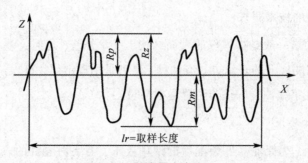

图 6-21 轮廓最大高度 Rz

3. 表面粗糙度的图形符号

表面粗糙度的图形符号见表6-2。

表6-2 表面粗糙度的图形符号及含义

符号名称	符号	含义
基本图形符号（简称基本符号）	符号为细实线 h为字体高度 1.4h 60° 60° 3h	基本符号，表示表面可用任何方法获得
扩展图形符号（简称扩展符号）	✓	基本符号加一短画，表示表面是用去除材料的方法获得
	✓	基本符号加一小圆，表示表面是用不去除材料的方法获得
完整图形符号（简称完整符号）	允许任何工艺 去除材料 不去除材料	在上述三个符号的长边上均可加一横线，用于标注粗糙度的各种要求

表面粗糙度符号中注写了具体的参数代号及参数值等要求后，称为表面粗糙度代号。

例如：$\sqrt{}^{Ra3.2}$ 表示去除材料，轮廓算术平均偏差为 3.2 μm。

4. 表面粗糙度要求在图样中的标注方法

（1）表面粗糙度要求对每一表面一般只标注一次，并尽可能注在相应尺寸及其公差的同一视图上。除非另有说明，所标注的表面粗糙度要求是对完工零件表面的要求。

（2）表面粗糙度要求可标注在轮廓线上（或其延长线上），其符号应从材料外指向并接触表面。必要时，表面粗糙度也可用带箭头或黑点的指引线引出标注，如图6-22所示。

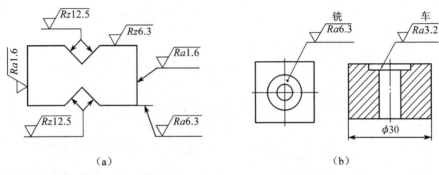

（a）　　　　　　　　　　　　　（b）

图6-22 表面粗糙度的标注位置

（3）圆柱和具有相同表面粗糙度要求的棱柱面只标注一次，如图 6-23 所示。

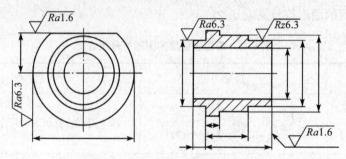

图 6-23　圆柱表面粗糙度标注位置

（4）在不引起误解的情况下，表面粗糙度代号可以标注在给定的尺寸线上，如图 6-24所示。

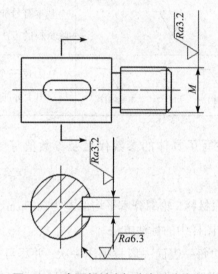

图 6-24　表面粗糙度标注在尺寸线上

5. 表面粗糙度要求的简化标注

（1）表面有相同的表面粗糙度要求时，其表面粗糙度代号一般标注在图样标题栏的附近（不同要求的表面粗糙度代号应直接标注在图形中）。在相同要求的表面粗糙度代号后面应有"√"。如图 6-25 所示。

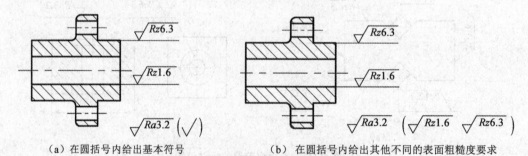

（a）在圆括号内给出基本符号　　　　　　（b）在圆括号内给出其他不同的表面粗糙度要求

图 6-25　表面粗糙度要求的简化标注

(2)只用表面粗糙度符号的简化注法如图6-26所示,用字母代替表面粗糙度评定参数的简单注法如图6-27所示。

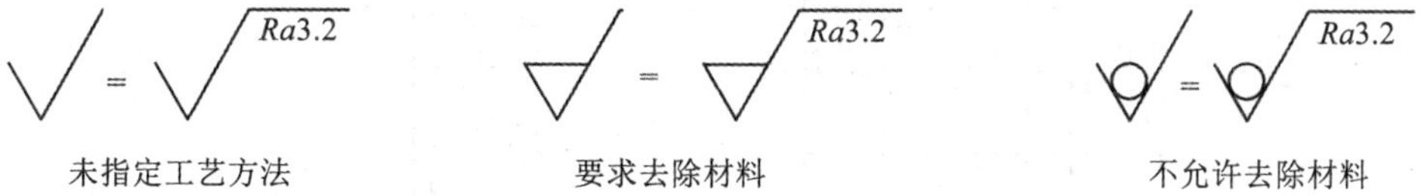

未指定工艺方法 　　　　 要求去除材料 　　　　 不允许去除材料

图6-26 用表面粗糙度符号的简单注法

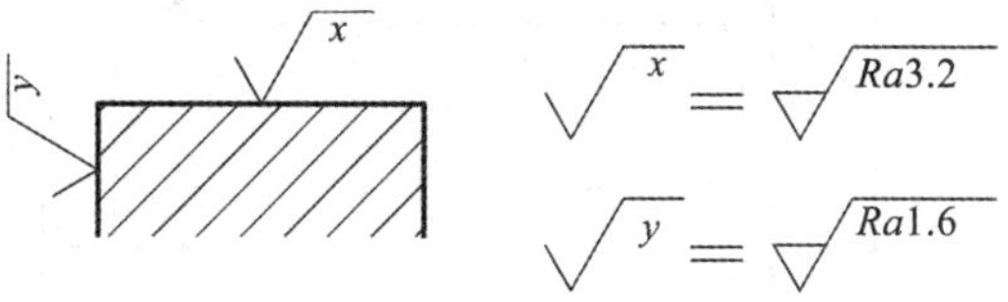

图6-27 用字母代替表面粗糙度评定参数的简单注法

(二)尺寸公差

在一批相同的零件中任取一个,不需要修配便可装配到机器上并能满足使用要求的性质,称为互换性。在生产中,把尺寸控制在一定的范围内变动,能使零件达到互换的目的,同时保证零件的配合关系,满足使用要求,就是符合国家标准规定的"公差与配合"要求。

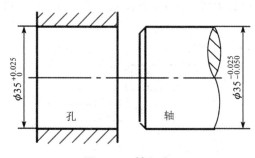

图6-28 轴和孔

1. 尺寸公差

(1)公称尺寸:由图样规范确定的理想形状要素的尺寸,如图6-28中的轴和孔公称尺寸为 $\phi35$。

(2)实际尺寸:通过测量获得的某一轴和孔的尺寸。

(3)极限尺寸:尺寸要素允许尺寸变化的两个极端。零件的实际尺寸在上极限尺寸和下极限尺寸之间(达到两个极限值)时为合格产品。轴和孔的极限尺寸如图6-29所示。

(4)极限偏差:上极限尺寸减去其公称尺寸所得的代数差为上极限偏差;下极限尺寸减去其公称尺寸所得的代数差为下极限偏差。极限偏差可为正值、负值或零,轴和孔的极限偏差如图6-29所示。国家标准规定:孔的上偏差代号为ES,下偏差代号为EI;轴的上偏差代号为es,下偏差代号为ei。

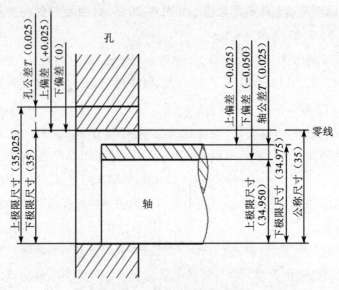

图 6-29　轴和孔的极限尺寸

(5)尺寸公差:上极限尺寸减去下极限尺寸之差,或上极限偏差减去下极限偏差之差。公差带表示公差大小和相对于零线位置的一个区域。零线是确定偏差的一条基准线,通常以零线表示基本尺寸。一般,将尺寸公差与基本尺寸的关系,按放大比例画成简图,称为公差带图。轴和孔的公差带如图 6-30 所示。尺寸公差由标准公差确定,公差带位置由基本偏差确定。

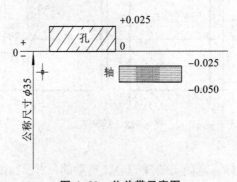

图 6-30　公差带示意图

(6)标准公差:用来确定尺寸精确程度的等级。国家标准将公差等级分为 20 个等级:IT01, IT0, IT1~IT18。"IT"表示标准公差,公差等级的代号用阿拉伯数字表示。从 IT01 到 IT18,精度等级依次降低。

(7)基本偏差:用来确定公差带相对于零线位置的上极限偏差或下极限偏差,一般是指靠近零线的那个极限偏差。国家标准规定轴和孔各有 28 个基本偏差,用拉丁字母按其顺序表示,大写字母表示孔的基本偏差,小写字母表示轴的基本偏差。基本偏差系列如图 6-31 所示。

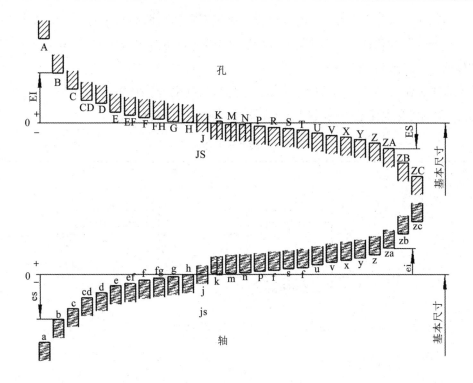

图 6-31 基本偏差

（8）公差带代号：由基本偏差代号和标准公差等级组成。通过查阅相关表格可以得到极限偏差，如图 6-32 所示。

图 6-32 孔、轴公差带代号

2. 配合

基本尺寸相同，并且相互结合的孔和轴公差带之间的关系称为配合。

（1）配合的种类。根据使用要求的不同，配合分为间隙配合（孔尺寸大于等于轴尺寸）、过盈配合（轴尺寸大于等于孔尺寸）和过渡配合（处于两者之间）。

（2）配合的基准制。

①基孔制。基本偏差为一定的孔的公差带，与不同基本偏差的轴的公差带形成各种配合的一种制度称为基孔制。基孔制的孔称为基准孔。国家标准规定基准孔的下偏差为 0，基准孔的基本偏差为"H"。

②基轴制。基本偏差为一定的轴的公差带与不同基本偏差的孔的公差带构成各种配合的一种制度称为基轴制。基轴制的轴称为基准轴。国家标准规定基准轴的上偏差为 0，基准轴的基本偏差为"h"。

配合中如果孔的基本偏差代号为 H，称为基孔制配合；配合中如果轴的基本偏差代号为 h，称为基轴制配合。极限与配合在图样上的标注见表 6-3。

表 6-3　极限与配合的标注

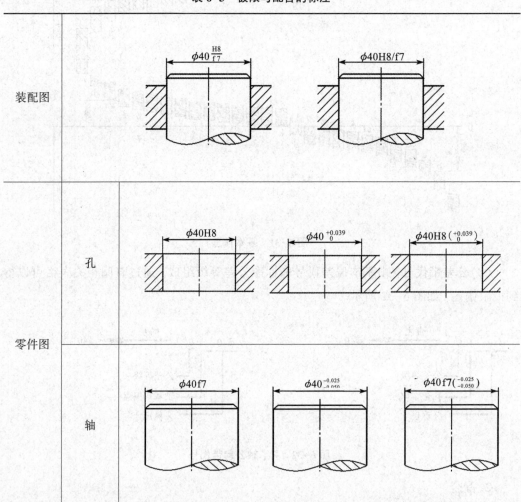

（三）形位公差[《产品几何技术规范（GPS）　几何公差　形状、方向、位置和跳动公差标注》（ GB/T 1182—2018 ）]

零件表面的实际形状对理想形状所允许的变动量叫形状公差，零件的实际位置对其理想位置所允许的变动量叫位置公差，形状公差和位置公差统称为形位公差。

1. 形位公差项目及符号

国家标准规定的形位公差项目见表 6-4。

表 6-4 形位公差项目及符号

分类	特征项目		符号	分类		特征项目	符号
形状	直线度		▬	位置	定向	平行度	∥
	平面度		▱			垂直度	⊥
	圆度		○			倾斜度	∠
	圆柱度		⌭		定位	同轴度	◎
						对称度	⌯
						位置度	⊕
形状或位置	轮廓	线轮廓度	⌒		跳动	圆跳动	↗
		面轮廓度	⌓			全跳动	⌰

2. 形位公差标注

形位公差的代号由形位公差项目符号、形位公差框格和带箭头的指引线、形位公差数值和其他有关符号组成。

基准代号由正方形线框、字母和带黑三角(或白三角)的引线组成,如图 6-33 所示,h 表示字体高度。

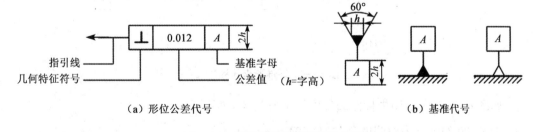

（a）形位公差代号　　　　　　　　　　（b）基准代号

图 6-33 形位公差代号和基准代号

(1)被测要素的标注:用指引线连接被测要素和公差框格。指引线引自框格的任意一侧,终端带有箭头。

当公差涉及线或表面时，将箭头置于该要素的轮廓线或其延长线上，但必须与尺寸线明显分开，如图 6-34(a)所示。

当公差涉及轴线、中心平面或中心点时，指引线的箭头直接指向轴线或位于尺寸线延长线上，如图 6-34(b)(c)所示。

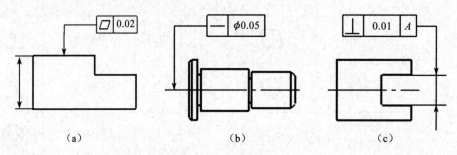

（a） （b） （c）

图 6-34 被测要素的标注

（2）基准要素的标注：与被测要素相关的基准用大写字母表示。字母标注在基准框格内，与一个涂黑的或空白的三角形相连以表示基准。表示基准的字母标注在公差框格内。

当基准要素为线或表面时，基准三角形放置在要素的轮廓线或其延长线上标注，但必须与尺寸线明显错开，如图 6-35(a)所示。

当基准是尺寸要素确定的轴线、中心平面或中心点时，基准三角形放置在该尺寸线的延长线上，如图 6-35(b)所示。

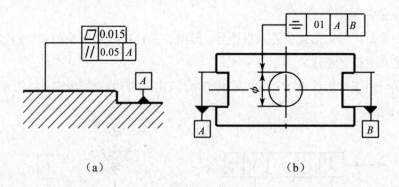

（a） （b）

图 6-35 基准要素的标注

如图 6-36 所示，图中标注的各项形位公差含义如下：

① $\phi100$ 的圆柱表面圆度公差为0.004 mm；

② $\phi100$ 的圆柱表面对 $\phi45p7$ 孔的轴线圆跳动公差为 0.015 mm；

③ 零件右端面对左端面平行度公差值为 0.01 mm。

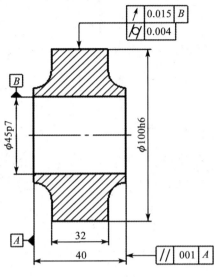

图 6-36 形位公差标注示例

【任务实施】

1. 从动轴结构分析

从动轴是由六段直径不同的圆柱组成的阶梯轴。其中，轴上有两段加工键槽，中间加工退刀槽，在轴端车有倒角。

2. 确定从动轴表达方案

从动轴主视图的选择要考虑符合加工位置原则和形状特征原则，将轴线水平放置，大端在左，小端在右，用移出断面表达加工键槽轴段的断面形状。

3. 确定比例并选择图幅

根据从动轴形状结构和大小选择 1∶1 的比例，A3 图幅。

4. 具体作图

（1）绘制图框，对中符号和标题栏。

（2）布图，绘制轴线、基准线。

（3）绘制主视图，先画六个轴段，再画键槽、退刀槽和倒角。绘制断面图，断面图配置在剖切线上，如图 6-37（a）所示。

（4）选择轴线作为径向的主要基准，根据轴的工作情况选择齿轮定位面为轴向的主要基准，依次确定各轴段的直径、长度，键槽、退刀槽的尺寸线、尺寸界线和箭头。画出倒角的引出线，标注断面图，如图 6-37（b）所示。

（5）填写尺寸数字，标注表面结构和键槽尺寸公差。

（6）描深图线，填写标题栏、热处理要求。完成的图形如图 6-37（c）所示。

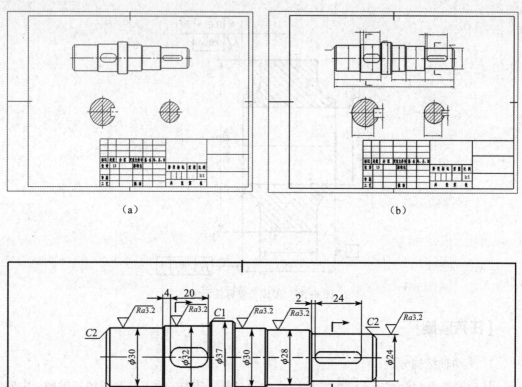

（a）   （b）

技术要求

1. 经调质处理HB-220-250
2. 表面处理发蓝
3. 锐角倒钝

标记	处数	分区	更改文件号	签名	年、月、日		45		从动轴
设计	15		标准化			阶段标记	重量	比例	
审核								1：1	
工艺			批准			共　　张　第　　张			

（c）

图 6-37　从动轴绘图步骤

任务二 识读箱盖零件图

【任务描述】

识读图 6-38 所示箱盖零件图，初步掌握读零件图的步骤和方法。

【相关知识】

一、读零件图的方法步骤

(一)看标题栏

看标题栏，了解零件的名称、材料、数量、比例等，大体了解零件。

(二)分析视图

分析视图，先找出主视图，并分析其他视图的名称及投射方向。若采用剖视或断面的表示方法，还需要确定剖切位置。运用形体分析法读懂零件各部分结构，想象出零件的结构形状。

(三)分析尺寸

零件上的尺寸是制造、检验零件的重要依据。分析尺寸的重要目的为：根据零件的结构特点、设计和制造的工艺要求，找出尺寸基准，分清设计基准和工艺基准，明确尺寸种类和标注形式。

(四)了解技术要求

零件图的技术要求是零件制造的质量指标。读图时应根据零件在机器中的作用，分析配合面或主要加工面的加工精度要求，了解其表面结构要求、尺寸公差、形位公差及其代号含义。

综合前面的分析，把图形、尺寸和技术要求等全面系统地联系起来思索，并参阅相关资料，形成对零件完整的认识。

【任务实施】

1. 看标题栏，粗略了解箱盖

箱盖的材料为灰铸铁，牌号 HT200，制造方法为铸造。绘图比例为 1：1。

2. 分析视图确定箱盖形状

箱盖主视图的选择符合箱盖的工作位置，采用三个基本视图和一个 B 向局部视图。

主视图中有四处进行局部剖视，分别表达视孔、联接螺孔和销孔的结构；视图部分表示外形轮廓。

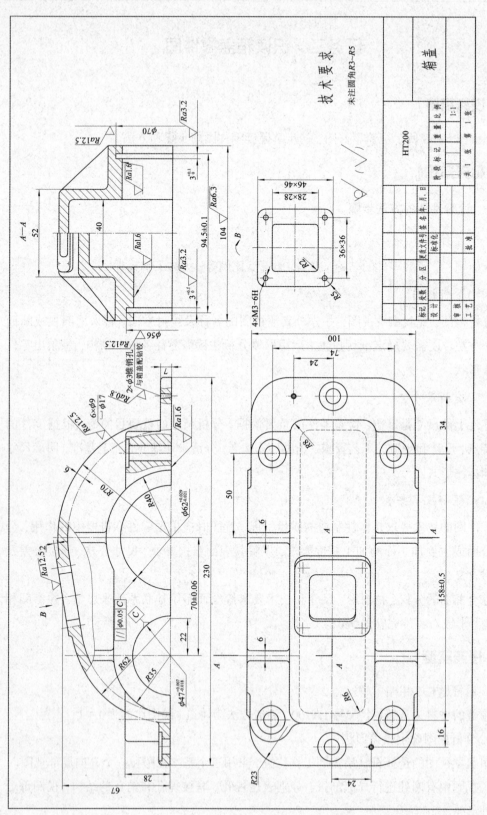

技术要求
未注圆角R3~R5

图6-38 箱盖零件图

左视图采用过轴承孔的两个平行的剖切平面获得的全剖视图，主要表达两个轴孔的内部结构和两块肋板的形状。

俯视图只画箱盖的外形，主要表达螺栓孔、锥销孔和肋板的分布情况，同时表达箱盖的外形。

B 向局部视图表达视孔凸台的形状为带有圆角的正方形，螺钉孔按正方形分布。

应用形体分析法分析可知，箱盖由以下部分组成：第一部分为带有两个安装孔和定位销孔的长方形；第二部分中间为长圆形体，其内部带有空腔，上面开方形视孔；第三部分为前后对称的长圆形凸台，带有轴承孔和盖槽；

图 6-39　箱盖形状

第四部分为轴承孔处的四块三棱柱形肋板；第五部分为四个柱形凸台，此外有铸造圆角等工艺结构。箱盖形状如图 6-39 所示。

3. 分析箱盖尺寸

长度方向的主要基准为 $\phi47^{+0.007}_{-0.018}$ 孔的轴线，以此确定两轴孔的中心距为 70±0.06。长度方向的辅助基准为 $\phi62^{+0.029}_{-0.021}$ 孔的轴线，以此确定安装孔定位尺寸为 50，箱盖的总长为 230。

宽度方向的尺寸基准为箱盖前后方向的对称面，箱盖宽度 104、内腔的宽度 41、槽的定位尺寸 94.5 等由此注出。

高度方向的尺寸基准为箱盖的底面，底板的高度 7、凸台的高度 28、箱盖的总高度 67 等由此注出。两轴孔 $\phi47^{+0.007}_{-0.018}$ 和 $\phi62^{+0.029}_{-0.021}$ 及其中心距 70±0.06，是加工和装配所需的重要尺寸，分别标有尺寸公差和形位公差。

4. 了解技术要求

读图时应根据零件在机器中的作用，分析配合面或主要加工面的加工精度要求，了解表面结构要求、尺寸公差、形位公差及其代号含义。

（1）两轴孔 $\phi47^{+0.007}_{-0.018}$ 和 $\phi62^{+0.029}_{-0.021}$ 及其中心距 70±0.06，安装孔中心距 158±0.5，槽的定位 94.5±0.1 是加工和装配所需的重要尺寸，分别标有尺寸公差和形位公差。

（2）箱盖两（半圆）轴孔有形位公差的要求。$\phi47^{+0.007}_{-0.018}$ 轴孔的轴线为基准线，$\phi62^{+0.009}_{-0.021}$ 轴孔的轴线对 $\phi47^{+0.007}_{-0.018}$ 轴线的平行度公差为 $\phi0.05$。

（3）两个定位销孔和箱体同钻铰，其表面粗糙度要求为 0.8 μm；两轴孔 $\phi47^{+0.007}_{-0.018}$ 和 $\phi62^{+0.029}_{-0.021}$ 及其箱盖底面表面粗糙度要求为 1.6 μm；盖槽侧面表面粗糙度要求为 3.2 μm 其表面粗糙度要求为 0.8 μm；盖槽侧面和螺孔表面粗糙度要求为 12.5 μm；非加工面为毛坯面，由铸造直接获得。

此外，用文字说明铸造工艺要求铸造圆角的尺寸。

通过上述方法进行读图，并参考相关技术资料和装配图，可以对箱盖有全面的了解。

项目七　减速器装配图识读

【学习目标】

（1）初步掌握装配图的表达方法和尺寸标注。

（2）掌握装配图的读图方法，能识读常见装配体的装配图。

【任务描述】

在机器（部件）装配、检验、维修及使用的过程中，都需要读装配图。通过读图了解机器（部件）的工作原理、各零件间的装配关系和主要零件的结构形状。通过识读图 7-1 所示的减速器装配图，掌握读图方法，提高读图能力。

【相关知识】

一、装配图的表达方法

（一）装配图的内容

装配图是用于表示产品及其组成部分连接方式和装配关系的图样。内容包括：一组视图、必要的尺寸、技术要求、零件序号和明细栏、标题栏。图 7-2 所示为球阀装配图。

（二）装配图的表达方法

装配图的主视图符合工作位置原则，能明显地表达出装配体的工作情况；主视图通常采用剖视图，以表达零件的装配关系；选择其他视图来表达主视图未表达充分的部分。

零件图中所应用的各种表达方法，装配图也同样适用。此外，根据装配图的特点，还有一些规定画法和特殊的表达方法。

1. 规定画法

（1）相邻两零件的画法。相邻两零件的接触面（配合面），只画一条轮廓线；相邻两零件的非接触面（非配合面）画两条线。如图 7-2 所示，阀盖槽和密封圈为接触面，阀体孔与阀盖凸缘为配合面，只画一条线；而阀体和阀盖端面处为非接触面，必须画两条线。

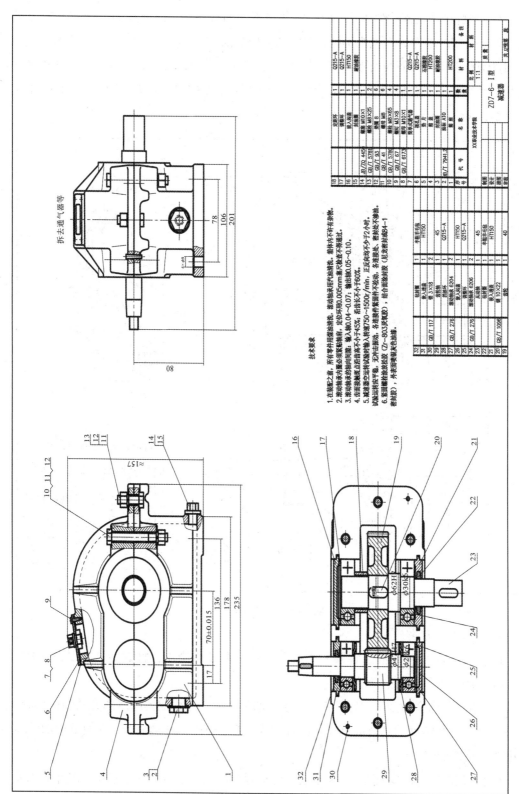

拆去通气器等

技术要求
1. 在装配之前，所有零件须用煤油清洗，滚动轴承用汽油清洗，箱体内不许有杂物。
2. 滚动轴承内应留必须有，滚动轴承留不小0.005mm基尺寸不漏过。
3. 滚动轴承的轴向间隙。
4. 齿面接触点沿齿高不少于45%，沿齿长不小于60%。
5. 减速器空转试验时输入转速750~1500r/min，正反向各不少于2小时，各连续件不可振动，各处接处，需放处不漏油。
6. 紧固螺栓涂放放胶（ZJ—803粘结胶），结合面装轴放（见总装封边Φ4—1密封胶），外表面喷蓝灰色油漆。

序号	代号	名称	数量	材料	备注
18		挡环	1	Q215-A	
17		调整环	1	Q215-A	
16		键入减速	1	HT150	
15		挡油盖	1	耐油橡胶	
14	GB/ZQ 455	螺栓 M8X25	2		
13	GB/T 5782	螺栓 6	6		
12	GB/T 93	垫圈 M8	2		
11	GB/T 41	螺母 M8	6		
10	GB/T 5782	螺栓 M8X65	4		
9	GB/T 67	螺钉 M3X8	1		
8	GB/T 617J	螺栓 M10X1	1		
7		快卸式通气器	1	Q215-A	
6		油尺座	1	石棉橡胶	
5		垫片	1	HT200	
4		封油圈	1	耐油橡胶	
3	GB/T 7941.2	油标 A10	1	HT200	
2		箱座	1		
序号	代号	名称	数量	材料	备注

32		毡封圈	1	半细羊毛毡	
31				HT150	
30	GB/T 117	销 3X18	1	45	
29		套筒环	2	Q215-A	
28	GB/T 276	挡油环	2	HT150	
27	GB/T 276	滚动轴承 6204	1	Q215-A	
26		键入低速	1		
25		调整环	2	45	
24	GB/T 276	滚动轴承 6206	1		
23		锁油环	1	半细羊毛毡	
22		键入高速	1	HT150	
21	GB/T 1096	键 10X22	1	40	
19		齿轮	1		
序号	代号	名称	数量	材料	备注

减速器

ZD7—6—Ⅰ型

XX职业技术学院

比例 1:1

图7—1 减速器装配图

（2）装配图中剖面线的画法。同一零件在不同的视图中，剖面线的方向和间隔应保持一致；相邻两零件的剖面线不同，即倾斜方向相反或间隔不等，如图7-2所示，阀体和阀盖为相邻零件剖面线间隔相等、方向相反。剖切平面通过标准件及实心杆件的轴线，这些零件均按不剖绘制，如图7-2所示的螺栓和阀杆；当剖切平面垂直轴线时，则应按剖开绘制，如图7-2 *B—B* 剖视中的阀杆。

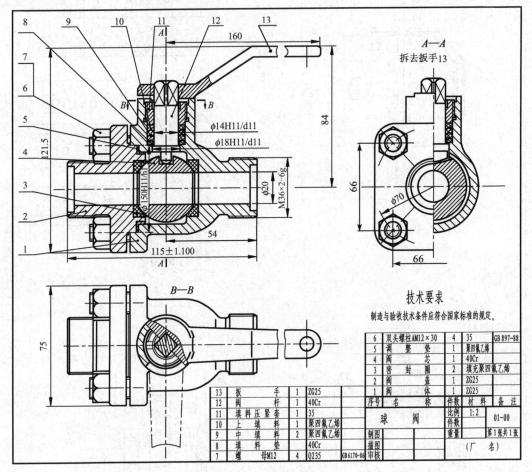

图7-2 球阀装配图

2. 特殊表示方法

（1）拆卸画法。可以假想将某一个或几个零件拆卸后绘制，如图7-2中的 *A—A* 所示，拆去扳手，需要加注"拆去××"。

（2）沿零件结合面剖切。为了清楚地表达部件的内部结构或被遮挡部分的结构形状，可假设沿着两个零件的结合面剖切，这时，零件的结合面不画剖面线，其他被剖切的零件则要画出剖面线。

（3）假想画法。在装配图中，为了表示运动零件的极限位置，或与相邻零部件的相关关系，可用细双点画线画出该零部件的外形轮廓，如图7-2所示，用细双点画线表示手柄的另一极限位置。

（4）夸大画法。对于直径或厚度小于 2 的孔和薄片，以及较小的锥度或斜度，允许将该部分不按原比例而夸大画出，如图 7-2 中垫片的画法。

（5）简化画法。对于装配图中的螺栓连接等相同零件组，允许仅详细地画出一组，其余用细点画线表示出中心位置即可。在装配图中，零件上某些较小的工艺结构（如倒角、退刀槽等）允许省略不画。如图 7-3 所示。

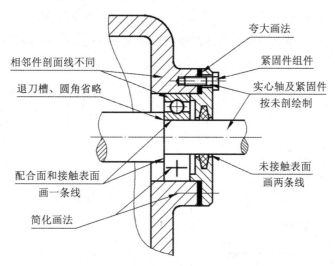

图 7-3　装配图的简化和夸大画法

（三）分析装配图尺寸标注及其他

1. 装配图的尺寸标注

在装配图中需注出一些必要的尺寸，包括以下几项。

（1）性能（规格）尺寸：表示该机器性能（规格）的尺寸，如图 7-2 主视图中的通孔 $\phi 20$。

（2）装配尺寸：保证机器中各零件装配关系的尺寸，包括配合尺寸和主要零件相对位置尺寸。如图 7-2 中阀盖和阀体的配合尺寸 $\phi 50H11/h11$ 等。

（3）安装尺寸：机器和部件安装时所需的尺寸，如图 7-2 中阀体中心孔尺寸 54。

（4）外形尺寸：机器或部件外形轮廓的尺寸，如图 7-2 中球阀的总长尺寸 115 ± 1.100、总宽尺寸 75、总高尺寸 121.5。

（5）其他重要尺寸：根据装配体的特点和需要，必须标注的尺寸。

2. 装配图的技术要求

一般用文字写在明细栏上方，包括：对机器或部件在装配、调试和检验时的具体要求；关于机器性能指标方面的要求。

3. 装配图的零件序号和明细栏

为了便于看图和管理图样，装配图中必须对每个零件进行编号，并根据零件编号绘制相应的明细栏。零件的明细栏应画在标题栏的上方，当标题栏上方位置不够时，可在标题栏左边继续列表。零部件序号编写和排列方法如下：

（1）装配图中的所有零件，应按照顺序编写序号，相同零件用一个序号，一般只标注一次。

（2）零件序号从主视图左下角开始编写，沿着顺时针或逆时针方向，水平或竖直方向排列在视图周围，如图7-2所示。

（3）零件序号应填写在指引线一端的横线上，指引线的另一端应从零件的可见轮廓内引出，并在末端画一圆点；必要时可在指引线末端画一箭头指向该部分的轮廓。

（4）序号字高应比图中尺寸数字高度大一号或两号。

（5）对于一组紧固件或装配关系清楚的零件组，可采用公共指引线。零件序号编写如图7-4所示。

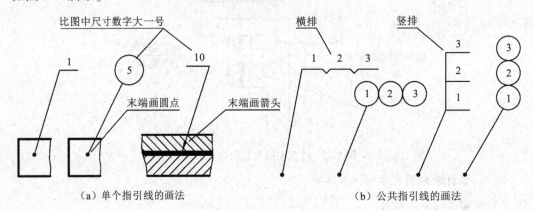

（a）单个指引线的画法　　　　　　　　（b）公共指引线的画法

图7-4　零件组的编号形式

二、识读装配图

（一）概括了解

读装配图时，首先要看标题栏、明细栏，从中了解机器（部件）的名称，组成该机器（部件）的零件名称、数量、材料以及标准件的规格等。

（二）详细分析

1. 分析视图，明确表达目的

首先要找到主视图，再根据投影关系找到其他视图；找出剖视图、断面图所对应的剖切位置，识别出表达方法的名称，从而明确各视图表达的目的和重点。

2. 分析零件的装配关系

读图时可先从反映工作原理、装配关系较明显的主视图入手，抓主要装配干线或传动路线，分析各相关零件间的连接方式和装配关系，判别固定件与运动件，搞清传动路线和工作原理。对于比较复杂的装配体，要借助说明书等技术资料来阅读图样。

3. 分析零件的结构形状

在弄清上述内容的基础上，还要看懂每一个零件的形状。读图时，借助序号指引的零件上的剖面线，利用同一零件在不同视图上的剖面线方向与间隔一致的规定，对照投影关系以及相邻零件的装配情况，逐步想象出各零件的主要结构形状。分析时，一般先从主要零件着手，然后是次要零件。有些零件的具体形状可能表达得不够清楚，这时需要根据该零件的作用及相邻零件的装配关系进行推想，完整构思出零件的结构形状。

4. 分析尺寸

分析各尺寸的种类及作用。

(三)总结归纳

通过以上分析对装配体有一个全面了解，并进行归纳总结，包括工作原理、装配关系和拆卸顺序。

【任务实施】

1. 概括了解

由图 7-1 中的标题栏和明细栏可知，减速器由 32 种零件组成，其中，标准件有 11 种。主要零件有箱体、箱盖、轴和齿轮等。

2. 详细分析

(1)分析视图。减速器采用主、俯、左三个基本视图来表达。

主视图按工作位置选择，主要表达减速器的整体外形特征，但不能反映主要装配关系。主视图上几处局部剖视表示箱盖和箱体的结合情况，箱盖上其他零件的连接情况，油标、螺塞等部位的局部结构。

俯视图是沿箱盖与箱体结合面剖切所得的剖视图，集中反映了减速器的装配关系和工作原理。

左视图补充表达减速器整体的外形轮廓，并采用了拆卸画法。

(2)分析零件的装配关系。根据明细栏逐一分析每个零件，可知减速器有两个装配干线。主动轴系零件有主动齿轮轴、滚动轴承、挡油环、调整环、透盖和闷盖；从动轴系零件有从动轮轴、滚动轴承、定距环、调整环、透盖和闷盖。两轴支承在轴承上，而轴承装配在机体中。减速器的两轴可以转动，但不允许沿轴向移动，轴向靠端面接触或轴间定位。

(3)分析视图，看懂零件的结构形状。减速器的主要零件有主动轴齿轮、从动轴、箱座、箱盖、从动齿轮。其余零件除标准零(部)外，结构比较简单，要重点分析主要的零件形状。

主动轴齿轮从俯视图可以分析出由七段同轴回转体构成，齿轮与轴制成一体，轴小端带有螺纹，其中一段为圆锥轴，此外有倒角、退刀槽等结构。同理，逐一分析其他零件。

（4）分析尺寸。装配尺寸 80，$\phi62H7$，$\phi30k6$，$\phi20k6$，$\phi47H7$，$\phi32H7/r6$；安装尺寸 178，136，106，78，4×$\phi5$；外形尺寸 235，261，157；其他重要尺寸 70±0.5。

3. 总结归纳

减速器是通过一对直齿轮啮合传动而达到降低轴的转速的。如果将主动齿轮轴与电机连接，则大齿轮所在的从动轴就降低了速度，并以此传递动力。减速及传动功能由输入齿轮轴、大齿轮、键、输出轴来完成。

减速器在箱体与箱盖间采用锥销定位和螺栓连接的方式，以便减速器的箱体和箱盖能重复拆装，并保证安装精度。

减速器需要润滑的部位有齿轮轮齿和轴承，齿轮轮齿的润滑方式为利用大齿轮携带润滑油润滑，轴承润滑方式为利用大齿轮甩出的油，通过箱盖内壁流入轴承进行润滑。减速器采用嵌入式密封装置，由两个透盖和两个闷盖完成密封。减速器如图 7-5 所示。

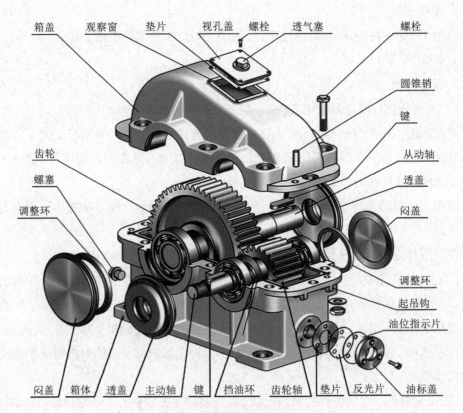

图 7-5　减速器装配示意图

项目八　识读换热器设备图

【学习目标】

(1) 认识化工设备及其标准零部件。

(2) 了解化工设备图的表达方法。

(3) 掌握化工设备图的识读方法,并能读懂化工设备图。

【任务描述】

石油化工生产过程都是由单元操作组成的,为完成这些操作和存储化工物料,需要用到各种化工设备。化工设备的设计、制造及安装、检修和使用,均需要通过图样来进行。换热器是常用的典型化工设备之一,通过阅读换热器设备图,培养阅读化工设备图样的能力。

【相关知识】

一、认识化工设备的常用零部件

(一)认识化工设备

化工设备有容器、反应罐、换热器和塔,如图8-1所示。这些化工设备虽然结构形状、尺寸大小及安装方式各不相同,选用的零部件也不完全一致,但却有许多共同特点。

1. 主体多为回转体

化工设备一般要求承压性要好,因此,各类化工设备都是以回转体为外壳。其主要形状为圆柱、圆锥、椭圆等,以圆柱体居多。

2. 开孔和管口多

为了完成工艺操作,设备壳体上分布着较多的管口,方便连接管道和装配各种零部件,如进料口、出料口、人(手)孔、视镜、取样放空口及各种仪表口等。

3. 结构间尺寸相差悬殊

设备总体尺寸与设备的某些局部结构尺寸相差悬殊,特别是总体尺寸与设备壳体壁厚尺寸或某些细部结构尺寸相差悬殊,如设备总高可达几十米,而壳体壁厚才十几毫米。

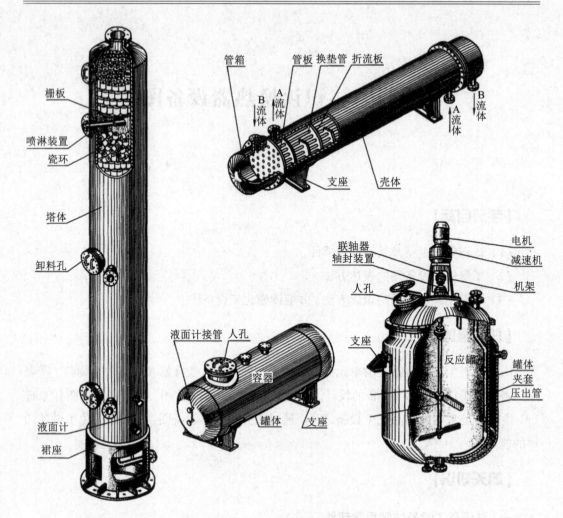

图 8-1　典型化工设备

4. 焊接结构多

焊接结构多是化工设备的一个突出特点,不仅设备的壳体是由钢板卷焊而成,其他结构如筒体与封头、接管、支座、人孔的连接,也大多采用焊接方法。

5. 标准零部件较多

化工设备中一些常用的零部件,大部分已经标准化和系列化,如封头、支座、设备法兰、管法兰、人孔、补强圈等。

另外,由于化工生产的特殊性,对于化工设备在材料的使用、防腐、防漏方面都提出了特殊的要求,这些要求都要在图中清楚地表达出来。

(二)化工设备常用零部件

化工设备中包括许多结构和作用相同的零部件,如筒体、封头、法兰、支座和人孔、手孔等。为了便于设计制造和维修互换,这些零部件大都已经标准化,并在化工设备中通用。

1. 筒体

筒体是化工设备的主体结构，一般由钢板卷焊而成，主要尺寸有直径、高度（或长度）和壁厚。筒体直径应在国家标准《压力容器公称直径》（GB/T 9019—2015）所规定的尺寸系列中选取，见表8-1。

表8-1　压力容器公称直径　　　　　单位：mm

压力容器公称直径内径（内径为基准）											
300	350	400	450	500	550	600	650	700	750	800	850
900	950	1000	1100	1200	1300	1400	1500	1600	1700	1800	1900
2000	2100	2200	2300	2400	2500	2600	2800	2900	3000	3100	3200
3300	3400	3500	3600	3700	3800	3900	4000	4100	4200	4300	4400
4500	4600	4700	4800	4900	5000	5100	5200	5300	5400	5500	5600
5700	5800	5900	6000								

压力容器公称直径外径（外径为基准）						
公称直径	150	200	250	300	350	400
外径	168	219	273	325	356	406

标注示例：

筒体内径直径1200 mm 的压力容器公称直径标注如下：

公称直径　DN 1200　　GB/T 9019—2001

2. 封头

封头是化工设备的重要组成部分，它与筒体一起构成设备的壳体。封头的公称直径与筒体相同，因此封头的尺寸一般不单独标注。由钢板卷作筒体时，封头的公称直径（DN）为内径，即以内径为基准；由无缝钢管作筒体时，封头的公称直径（DN）为外径，即以外径为基准，如图8-2所示。

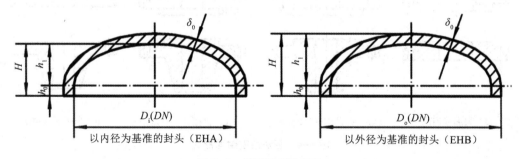

图8-2　椭圆形封头结构

标注示例：

以内径为基准的椭圆形封头，公称直径为1200 mm，名义厚度为12 mm，材质为

0Cr18Ni9，其标记为：

EHA　*DN* 1200×12-0Cr18Ni9　JB/T 4746—2002

以外径为基准的椭圆形封头，公称直径为 325 mm，名义厚度为 12 mm，材质为16MnR，其标记为：

EHB　*DN* 325×12-16MnR　JB/T 4746—2002

标准椭圆形封头的规格和尺寸系列见附表 F-20。

3. 法兰

法兰是化工设备中常见的零件，是由一对法兰、密封垫片和螺栓、螺母等零件组成的可拆连接。化工设备中的标准法兰有两种：管法兰和压力容器法兰。标准法兰的主要参数是公称直径(*DN*)和公称压力(*PN*)。管法兰的公称直径为所连接管子的外径，压力容器法兰的公称直径为所连接筒体(或封头)的内径。

(1)管法兰。它用于管路与管路或设备上接管与管路的连接。管法兰常见的结构形式有板式平焊法兰、带颈平焊法兰、带颈对焊法兰和法兰盖等，如图 8-3 所示。

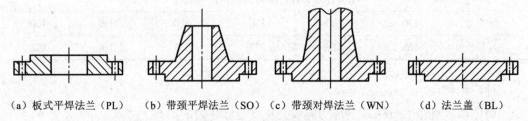

（a）板式平焊法兰（PL）　（b）带颈平焊法兰（SO）（c）带颈对焊法兰（WN）　（d）法兰盖（BL）

图 8-3　管法兰的结构形式

法兰密封面有突面、凹凸面、榫槽面、全平面等形式，如图 8-4 所示。钢制管法兰(PN 系列)的标准号为 HG/T 20592—2009。具体选用要参照有关设计规定。管法兰在化工设备图中一般都采用简化画法。

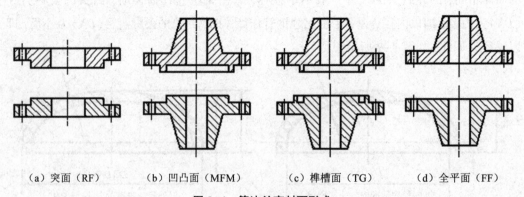

（a）突面（RF）　　（b）凹凸面（MFM）　　（c）榫槽面（TG）　　（d）全平面（FF）

图 8-4　管法兰密封面形式

标注示例：

突面板式平焊钢制管法兰，公称通径为 100 mm，公称压力为 2.5 MPa，材料为Q235A，其标记为：

HG/T 20592　法兰　PL100-2.5　RF　Q235A

平焊钢制管法兰的规格和尺寸系列见附表 F-21。

(2)压力容器法兰。也称设备法兰，用于设备壳体的可拆连接，最常见的是筒体和封头的连接。按结构形式分为三种：甲型平焊法兰、乙型平焊法兰、长颈对焊法兰。设备法兰密封面有平面、凹凸面、榫槽面三种形式，如图 8-5 所示。压力容器法兰名称、密封面型式代号及标准号见表 8-2。

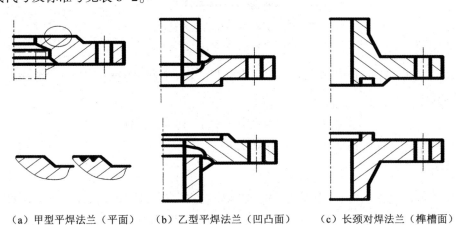

（a）甲型平焊法兰（平面）　　（b）乙型平焊法兰（凹凸面）　　（c）长颈对焊法兰（榫槽面）

图 8-5　压力容器法兰的结构形式

表 8-2　压力容器法兰名称、密封面型式代号及标准号

密封面型式代号			法兰类型	
平面密封面		RF	一般法兰	法兰
凹凸密封面	凹密封面	FM	环衬法兰	法兰 C
	凸密封面	M	法兰标准号	
榫槽密封面	榫密封面	T	甲型平焊法兰 NB/T 4721—2012	
			乙型平焊法兰 NB/T 4722—2012	
	槽密封面	G	长颈对焊法兰 NB/T 4723—2012	

甲型平焊设备法兰的规格和尺寸系列见附表 F-22。

4. 人孔、手孔

为了便于安装、维修和清洗设备内部，需要在设备上开设人孔或手孔。人孔与手孔的基本结构类似，是在一个短筒节上焊上法兰，外面用一个法兰盖加以密封。常用人孔的公称直径为 450, 500 mm，常用手孔的公称直径为 150, 200 mm。

目前，人孔、手孔均制定了行业标准，常压人孔的标准编号为 HG/T 21515—2014，手孔的标准编号为 HG/T 21528—2014，根据需要选用即可。图 8-6 所示为人孔与手孔的基本结构。

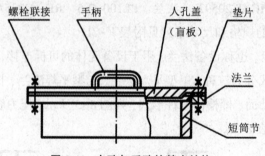

螺栓联接　手柄　人孔盖　垫片

（盲板）

法兰

短筒节

图 8-6　人孔与手孔的基本结构

标注示例：

公称直径为 450 mm，$H_1 = 160$ mm，Ⅰ类材料，采用石棉橡胶板垫片（A-XB350）的常压人孔，其标记为：

人孔Ⅰb（A-XB350）　450　HG/T 21515

人孔与手孔的规格和尺寸系列见附表 F-23。

5. 支座

支座的作用是支承设备，固定位置。支座分立式设备支座和卧式设备支座两类。立式设备支座用于支承立式设备，主要有悬挂式支座、支承式支座、支腿式支座、裙座等。卧式设备支座用于支承卧式设备，主要形式为鞍式支座。大部分支座也已经标准化。

（1）悬挂式支座。又称为耳式支座，简称挂耳或耳座，如图 8-7 所示，应用于立式悬挂式设备。该支座由两块肋板（筋板）、一块底板和一块垫板组成，多数耳座还有一块垫板。底板上有螺栓孔，用螺栓将设备固定在楼板或平台上。一般在设备周围使用四个均布。耳式支座已经标准化，其标准号为 JB/T 4712.3—2007。

耳式支座有 A，B，C 三种类型，A 型为短臂型，B 型为长臂型，C 型为加长臂型。其中 A，B 两型耳式支座又分为有盖板和无盖板两种形式，C 型耳式支座全部有盖板。根据单个支座所承受的最大负荷和设备保温情况来选择不同型号的支座。

标注示例：

A 型，3 号耳式支座，支座材料为 Q235A，垫板材料为 Q235A，其标记为：

JB/T 4712.3—2007，耳式支座 A3-Ⅰ

材料：Q235A

悬挂式支座的规格和尺寸系列见附表 F-24。

（2）鞍式支座。广泛应用于卧式设备，主要由垫板、腹板、肋板和底板组成，因其形似马鞍而得名，如图 8-8 所示。鞍式支座一般带垫板，当容器公称直径小于 900 mm 时，可以不带垫板。鞍式支座是标准部件，其标准号为 JB/T 4712.1—2007。根据其承载能力，分为轻型（A 型）和重型（B 型）两种。根据底板安装形式不同，每种类型又分为固定式（F）和滑动式（S）两种。固定式鞍座底板的地脚螺栓孔为普通圆形，滑动式鞍座底板的地脚螺栓孔为长圆形，选用时要两者配合使用，防止和减少轴向温差应力。

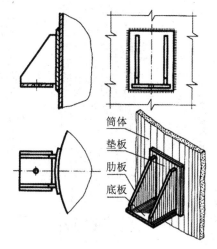

图 8-7 耳式支座

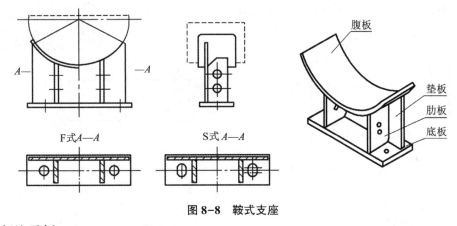

图 8-8 鞍式支座

标注示例：

公称直径 900 mm，120°包角，重型带垫板滑动式支座，其标记为：

JB/T 4712.1—2007，鞍座 BI 900-S

鞍式支座的规格和尺寸系列见附表 F-25。

二、化工设备图绘制

表示化工设备的形状、结构、大小、性能和制造安装等技术要求的图样，称为化工设备图。

化工设备图详细反映了设备结构、制造要求和各零部件的装配连接关系，清楚列出设备的技术特性参数和技术要求及对外连接关系，可以指导化工设备的制造、检验、安装和维修的各个过程。

(一)化工设备图的内容

图 8-9 所示为一个储罐的装配图，包括以下五个内容。

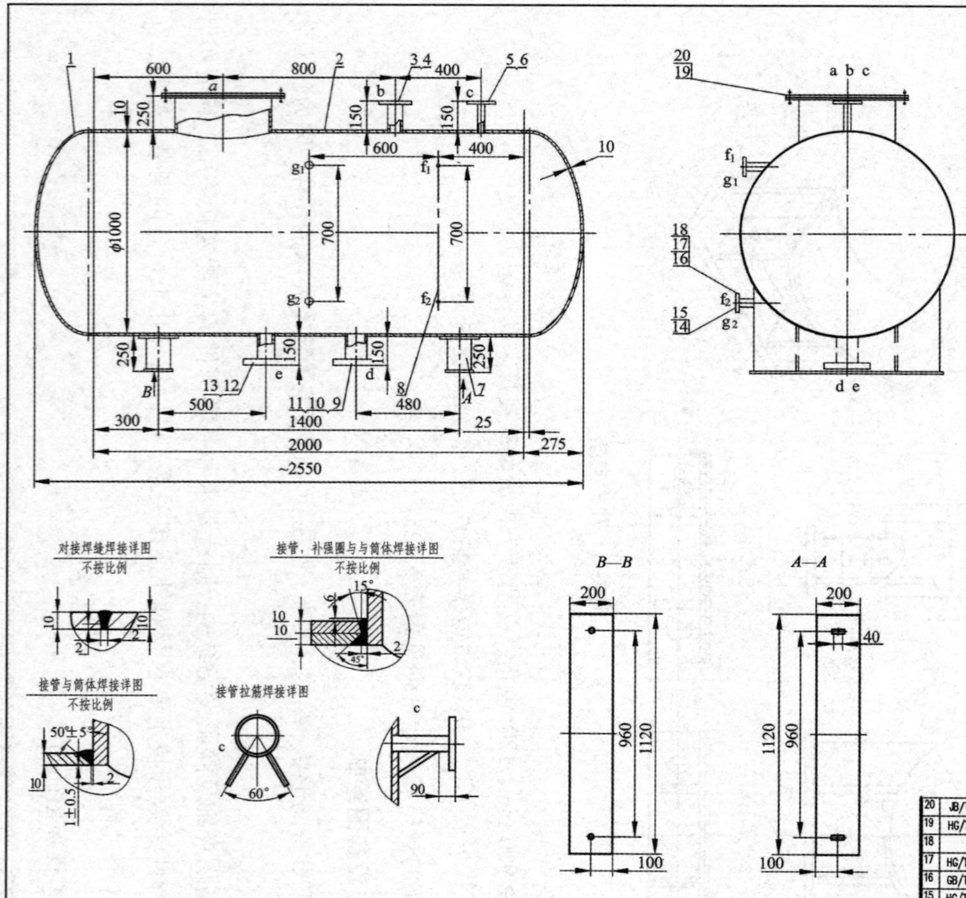

图8-9 储罐装配图

技术要求

1. 本设备主要受压元件材料为Q235A，应符合GB/T 3274-2007《碳素结构钢和低合金结构钢热轧钢板和钢带》的要求。装管《钢制压力容器》和GB151《钢制管壳式换热器》材质20应符合GB/T 8163-2008《输送流体用无缝钢管》的要求。

2. 焊接采用电弧焊，焊接牌号：J427焊条。

3. 除接管尺寸及几寸除图中注明外，未用全焊透的结构。这三焊接接起过三标准的规定，角焊缝及都接焊缝的焊满尺寸按考厚件半弯斜的厚度。

4. 管上的管口除考虑进行RT检合焊缝，基价长本接管每本焊接总长的20%，并符合JB/T 4730.2-2005《承压设备无损检测，第2部分：射线检测》规定，三级合格。

5. 支座与无保本用连接件。

6. 管口方向及方位参本图。

7. 本设备制造完半组合检合格后，涂防锈底漆二度，涂面漆二度。

管口表

符号	公称尺寸	连接标准		用途或名称
a	450	HG/T 20592-2009	RF	人孔
b	40	HG/T 20592-2009	RF	排污口
c	100	HG/T 20592-2009	RF	进料口
d	100	HG/T 20592-2009	RF	液位计口
e	80	HG/T 20592-2009	RF	出料口
f 1~3	20	HG/T 20592-2009	RF	压力表接口
g 1~4	40	HG/T 20592-2009	RF	自控仪表接口

技术特性表

工作压力/MPa	0.3
设计压力/MPa	0.33
工作温度/°C	60
设计温度/°C	65
物料名称	稀碱
全容积	2.1
焊缝系数	0.85
腐蚀裕度	2

对接焊缝焊接详图
不按比例

接管拉筋焊接详图
不按比例

装管、补强圈与壳体焊接详图
不按比例

接管与壳体焊接详图
不按比例

A—A

B—B

1. 一组视图

用一组视图表示该设备的主要结构形状和零部件之间的装配连接关系。

2. 必要的尺寸

用以表达设备的总体大小、性能、规格、装配和安装等尺寸数据，以及一些零件的详细尺寸。标注方法应符合国家标准规定。

3. 管口符号和管口表

化工设备上的所有管口均用小写拉丁字母顺序编号，并自上而下依次填入管口表中，在管口表列出各管口的有关数据及用途等内容。管口表的内容是设备对外连接的重要参数。

4. 技术特性表和技术要求

用表格的形式列出设备设计、制造、使用的主要参数，如设计压力、工作压力、设计温度、工作温度、物料名称、设备容积等技术特性；用文字说明设备在制造、检验时应遵守的规范和规定。

5. 明细栏及标题栏

对化工设备所有零部件进行编号，并在明细栏中填写其名称、规格、数量、材料、图号或标准号等内容；标题栏用以填写设计单位、设备名称、图号、比例、设计日期及相关设计校审人员的签字。

(二)化工设备图的表达

1. 基本视图

一般立式设备通常采用主、俯两个基本视图；卧式设备通常采用主、左两个基本视图。

主视图按设备的工作位置选择，并采用剖视的表达方法，以便充分表达其工作原理、主要装配关系及主要零部件的结构形状。

2. 多次旋转的表达

设备壳体四周分布的各种管口和零部件，在主视图中可绕轴旋转到平行于投影面后画出，以表达它们的轴向位置和装配关系，而它们的周向方位以管口方位图(或俯、左视图)为准。如图 8-10 所示，人孔 b 按照逆时针方向旋转 45°，液面计 a_1，a_2 按照顺时针方向旋转 30°后，在主视图上画出其投影。

3. 管口方位的表达

管口在设备上的分布方位可用管口方位图表示。管口方位图中，以中心线表明管口的方位，用单线(粗实线)画出管口，并标注与主视图相同的小写字母，如图 8-11 所示。

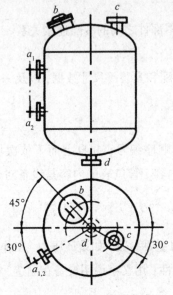

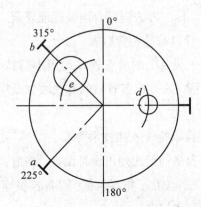

图 8-10 多次旋转的表达   图 8-11 管口方位的表达

4.细部结构的表达方法

设备上按选定比例无法表达清楚的细小结构,可采用局部放大图(又称节点图)画出。

对于一些较薄的结构,如设备壳体壁厚等,按照视图比例无法画出,则可适当地将其尺寸夸大画出,不方便绘制剖面线的可以涂黑或涂深色表示。

5.断开和分段表达

当设备过高(长),又有相同(重复)结构,为节省图幅,可采用断开并缩短的画法,这样就可以用相对较大的比例绘图,如图 8-12(a)所示。如果不能用断开画法而图幅又不够时,可采用分段表示的方法画出,如图 8-12(b)所示的填料塔便是分两段画出的。

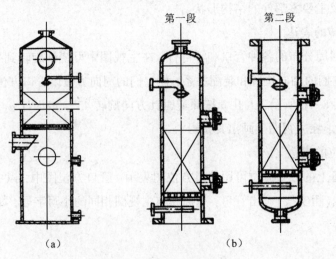

（a）   （b）

图 8-12 断开和分段表达

6. 简化表达

（1）标准件及外购零部件的简化表达。标准化零部件或外购的零部件一般只需按比例用粗实线画出其外形轮廓即可，如图8-13所示联轴器、液面计等部件的画法。

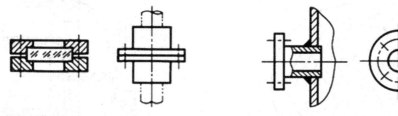

图8-13　标准件及外购零部件的简化表达　　　　图8-14　管法兰的简化表达

（2）管法兰的简化表达。只需画出示意图即可，不用详细表达密封面结构形式，如图8-14所示。

（3）螺栓连接的简化表达。可以用其中心线表示位置，螺栓连接中螺栓用粗实线画"十"表示，如图8-15所示。

（4）填充物简化表达。当设备中装有同种材料、同一规格和同一堆放方法的填充物时，在其剖视图中以交叉的细实线表示，同时用文字加以注解说明，如图8-16所示。

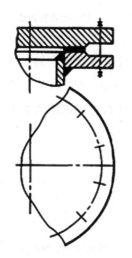

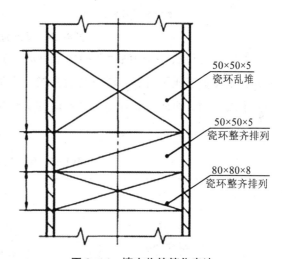

50×50×5
瓷环乱堆

50×50×5
瓷环整齐排列

80×80×8
瓷环整齐排列

图8-15　螺栓连接的简化表达　　　　　　图8-16　填充物的简化表达

（5）按照规则排列孔的简化表达。热交换器中的管板上按规则排列的孔，可以只画几个，其余用细实线表示各孔的中心线位置分布，但需要注明总个数。其分布范围（外框线）用粗实线表示，如图8-17所示。

（6）按照规律排列管子简化表达。按规律排列的管子（如换热器的列管），可以只画一根表示，其余用中心线代替，如图8-18所示。

（7）焊缝表达。

①焊缝图示法。在视图中，可见焊缝用栅线表示，不可见焊缝的栅线可省略不画。在

垂直于焊缝的断面或剖视图中，当比例较大时，应按照规定的焊缝横截面形状画出焊缝的断面并涂黑，如图 8-19 所示。

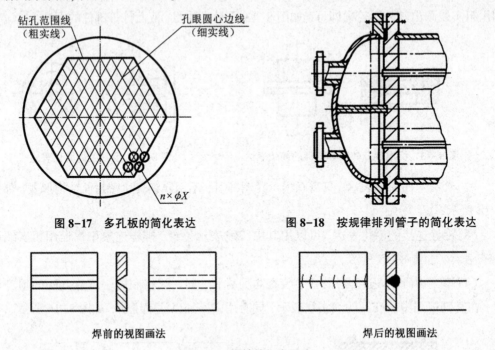

图 8-17　多孔板的简化表达　　　　图 8-18　按规律排列管子的简化表达

焊前的视图画法　　　　　　　　焊后的视图画法

图 8-19　焊缝的规定画法

②焊缝标注法。指引线箭头指向带有坡口的一面，焊接符号应标在细实线的基准线一方，虚线基准线可省略；指引线箭头指向不带有坡口的一面，焊接符号应标在细虚线的基准线一方。两面对称焊缝，可省略细虚线基准线，焊接符号以基准线为对称画出即可。标注示例见表 8-3。

表 8-3　焊缝的标注示例

接头型式	焊缝型式	标注实例	说明
对接接头	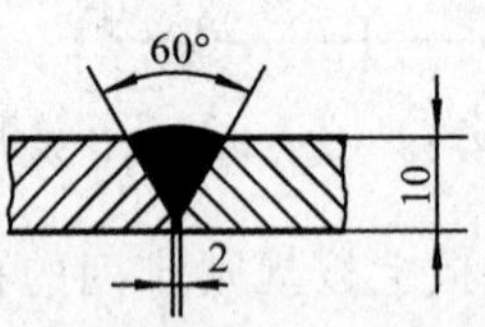	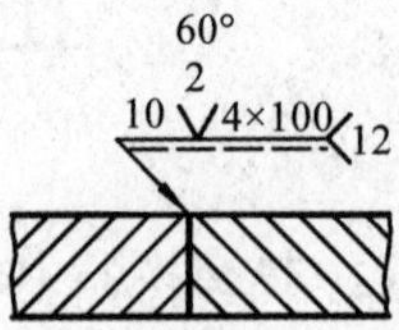	对接焊缝，板厚 10，坡口角度 60°，4 条长 100 的焊缝，采用埋弧焊
T 型接头	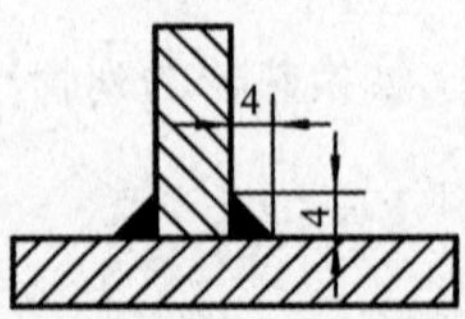	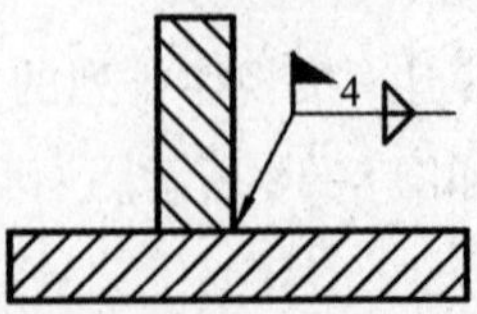	双面角焊缝，焊角高度 4，现场焊接

三、化工设备图标注

（一）尺寸标注

化工设备图的尺寸标注，与一般的机械设备装配图一样，要遵守国家制图标准的相关规定。此外，还要结合化工设备的特点，满足制造、装配、检验、安装等的要求。

1. 尺寸种类

（1）规格性能尺寸。反映化工设备规格、性能、特征及生产能力的尺寸。如储罐的公称直径"$\phi1000$"，筒体长度"2000"，如图8-9所示。

（2）装配尺寸。表示化工设备零部件间相对位置和装配关系的尺寸，是设备制造的重要依据。如储罐设备图中人孔的轴向装配尺寸"600"。化工设备图中，每个零部件都有明确的定位尺寸，否则无法进行装配施工。

（3）安装尺寸。化工设备安装在设备基础或支架上的尺寸，一般指设备地脚螺栓孔径、数量、分布定位尺寸。如耳式支座的螺栓孔直径、卧式设备支座的底板尺寸等。

（4）外形（总体）尺寸。为满足设备包装、运输及厂房设计等方面的要求，应标出化工设备的总体尺寸，即总长、总高（或总宽）、直径尺寸，缺一不可。如储罐设备图中，总长尺寸"2550"及直径尺寸"$\phi1000$"。

（5）其他尺寸。包括零部件的规格尺寸、设计计算确定的尺寸（如壳体壁厚）、焊缝的型式尺寸。

2. 尺寸基准

正确选择尺寸基准，可以准确地反映出化工设备的结构特点。常见的尺寸基准如下：

（1）设备壳体的轴线；

（2）筒体与封头的环焊缝；

（3）设备法兰的端面；

（4）设备支座的底面等。

如图8-20（a）所示，卧式容器的长度方向尺寸基准为封头和筒体的环焊缝，高度方向尺寸基准为设备壳体的轴线和支座的底面。图8-20（b）所示为立式容器，高度方向尺寸基准为封头和筒体的环焊缝及设备法兰的端面。

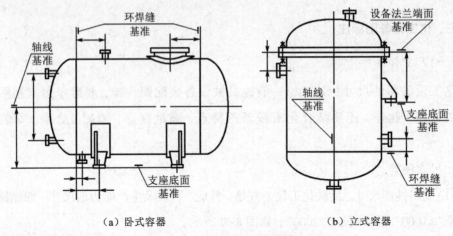

（a）卧式容器 （b）立式容器

图 8-20 化工设备的尺寸基准

（二）技术要求注写

技术要求注写是以文字形式对该设备在制造、检验、验收及包装运输等方面的要求进行说明。一般包括通用技术标准和技术条件，焊接要求，检验要求和防腐、保温、包装、运输等方面的要求。

（三）管口表和技术特性表

化工设备的管口较多，为了表达接管的位置、规格、连接尺寸和用途，图中应编写管口符号，并在明细栏上画出管口表。管口表格式如图 8-21 所示。

图 8-21 管口表

技术特性表是表明设备重要技术特性和设计依据的一览表，一般位于管口表的上方。技术特性表格式如图 8-22 所示。

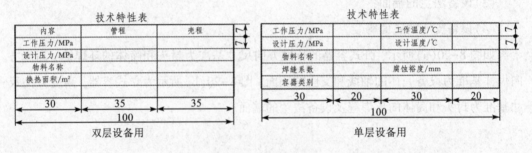

图 8-22 技术特性表

（四）其他

零部件序号、明细栏和标题栏的内容、格式及要求与机械装配图相同。

四、化工设备图的阅读

阅读化工设备图的目的是：了解化工设备的名称、性能、用途和主要技术参数；了解设备的整体结构特征和工作原理；了解各零部件的材料、结构和装配关系；了解设备对外连接情况和制造、检验、安装等方面的要求。

阅读化工设备图的方法步骤具体如下。

（一）概括了解

首先，看标题栏，了解设备的名称、规格、主体材料及设计单位等信息。然后，粗看视图，大致了解视图的个数、表达方法及特点。再看技术特性表、管口表和明细栏，明确设备设计参数和设备性能指标，明确设备管口个数、名称及用途。最后，读技术要求，了解设备制造、检验等方面的信息。总之，通过概括了解，能够迅速掌握化工设备的基本概况。

（二）详细分析

1. 视图分析

分析主视图，清楚了解设备的主体结构，并结合其他视图，完全了解设备的结构特点。通过视图分析，要完全掌握设备的表达方法和各视图间的关系和作用。

2. 零部件分析

首先从主视图中找到每个关键零部件，结合序号和明细栏，确定其名称、材料、标准等基本信息。然后找到与之相配合的各零部件，分析它们的装配关系，搞清楚该零部件在设备中的功能和作用。利用主视图和零部件图，最后确定该零件的具体结构特征、尺寸特征和加工要求。

化工设备零部件较多，应该先从主要的零件和较容易看懂的零件入手，逐渐将设备的零部件分析透彻。通过零部件的详细分析并结合视图分析，可以完全了解设备的内外部构造，读懂设备图。

3. 分析设备的工作原理

通过对各管口的分析，了解物料进出情况和仪表配置情况。看图时，根据管口符号，对照管口表，了解各管口的尺寸、连接方式和作用。这样，可以了解该设备在化工工艺过程中的作用和工作原理。

4. 设计参数和制造要求分析

化工设备多是压力容器，其设计、制造、验收都有严格的国家标准，因此，读化工设备图时，要仔细分析技术特性表和技术要求，了解设备的主要工艺参数和设计技术指标，掌握制造技术要求。

(三)总结归纳

在进行以上详细分析后,将各部分的分析结果总结归纳,互相印证,就可以从容器类别、设备结构、工作原理、制造要求等各个方面对该设备有一个清晰、全面的了解和认识。

【任务实施】

识读图 8-23 所示的换热器设备图,具体步骤如下。

1. 概括了解

图中的设备为换热器,绘图比例为 1:10。换热器由 19 种零件组成,其中有 9 种标准件。

2. 详细分析

(1)视图分析。换热器设备图的主视图采用大面积局部剖视图和断开简化画法,换热管采用简化画法来表达设备的主体结构和主要零部件之间的装配关系及管口轴向分布情况。左视图采用局部剖视图,表达列管的排列方式和分程隔板的布局及管口周向方位。A—A 剖视图详细表达出设备对外安装尺寸和两块底板的结构。

五个局部放大图详细表达出关键零部件的装配情况。分析出拉杆两端的螺栓连接和固定方式、分程隔板与管板的密封情况、换热管与管板的连接结构及换热管排列的详细结构和尺寸。

(2)零部件分析。换热器的主要零部件有筒体、封头、容器法兰、管板、折流板、支座等。从图中可以看出,壳程筒体公称直径为 500 mm,与管板直接焊接在一起;封头是标准椭圆封头,与容器法兰直接焊接;容器法兰采用长颈法兰。

管板是延长部分兼作法兰的结构,与容器法兰用数个螺栓连在一起,以软垫片密封。换热管与管板的连接采用胀焊结合的方法。折流板采用拉杆定距管结构,拉杆两端的结构形式见局部放大图。由图可见,折流板是上下缺边结构。支座等标准件的详细结构尺寸可查阅相关标准。

(3)设备工作原理分析。分析换热器的管口表,由主视图可以清楚地了解设备的工艺过程。盐水走管程,由接管 A 进,接管 B 出;液体物料由接管 C 进入壳程,被管程盐水加热后,氨蒸气由接管 E 引出;剩余物料由设备底部接管 I 排出,完成工艺过程。为了设备安全运行,防止超压,还配备了安全阀。为了控制液位,配置了液面计和浮球阀。考虑到停车维修,设置了放空阀、泄水阀和放油管。为保证传热效果,管程分为四程,壳程使用折流板,使两种物料换热充分。

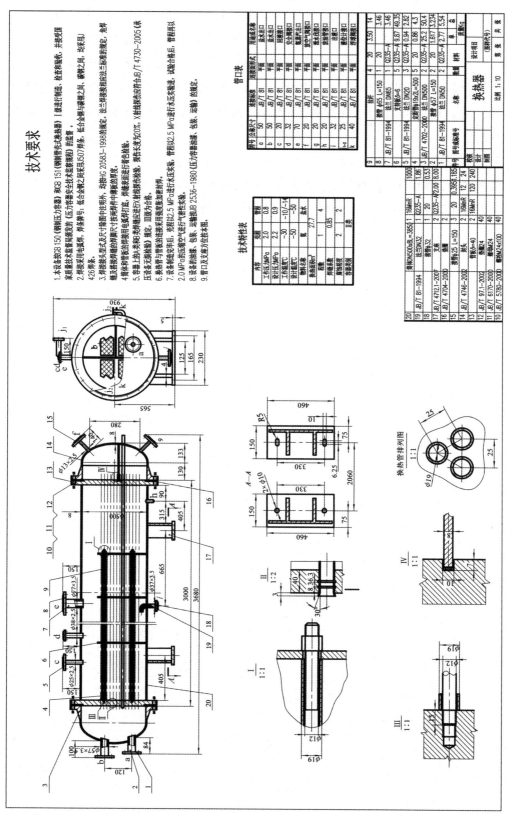

图8-23 换热器设备图

（4）设计参数和制造要求分析。从技术要求和技术特性表可以看出，本设备是二类压力容器，按照《压力容器》（GB 150）和《热交换器》（GB/T 151—2014）进行制造检验和维修。焊接接头形式按照《钢制化工容器结构设计规定》（HG/T 20583—2011）的要求进行。设备焊缝采用局部无损探伤，方法为 X 射线。表面探伤使用着色法。换热管与管板的连接采用胀焊并用的方法。设备制造完毕后，进行水压试验和气密性试验。包装运输按照相应规定。

3. 总结归纳

此换热器，管程分为四程，壳程为单程。折流板固定方式为拉杆定距管结构。除了进、出物料管口外，还设置了安全阀、排气口、排油口等。

项目九　化工工艺图

【学习目标】

（1）了解工艺管道及仪表流程图的绘制、标注和阅读方法。

（2）了解设备布置图的绘制、标注方法，能阅读设备布置图。

（3）掌握管路的绘制、标注方法，能识读管路布置图。

（4）具备一定的识读化工工艺图的能力。

任务一　空压站工艺管道及仪表流程图识读

【任务描述】

化工工艺流程图是用来表达化工生产过程与联系的图样，通过识读空压站工艺管道及仪表流程图，学习化工工艺流程、开停工顺序及维护正常生产的相关操作；判断流程控制操作的合理性，进行工艺改革和设备改造；能够进行事故设想，提高操作水平和预防、处理事故的能力。

【相关知识】

一、工艺方案流程图的绘制

工艺方案流程图是按照工艺流程的顺序，将设备和工艺流程线从左向右展开，画在同一平面上，并附以必要的标注和说明。图9-1所示为空压站的工艺方案流程图。

从图9-1可知，空气首先经过空压机压缩后进入后冷却器降温；然后通过气液分离器排出气体中的冷凝杂质；再进入干燥器和除尘器，进一步除去空气中的各种杂质；最后送入储气罐，以供应仪表和装置使用。

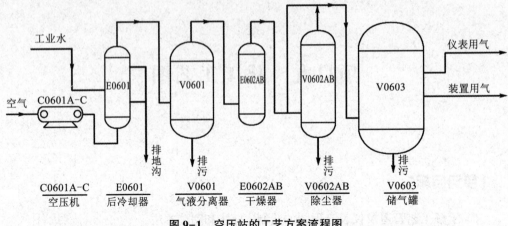

图 9-1 空压站的工艺方案流程图

（一）工艺方案流程图绘制

1. 设备的画法

（1）用细实线画出设备形状特征轮廓，一般不按比例绘制，但应保持设备的相对大小。

（2）设备的高低位置和设备上重要的管口位置，应大致与实际情况相符。

（3）设备之间应保留一定的间距，以布置工艺管线。

（4）相同位置的设备可以只画一个，备用设备一般省略不画。常见设备的示意画法可查阅相关资料。

2. 流程线的画法

（1）用粗实线画出主要物料的流程管线，用中粗实线画出动力管线。

（2）流程线要用水平线和垂直线绘制，转弯处为直角。

（3）流程线较多、绘制发生交叉时，要将其中一根流程线断开或示意绕过，不得直接交叉，也不要穿过设备。

（4）在两设备之间的流程线上，至少有一个流向箭头。

（二）工艺方案流程图的标注

（1）将设备的名称和位号，在流程图上方或下方靠近设备示意图的位置排成一行，如图 9-2 所示。

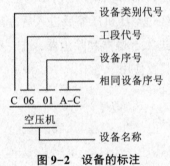

图 9-2 设备的标注

（2）在水平线（粗实线）的上方注写设备位号，下方注写设备名称。

（3）设备位号由设备类别代号、工段代号（两位数字）、设备序号（两位数字）和相同设备序号（大写拉丁字母）四部分组成，如图9-2所示。设备类别代号见表9-1。

表9-1　设备类别代号[《化工工艺设计施工图内容和深度统一规定》(HG/T 20519—2009)]

类别	代号	应用	类别	代号	应用
塔	T	各种填料塔、板式塔、喷淋塔、湍球塔和萃取塔	火炬烟囱	S	各种工业火炬与烟囱
泵	P	离心泵、齿轮泵、往复泵、喷射泵、液下泵、螺杆泵等	容器（槽、罐）	V	贮槽、贮罐、气柜、气液分离器、旋风分离器、除尘器等
压缩机风机	C	各类压缩机、鼓风机	起重运输设备	L	各种起重机械、葫芦、提升机、输送机等
换热器	E	列管式、套管式、螺旋板式、蛇管式、蒸发器等各种换热设备	计量设备	W	各种定量给料称、地磅、电子称等
反应器转化器	R	固定床、硫化床、反应釜、反应罐（塔）、转化器、氧化炉等	其他机械	M	电动机、内燃机、汽轮机、离心透平机等其他动力机
工业炉	F	裂解炉、加热炉、锅炉、转化炉、电石炉等	其他设备	X	各种压缩机、过滤机、离心机、挤压机、糅合机、混合机等

（4）在流程线起始和终止位置的上方，用文字说明介质的名称、来源和去向。

二、工艺管道及仪表流程图的绘制

工艺管道及仪表流程图亦称 PID 或施工流程图、生产控制流程图，图9-3为空压站工艺管道及仪表流程图。

（一）作用和内容

工艺管道及仪表流程图是在工艺方案流程图的基础上设计绘制的内容较为详细的一种工艺流程图。它是设备布置和管道布置设计的依据，并可供施工、安装、生产操作时参考。这种流程图一般包括以下内容。

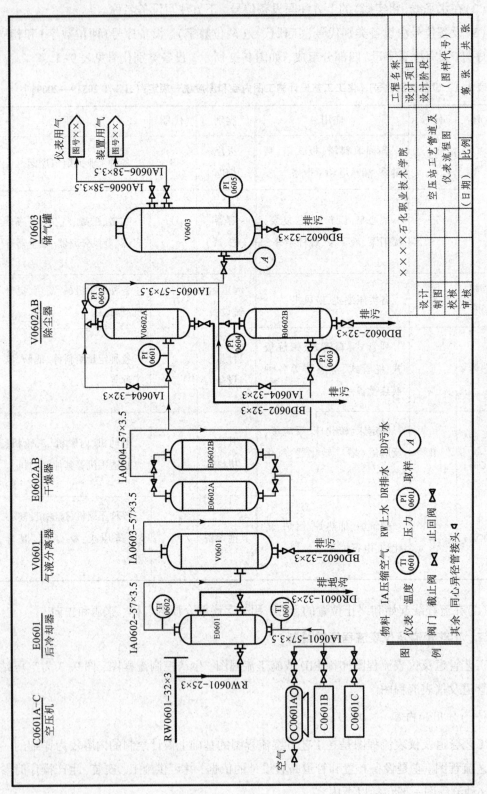

图9-3 空压站工艺管道及仪表流程图

1. 图形

应画出所有生产设备的示意图和管道流程线(包括辅助管道、各种仪表控制点和阀门等管件)。

2. 标注

标明设备的位号、管道编号、控制点及必要的说明。

3. 图例

说明阀门、管件、控制点符号的意义。

4. 标题栏

标明图名、图号和设计者。

(二)画法

1. 设备的画法

设备的画法与方案流程图基本相同。与方案流程图不同的是,对于两个或两个以上的相同设备,一般应全部画出。

2. 管道流程线的画法

施工流程图与方案流程图一样,除了画出主要物料和动力管线的流程线外,还要用中粗实线画出辅助物料的流程线。各种形式的管道流程线的表示方法见表9-2。

表9-2 图线用法及宽度[《化工工艺设计施工图内容和深度统一规定》(HG/T 20519—2009)]

类别	图线宽度			备注
	粗线 (0.6~0.9 mm)	中粗线 (0.3~0.5 mm)	细线 (0.15~0.25 mm)	
工艺管道及 仪表流程图	主物料管道	其他物料管道	其他	机器、设备轮廓线 0.25 mm
辅助管道及仪表流程图 公用系统管道及 仪表流程图	辅助管道总管、 公用系统管道 总管	支管	其他	
设备布置图	设备轮廓	设备支架 设备基础	其他	动设备若只绘出设 备基础,图线宽为 0.6~0.9 mm
设备管口方位图	管口	设备轮廓 设备支架 设备基础	其他	

表 9-2（续）

类别		图线表示方法			备注
		粗线 （0.6~0.9 mm）	中粗线 （0.3~0.5 mm）	细线 （0.15~0.25 mm）	
管道 布置图	单线 （实线或虚线）	管道		法兰、阀门 及其他	
	双线 （实线或虚线）		管道		
管道轴测图		管道	法兰、阀门、 承插焊螺纹 连接的管件的 表示线	其他	
设备支架图、 管道支架图		设备支架 及管架	虚线部分	其他	
特殊管件图		管件	虚线部分	其他	

注：凡界区线、区域分界线、图形接续分界线的图线采用双点画线，宽度均为 0.5 mm。

3. 阀门和管件的画法

管道上的管道附件有阀门、管接头、异径管接头、弯头、三通、四通、法兰、盲板等。这些管件有的可以更改方向、变换管道口径，有的可以连通、分流及调节、切换管道中的流体。

在流程线上用细实线按规定符号画出全部阀门和部分管件，阀门图形符号尺寸一般为长 6 mm、宽 3 mm 或长 8 mm、宽 4 mm。常见阀门、管件的图形符号见表 9-3。

表 9-3　常见阀门、管件图形符号[《化工工艺设计施工图内容和深度统一规定》(HG/T 20519—2009)]

名称	符号	名称	符号
截止阀		旋塞阀	
闸阀		球阀	
蝶阀		隔膜阀	
旋启式止回阀		减压阀	

4. 仪表控制点的画法

在化工生产过程中，需要对不同位置、不同时间流经的物料的各种参数(如压力、温度、流量等)进行测量、显示和取样分析。在施工流程图上要画出所有与工艺有关的检测仪表、调节控制系统、分析取样点和取样阀。

仪表控制点用符号表示，并从其安装位置引出。符号包括图形符号和字母代号，二者组合起来表达仪表功能、被测变量和图形符号。

检测、显示、控制等仪表的图形符号是一个细实线圆圈，直径约为10 mm。圈外用一条细实线指向流程线或设备轮廓线上的检测点，如图9-4所示。

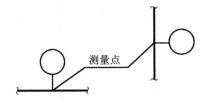

图 9-4 仪表的图形符号

不同的图形符号还可以表示仪表的不同安装位置。仪表安装位置的图形符号见表9-4。

表 9-4 仪表安装位置的图形符号

安装位置	图形符号	安装位置	图形符号
就地安装仪表	○	嵌在管道中的就地安装仪表	⊶○⊷
集中仪表盘面安装仪表	⊖	集中仪表盘后面安装仪表	⊖(虚线)
就地仪表盘面安装仪表	⊜	就地仪表盘后面安装仪表	⊜(虚线)

(三)标注

1. 设备的标注

工艺管道及仪表流程图中的每个设备都应编写设备位号并注写设备名称,标注方法与方案流程图相同。注意:要与方案流程图中的设备位号保持一致。

2. 管道流程线的标注

管道流程线上除了要画出表示物料流向的箭头,并用文字标明物料的来源和去向外,还要对每条管道流程线标注管道代号。

管道代号一般由物料代号、车间或工段号、管段序号、管径等内容组成,如图 9-5 所示。

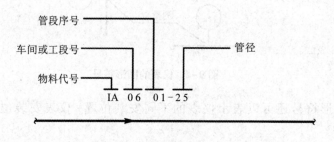

图 9-5 管道代号的标注

物料代号一般按照物料名称和状态取其英文字头组成,常用物料代号按照《化工工艺设计施工图内容和深度统一规定》(HG/T 20519—2009)中规定,见表 9-5。

管段序号采用两位数字,从 01 开始,至 99 为止,相同类别的物料在同一主项内以流向先后为序,顺序编号,一般由一个设备起至另一个设备止编一个顺序号,中间若有分支,另行编号。工段号按照工程规定填写,采用两位数字,从 01 开始,至 99 为止,管径一般标注公称通径,以"mm"为单位,只注数字,不注单位。

施工流程图中所有管道流程均应编制管道代号。标注位置和书写方向与尺寸标注要求一致,即横向管道的管道代号注写在管道线的上方;竖向管道的管道代号注写在管道线左侧,字头向左。管道编号的目的是明确管道用途、所在工序、管道尺寸,其对于施工、操作、维修都有重要意义。一般要求全部管道都要编号,以下几种情况除外,如阀门、管件的旁路,管道上直排大气的放空短管,仪表管道,等等。

表 9-5　常用物料及代号[《化工工艺设计施工图内容和深度统一规定》(HG/T 20519—2009)]

类别	物料名称	代号	类别	物料名称	代号	类别	物料名称	代号
工艺物料代号	工业空气	PA	水	脱盐水	DNW	制冷剂	气氨	AG
	工业气体	PG		饮用水、生活用水	DW		液氨	AL
	工业液体	PL		消防水	FW		气体乙烯或乙烷	ERG
	工业固体	PS		热水回水	HWR		液体乙烯或乙烷	ERL
	气液两相流工艺物料	PGL		热水上水	HWS		氟里昂气体	FRG
	气固两相流工业物料	PGS		原水、新鲜水	RW		氟里昂液体	FRL
	液固两相流工业物料	PLS		软水	SW		气体丙烯或丙烷	PRG
	工艺性	PW		生产废水	WW		液体丙烯或丙烷	PRL
空气	空气	AR	燃料	燃料气	FG		冷冻盐水回水	RWR
	压缩空气	CA		液体燃料	FL		冷冻盐水上水	RWS
	仪表用空气	IA		固体燃料	FS		污油	DO
蒸汽及冷凝水	高压蒸汽（饱和或微过热）	HS		天然气	NG	油	燃料油	FO
	中压蒸汽（饱和或微过热）	MS	其他物料	排液、导淋	DR		填料油	GO
	低压蒸汽（饱和或微过热）	LS		熔岩	FSL		润滑油	LO
	高压过热蒸汽	HUS		火炬排放气	FV		原油	RO
	中压过热蒸汽	MUS		氢	H		密封油	SO
	低压过热蒸汽	LUS		加热油	HO	增补代号	气氨	AG
	伴热蒸汽	TS		惰性气	IG		液氨	AL
	蒸汽冷凝水	SC		氮	N		氨水	AW
水	锅炉给水	BW		氧	O		转化气	CG
	化学污水	CSW		泥浆	SL		天然气	NG
	循环冷却水回水	CWR		真空排放气	VE		合成气	SG
	循环冷却水上水	CWS		放空	VT		尾气	TG

3. 仪表控制点的标注

在施工流程图的检测、控制系统中，构成一个回路的每台仪表（或元件）都要进行标注和编号，一般以仪表位号形式标注在仪表图形符号内。仪表位号由英文字母代号和阿拉伯数字编号组成，见图 9-6。其中，英文字母代号第一位表示被测变量代号，后面的一个或几个字母表示该仪表的功能，字母代号示例见表9-6。数字编号表示车间或工段代号和仪表序号。

表9-6　被测变量及仪表功能字母组合示例

仪表功能	被测变量								
	温度(T)	温差(TD)	压力(P)	压差(PD)	流量(F)	物位(L)	分析(A)	密度(D)	未分类的量(X)
指示(I)	TI	TDI	PI	PDI	FI	LI	AI	DI	XI
记录(R)	TR	TDR	PR	PDR	FR	LR	AR	DR	XR
控制(C)	TC	TDC	PC	PDC	FC	LC	AC	DC	XC
变送(T)	TT	TDT	PT	PDT	FT	LT	AT	DT	XT
报警(A)	TA	TDA	PA	PDA	FA	LA	AA	DA	XA
开关(S)	TS	TDS	PS	PDS	FS	LS	AS	DS	XS
指示、控制(IC)	TIC	TDIC	PIC	PDIC	FIC	LIC	AIC	DIC	XIC
指示、开关(IS)	TIS	TDIS	PIS	PIS	FIS	LIS	AIS	DIS	XIS
记录、报警(RA)	TRA	TDRA	PRA	PDRA	FRA	LRA	ARA	DRA	XRA
控制、变送(CT)	TCT	TDCT	PCT	PDCT	FCT	LCT	ACT	DCT	XCT

通常，施工流程图中仪表位号的标注方法是：在圆的上半部分填写字母组合，表示仪表的功用，下半部分填写数字，这样简明清晰，如图9-7所示。

被测变量代号
功能代号
车间或工段代号
仪表序号

T R C - 0 6 0 1

图9-6　仪表位号的组成

TRC
0601

集中仪表盘面安装的温度记录控制仪表

PI
0605

就地安装的压力记录控制仪表

图9-7　仪表位号的标注方法

【任务实施】

识读图9-3空压站工艺管道及仪表流程图的方法和步骤。

1. 概括了解

由标题栏可知，这是空压站施工流程图。浏览全图可知，系统共有六种化工设备。原料空气由左面进入，处理后的纯净压缩空气由右面离开，流程很清楚地由左至右顺序展开。

2. 掌握系统中设备的数量、名称及位号

从图形上方的设备标注可知，空压站共有设备 10 台，其中动设备 3 台，即相同型号的 3 台空气压缩机(C0601A-C)；静设备 7 台，分别为 1 台后冷却器(E0601)，1 台气液分离器(V0601)，2 台干燥器(E0602A-B)，2 台除尘器(V0602A-B)，1 台储气罐(V0603)。

3. 分析主要物料的工艺施工流程线

空气经空压机压缩出来后，经测温点 T0601 进入后冷却器。冷却降温后的压缩空气经测温点 T0602 进入气液分离器，在气液分离器中除去油和水分，分两路分别进入 2 台干燥器，再分两路经测压点 PI0601 和 PI0602 进入 2 台除尘器。除尘后的压缩空气经取样点进入储气罐。

4. 了解其他物料的工艺施工流程线

冷却水沿管道 RW0601-25 经截止阀进入，与温度较高的压缩空气进行换热后，经管道 RW0601-32 排入地沟。

5. 了解阀门及仪表控制点情况

从图中可以看出，整个系统有五个止回阀，分别安装在空压机和干燥器的出口处，其他均是截止阀。

仪表控制点有 7 处，其中温度显示仪表 2 处，分别是 TI0601 和 TI0602；压力显示仪表 5 处，分别是 PI0601~PI0605。这些仪表安装均采取就地安装的方式。

6. 其他

为保证系统正常运行，共有 3 台空压机，其中 1 台备用。

任务二　空压站设备布置图识读

【任务描述】

识读图 9-8 所示空压站设备布置图，分析设备与建筑物、设备与设备之间的相对位置关系，以便安装设备，保证操作条件良好，进行安全生产。

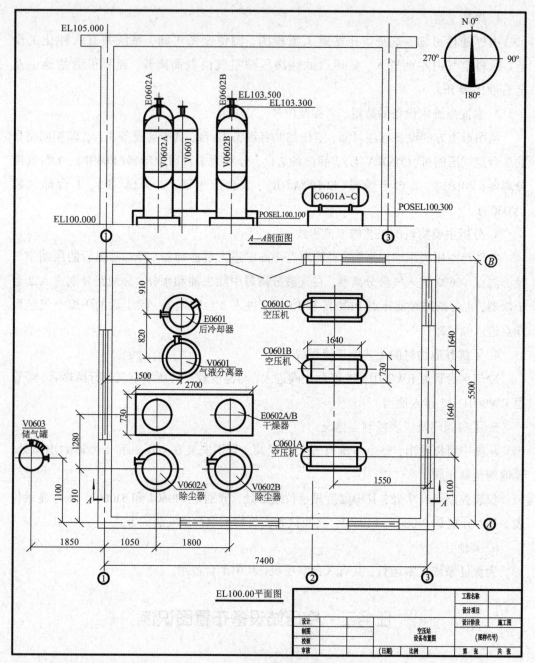

图 9-8 空压站设备布置图

【相关知识】

一、厂房建筑图简介

厂房建筑图与机械制图一样，都是按照正投影原理绘制的。

（一）建筑图的形成及作用

厂房建筑图按照建筑制图标准规定，建筑图包括平面图、立面图、剖面图等，如图9-9所示。

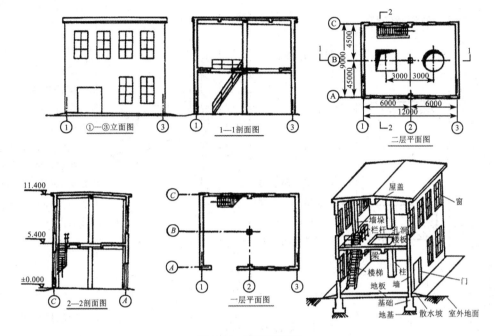

图 9-9　房屋建筑图

1. 平面图

建筑平面图反映了房屋的平面形状、大小和房屋的布置，包括墙或柱的位置、大小、厚度和材料，门窗的类型和位置等。对于楼房，通常需要分别绘制出每一层的平面图，如图9-9中一、二层平面图。

2. 立面图

反映主要出入口或比较显著地反映房屋外貌特征的那一面的立面图，称为正立面图，其余的立面图相应地称为背立面图和侧立面图。立面图也可以按轴线编号来命名，如图9-9中的"①-③立面图"，表达了建筑物的正面外形及门窗分布情况。

3. 剖面图

用正平面或侧平面剖切建筑物所画的剖视图，简称剖面图。剖面图用来表达建筑物内部在高度方向上的结构或构造形式、分层情况和各部位的关系、材料及高度等。如图9-9中的"1—1"及"2—2"剖面图。

（二）建筑物的构件

组成建筑物的构件有：地基、基础、墙、柱、梁、楼板、屋顶、隔墙、楼梯、门、窗及天窗等，如图9-9中所示的建筑物立体图，图例见表9-7。

表 9-7　建筑施工图常用图例

名称		图例	说明	名称		图例	说明
建筑材料	自然土壤		包括各种自然土壤	建筑构件及配件	单扇门（包括平开或单面弹簧）	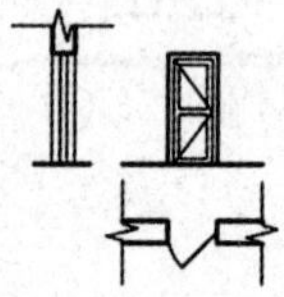	门的代号用"M"表示； 剖面图左为外、右为内，平面图下为外、上为内； 立面图上开启方向线交角的一侧为安装合页的一侧，实线为外开，细虚线为内开
	夯实土壤						
	普通砖	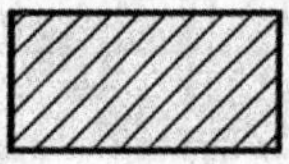	包括实心砖、多孔砖、砌块等砌体，断面较窄不易绘出图例线时，可涂红				
	混凝土	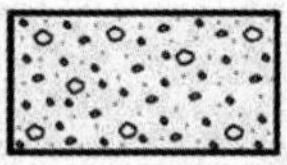	本图例指能承重的混凝土及钢筋混凝土，包括各种强度等级、骨料、添加剂的混凝土； 在剖面图上画出钢筋时，不画图例线； 断面图形小，不易画出图例线时，可涂黑		单层外开平开窗	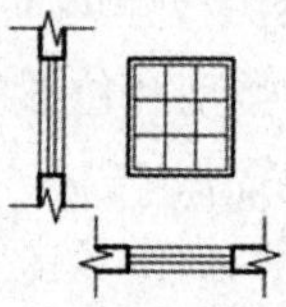	窗的代号用"C"表示； 立面图中的斜线表示窗扇的开启方向，实线为外开，细虚线为内开；开启方向线交角的一侧为安装合页的一侧； 剖面图所示左为外、右为内，平面图所示下为外、上为内
	钢筋混凝土	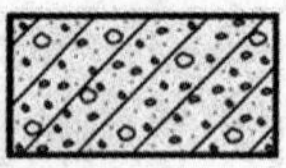					
	指南针	 北	用细实线绘制，圆的直径为24 mm，指针尾部为3 mm，指针头部应注"北"或"N"		孔洞		阴影部分可以涂色代替
					坑槽		

(三)厂房建筑图的画法及标注

1. 厂房建筑图画法

在图 9-9 所示的二层建筑物图样中,共用 5 个视图,包括 2 个平面图、2 个剖面图和 1 个立面图。

画平面图时,先用细点画线画出墙和柱的定位轴线,再用粗实线画出墙和柱,然后用细实线画出门窗和孔洞的平面轮廓,最后用细实线画出楼梯的平面图。

画立面图时,先用特粗实线画出地平线,再用粗实线依次画出散水坡、墙和屋顶,然后用细实线画出门窗。

画剖面图时,先用细点画线画出墙和柱的定位轴线,再画出墙、柱、梁、楼板和屋顶,最后画出楼梯。剖到的部位用粗实线表示,未剖到的部位用中粗实线表示。

2. 厂房建筑图的尺寸及标高标注

厂房建筑图应标注定位轴线间的尺寸和各楼层地面的高度。在平面图中,以 mm 为单位,注出定位轴线的间距尺寸和门窗洞口等定位尺寸;在剖面图中,以 m 为单位,标注出建筑物的标高尺寸。

标高尺寸包括标高符号和标高数字。标高符号用细实线绘制,标高符号的尖端应指向被测高度,尖端可以向上,也可以向下,如图 9-10 所示;标高数字以 m 为单位,注写到小数点后第三位,零点标高应写成"±0.000",正标高不注"+",负标高应注写"-",如图 9-9 中的"2—2"剖面图。

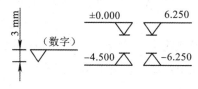

图 9-10 标高尺寸

3. 定位轴线及编号

在平面图中,建筑物主要承重构件处,如墙壁、立柱或墙垛等位置均应画出它们的定位轴线,并加以编号。水平方向编号用带圆圈(直径 8 mm)的阿拉伯数字从左到右编写,竖直方向编号用带圆圈的大写拉丁字母从下到上编写,见图 9-10 中的二层平面图。

在建筑立面图和剖面图中只画出两端的定位轴线,并标注编号,其编号应与建筑平面图轴线编号一致。

二、设备布置图

设备布置图是在简化厂房建筑图的基础上增加了设备布置的内容。图 9-8 为空压站的设备布置图,由于设备布置图表达的重点是设备的布置情况,所以用粗实线表示设备,而厂房建筑物的所有内容均用细实线表示。

(一)设备布置图内容

1. 一组视图

一组视图包括平面图和剖面图,表示厂房建筑的基本结构和设备在厂房内外的布置情况。

2. 尺寸及标注

设备布置图中一般要标注出建筑物的主要尺寸,建筑物与设备之间、设备与设备之间的定位尺寸。同时要标注建筑物定位轴线的编号、设备的名称和位号,以及注写必要的说明。

3. 安装方位标

安装方位标又称设计北向标志,是指示设备安装方位基准的图标,一般将其画在图样的右上角,如图 9-8 所示。

4. 标题栏

注写图名、图号、比例及签字等。

(二)设备布置图画法和标注

绘制设备布置图时,应以工艺施工流程图、厂房建筑图、设备工艺条件清单等原始资料为依据,在熟悉工艺过程及厂房建筑的基本结构后,再开始绘制设备布置图。

1. 设备布置平面图

设备布置平面图用来表现设备在水平面内的布置安装情况。当厂房为多层建筑时,应分层绘制。

(1)先用细点画线画出建筑物定位轴线,再用细实线画出厂房建筑平面图。

(2)先用细点画线画出确定设备的位置的中心线和轴线,再用粗实线画出设备基础、操作平台等基本轮廓。相同规格的多台设备,可只画出一台,其余用粗实线画出基础轮廓即可,如图 9-8 所示平面图中的 3 台空压机的画法。

(3)按建筑图要求标注厂房定位轴线尺寸、设备基础的定形和定位尺寸、设备的位号和名称(应与工艺施工流程图保持一致)。

2. 设备布置剖面图

设备布置剖面图用来表现设备沿高度方向的布置情况。

(1)用细实线画出厂房建筑剖面图,与设备安装定位关系不大的构件(门窗等)不必表示。

(2)用粗实线画出设备的立面基本轮廓,被遮挡的设备轮廓一般不画。

(3)按建筑图要求标注厂房定位轴线尺寸和标高尺寸;标注设备的位号和名称。设备标高的标注方法如下:

标高的英文缩写词为"EL",基准地面的设计标高为"EL100.000"(单位为 m,小数点后取三位），高于基准地面往上加，低于基准地面往下减。

泵和压缩机以主轴中心线标高表示，即"EL×××.×××"，或以底盘底面（即基础顶面）标高表示，即"POS EL×××.×××"；卧式换热器、槽、罐以中心线标高表示，即"EL×××.×××"；反应器、立式换热器、板式换热器和立式槽、罐以支承点标高表示，即"POS EL×××.×××"。

3. 绘制安装方位标

安装方位标由直径 20 mm 的粗实线圆圈、圆圈内箭头及水平和垂直的两条轴线组成，并分别在水平和垂直四个方位注以 0°，90°，180°，270°字样。一般采用建筑物北向（以"N"表示）作为零度方位基准，如图 9-8 中右上角所示。

4. 完成全图

注出必要的说明，填写标题栏，检查、核验，完成全图。

(三)设备布置图的阅读

通过对设备布置图的阅读，了解设备在车间或工段的具体布置情况，了解设备与建筑物及各设备之间的相对位置关系，以便指导设备的安装、运行和维修。

【任务实施】

识读图 9-8 空压站设备布置图的方法和步骤如下。

1. 概括了解

由标题栏可知，这是空压站设备布置图，浏览整个图面，共有两个视图，一个是"EL100.00 平面图"，另一个是"A—A 剖面"。图 9-8 中共有 10 台设备，其中厂房内布置了 3 台动设备空压机（C0601A，C0601B，C0601C）；6 台静设备，有 2 台除尘器（V0602A，V0602B），2 台干燥器（E0602A，E0602B），1 台气液分离器（V0601），1 台后冷却器（E0601）；厂房外露天布置了 1 台静设备储气罐（V0603）。

2. 了解建筑物尺寸

从图 9-8 中可以看出，厂房建筑的横向轴线间距为 7.4 m，纵向轴线间距为 5.5 m，厂房地面标高为±EL100.000 m，厂房总高为 EL105.000 m。

3. 掌握设备布置情况

从图 9-8 中可知，3 台空压机横向定位为 1.55 m，纵向定位为 1.1 m，相同设备的间距为 1.64 m，基础尺寸为 1.64 m×0.73 m，基础高度为 POSEL100.300 m；2 台除尘器横向定位为 1.8 m，纵向定位为0.91 m时，相同设备的间距为 1.8 m；2 台干燥器布置在除尘器正北 1.28 m 处，其基础尺寸为 2.7 m×0.73 m；后冷却器横向定位为 1.5 m，纵向定位为0.91 m；气液分离器布置在后冷却器正南方向 0.82 m 处；储气罐布置在厂房外，其横向定位为 1.85 m，纵向定位为 1.1 m。

任务三　空压站管道布置图识读

【任务描述】

识读图 9-11 空压站岗位(除尘器部分)的管道布置图。

【相关知识】

一、管道布置图的作用与内容

管道布置图又称管道安装图或配管图,它是在设备布置图的基础上绘制管道、阀门及控制点布置情况,用来表示厂房建筑内外各设备之间管道的连接走向、位置及阀门、仪表控制点的安装位置,是车间或工段进行管道安装施工的依据。

图 9-11 为空压站岗位(除尘器部分)的管道布置图,从图中可以看出,管道布置图一般包括以下内容。

1. 一组视图

一组视图是表达整个车间或工段的设备、建筑物的简单轮廓及管道、管件、阀门、仪表控制点等布置情况,与设备布置图类似。管道布置图的一组视图主要包括管道平面图和剖面图。

2. 标注

标注包括建筑物定位轴线编号、设备位号、管道代号、控制点代号,建筑物和设备的主要尺寸,管道、阀门、控制点的平面位置尺寸和标高尺寸及必要的说明等。

3. 方位标

方位标表示管道安装的方位基准。

4. 标题栏

标题栏应注写图名、图号、比例及签字等。

二、管道布置图的图示方法

(一)管道的规定画法

1. 管道单、双线的表示方法

在管道布置图中,管道是图样表达的主要内容。为了画图简便,管道布置图中的主要物料管道一般用粗实线单线画出,其他管道用中粗实线画出,如图 9-12(a)和 9-12(b)所示。对于大直径(DN 不小于 250 mm)或重要管道(DN 不小于 50 mm,受压在 12 MPa以上的高压管道),则将管道用中粗实线画成双线,如图 9-12(b)所示。管道的断开处应画出断裂符号,单线及双线管道的断裂符号,如图 9-12 所示。

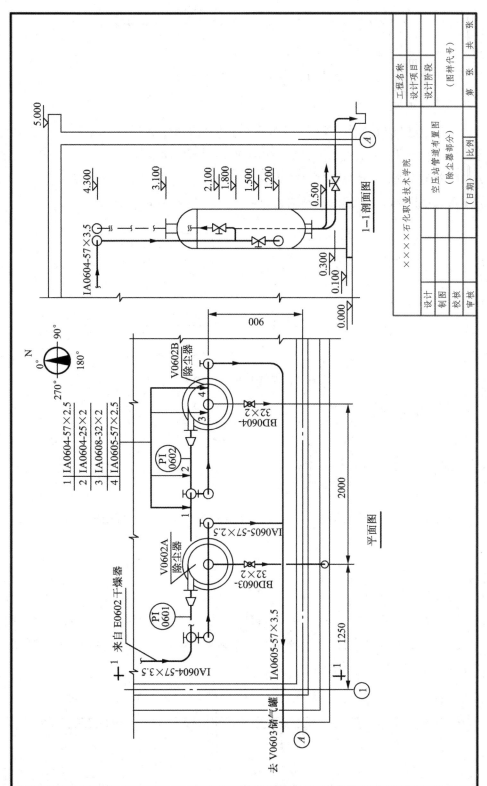

图9-11 空压站岗位（除尘器部分）的管道布置图

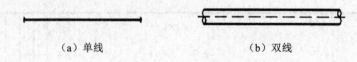

（a）单线   （b）双线

图 9-12　管道单、双线表示方法

2. 管道的转折表示方法

管道大多经过 90°弯头实现转折。在反映转折的投影中，转折处用圆弧表示。在其他投影图中，转折处用一个实线小圆表示，如图 9-13 所示。为了反映转折方向，规定：当转折方向朝向观察者时，管线画到小圆外，并在小圆内画一圆点，如图 9-13(a)所示；当转折方向背对观察者时，管线画到小圆的圆心处，如图 9-13(b)所示。

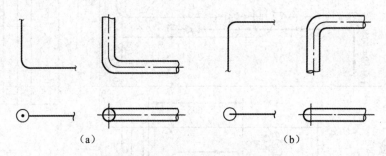

（a）   （b）

图 9-13　管道转折表示方法

管道二次转折的表示方法如图 9-14 所示。

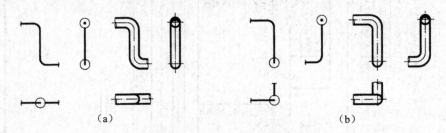

（a）   （b）

图 9-14　管道二次转折表示方法

3. 管道交叉表示方法

当管道交叉时，表示方法一般如图 9-15(a)所示；若需要表示两管道的相对位置，则将下面(后面)被遮盖部分的投影断开表示，如图 9-15(b)所示；也可将上面的管道投影断开表示，如图 9-15(c)所示。

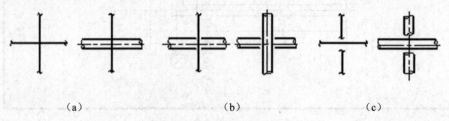

（a）   （b）   （c）

图 9-15　管道交叉表示方法

4. 管道相交表示方法

管道相交表示法如图 9-16 所示。图 9-16(a) 为三通管的单线表示法,图 9-16(b) 为三通管的双线表示法。

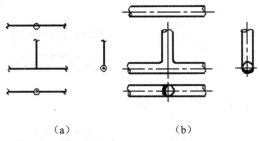

（a） （b）

图 9-16 管道相交表示方法

5. 管道重叠表示方法

当管道的投影重合时,将可见管道的投影断开表示,不可见管道的投影则画至重影处(稍留间隙)断开表示,如图 9-17(a) 所示。多根管道的投影重合时,最上面(或最前面)一根管道投影画双重断裂符号,如图 9-17(b) 所示;或不画双重断裂符号,而在管道投影断裂处,注上 a,a 和 b,b 等小写字母加以区分,如图 9-17(c) 所示。对于管道转折处发生投影重合时,采用被遮挡的管道画至重影处,并稍留间隙的表示方法,如图 9-17(d) 所示。

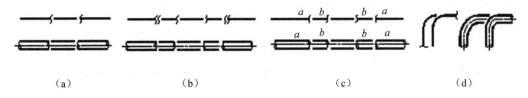

（a） （b） （c） （d）

图 9-17 管道重叠表示方法

(二)管道连接与附件连接的表示方法

1. 管道连接

两段直管道连接通常有法兰连接、螺纹连接和焊接三种形式,其规定画法如表 9-8 所列。

表 9-8 管道连接规定画法

连接方式	轴测图	装配图	规定画法
法兰连接			

表 9-8 (续)

连接方式	轴测图	装配图	规定画法
螺纹连接			
焊接			

2. 阀门和仪表控制元件表示方法

管道布置图中的阀门和仪表控制元件也用简单的图形符号表示。阀门图形符号与工艺流程图中的画法相同,但一般在阀门符号上需要表示出控制方式及安装方位。

阀门与控制元件的组合方式如图 9-18 所示。阀门与管道的连接方式如图 9-19 所示。不同安装方位阀门的画法如图 9-20 所示。

图 9-18 阀门与控制元件的组合方式   图 9-19 阀门与管道的连接方式

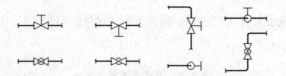

图 9-20 不同安装方位阀门的画法

【例 9-1】 已知一管道的正立面图如图 9-21(a)所示,试画出其平面图和左侧立面图(宽度尺寸自定)。

分析:从图 9-21(a)可知,该管道的空间走向为"自下向上→向右→向前→向上"。由此可画出该管道的平面图和左侧立面图,如图 9-21(b)所示。

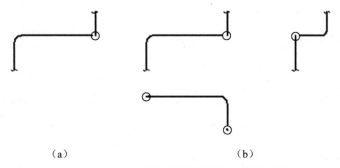

（a）　　　　　　　　　　　　（b）

图9-21　由正立面图画出平面图和左侧立面图

【例9-2】　已知一段管道的轴测图（立体图）如图9-22（a）所示，试画出其平面图和正立面图。

分析：该段管道由两部分组成，其中一段的走向为"自下向上→向后→向左→向上→向右→向后"，另一段是向上的支管。管道上有四个截止阀（阀门与管道为螺纹连接），其中上部两个阀门手轮一个朝左、一个朝右，中间一个阀门手轮朝左，下部一个阀门手轮朝前。据此画出的该管道平面图和正立面图，如图9-22（b）所示。

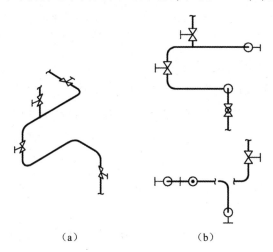

（a）　　　　　　　　　　　　（b）

图9-22　管道与阀门连接的画法

(三)管件的表示方法

管道一般用弯头、三通、四通、管接头等管件连接。常用管件的图形符号如图9-23所示。

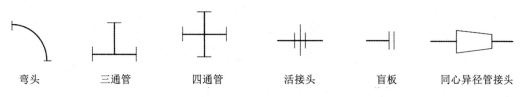

弯头　　　　三通管　　　　四通管　　　　活接头　　　　盲板　　　　同心异径管接头

图9-23　管件的表示方法

（四）管架的表示方法

管道常用各种形式的管架安装并固定在地面或建筑物上。管架的形式和位置在管道布置图中用图形符号表示，如图 9-24 所示。

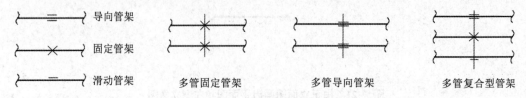

图 9-24　管架的表示方法

三、管道布置图的绘制

1. 确定表达方案

绘制管道布置图时，应以工艺施工流程图和设备布置图为依据。管道布置图一般只绘制平面图和剖面图，并以平面图为主。平面图的配置，一般应与设备布置图中的平面图一致，即按建筑标高平面分层绘制。如果在同一张图纸上绘制几层平面图，应从最底层起，在图纸上由下至上或由左至右依次排列，并在各平面图下方分别注明，如图 9-11 所示。

2. 确定比例、选择图幅、合理布局

管道布置图通常采用的比例为 1∶50 和 1∶100，如管道复杂也可采用 1∶20 或 1∶25 比例。管道布置图一般用 A1 或 A2 图纸绘制。选择恰当的比例和合适的图幅后，便可进行视图的布局了。

3. 绘制视图

（1）为突出管道的布置情况，用细实线按比例画出厂房建筑的平面图和剖面图，画法同设备布置图。

（2）用细实线按比例并以设备布置图所确定的位置，画出所有设备的简单外形和管口。

（3）按流程顺序和管道表示方法及线型的规定，用粗实线绘制所有工艺物料和辅助物料的管道流程线。

（4）用规定的符号和表示方法画出管道上的阀门、管件、管道附件和仪表控制元件。

4. 标注图样

在管道布置图中，需要标注设备的位置、管道的标高及建筑物的尺寸。

（1）标注建筑物、构筑物的定位轴线编号和定位轴线间尺寸。

（2）在剖面图上标注厂房、设备及管道的标高。

（3）在平面图上标注厂房、设备和管道的定位尺寸。

（4）标注设备的位号和名称。

（5）标注管道代号，对每一段管道用箭头指明物料流向，并用规定的代号形式注明各段管道的物料名称、管道编号及规格等。

（6）标注各视图的名称。

5. 绘制方向标、填写标题栏、完成全图

在图样的右上角画出方向标，作为管道安装的定向基准；最后填写标题栏，完成全图。

四、管道布置图的阅读

阅读管道布置图的目的是通过图样了解该管道的设计意图，弄清楚管道、管件、阀门、控制点等在车间或工段的具体布置情况。管道布置图是在工艺施工流程图和设备布置图的基础上绘制的。因此，在读图前，应该尽量找出相关的工艺施工流程图、设备布置图，了解生产工艺过程和设备配置情况，进而搞清楚管道的布置情况。阅读管道布置图时，应以平面图为主，配合剖面图，逐一搞清楚管道的空间走向。

【任务实施】

阅读图 9-11 所示管道布置图。具体步骤如下。

1. 概括了解

首先要明确视图关系，了解图中平面图、剖面图的配置情况、视图数量等。

图中表示了与除尘器有关的管道布置情况，画了两个视图，一个平面图，一个1—1剖面图。

2. 了解厂房尺寸及设备布置情况

由图中可知，厂房横向定位轴线①，纵向定位轴线 A，两台除尘器离轴线 A 距离为0.9 m，离轴线①距离为分别为 1.25 m，相同设备之间距离 2 m，基础标高 EL100.100 m。

3. 分析管道走向

参考工艺施工流程图和设备布置图，找到起点设备和终点设备，以设备管口为主，按管道编号，逐条明确走向，遇到管道转弯和分支情况，对照平面图和剖面图将其投影关系搞清。

从平面图与 1—1 剖面图中可看到，来自 E0602 干燥器的编号为 IA0604-57 的管路在到达除尘器 V0602A 左侧时分成两路：一路向右至另一台除尘器 V0602B；另一路向下至 EL101.500 m 处，经过截止阀，至标高 EL101.200 m 处向右拐弯，经同心异径接头后与除尘器 V06202A 的管口相接。这一路在标高 EL101.800 m 处分出另一支管则向前、向上，经过截止阀到达标高 EL103.100 m 时向右拐，至除尘器 V06202A 顶端与除尘器接管口相连，并继续向右、向下，经过截止阀，再向前，与来自除尘器 V06202B 的编号为 IA0605-57 的管道相接，继续向左、向后，向左穿过墙到达储气罐 V0603。除尘器底部的排污管至标高 EL100.300 m 处时拐弯向前，经过截止阀再穿过南墙后排入地沟。

4. 了解管道上的阀门、管件安装情况

在每台除尘器出、入口处各安装 4 个阀门，共 8 个阀门；在每台除尘器进口阀门后的管道上还装有同心异径管接头。

5. 了解仪表、取样口、分析点的安装情况

本段管道中没有安装仪表控制元件和取样分析点。

6. 检查总结

所有管道分析完毕后，进行综合归纳，从而建立起一个完整的空间概念。如图 9-25 所示为空压站岗位(除尘器部分)的管道布置轴测图(立体图)。

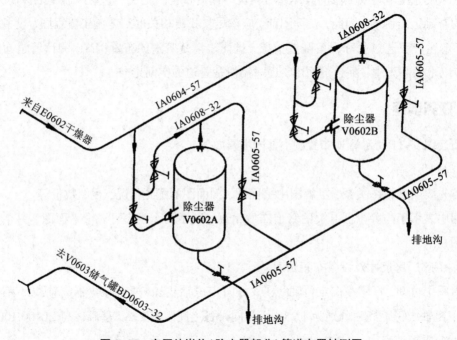

图 9-25　空压站岗位(除尘器部分)管道布置轴测图

模块三

计算机绘图模块

☆育人目标☆

（1）巩固和加深学生遵守标准规定的习惯，培养学生良好的职业道德素养，增强遵纪守法意识。

（2）培养学生精益求精、精准作业的工匠精神。

（3）培养学生自主学习和终身学习的意识，提高学习的积极性和主动性。

项目十 创建样板文件

【学习目标】

(1) 熟悉 AutoCAD 2013 启动过程和工作界面。

(2) 掌握命令和数据输入方法。

(3) 掌握绘图环境设置的基本内容,能合理设置图层和绘图范围。

(4) 了解对象捕捉操作,掌握其方法。

【任务描述】

创建如图 10-1 所示的 A4 样板文件。

【相关知识】

一、AutoCAD 2013 的基本知识

AutoCAD 2013 是由美国 Autodesk 公司开发的计算机辅助设计软件,是一款强大的工程绘图软件。AutoCAD 具有广泛的适应性,它可以在各种支持操作系统的微型计算机和工作站上运行。

(一)AutoCAD 的基本功能

1. 绘制与编辑功能

AutoCAD 最基本的功能就是绘制图形。它提供了丰富的图形绘制与编辑的工具和命令。用这些工具和命令,可以绘制直线、圆、矩形、多边形、椭圆等基本的二维图形和编辑出各种

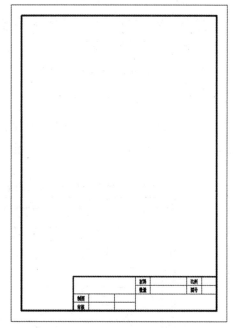

图 10-1 A4 样板文件

复杂的二维图形,还可以绘制基本的三维实体和编辑复杂的三维实体。

2. 标注尺寸

利用 AutoCAD 提供的完整尺寸标注和编辑命令,可以方便、快捷地创建符合国家标

准要求的尺寸标注样式并标注各种尺寸。

3. 打印输出功能

利用 AutoCAD 提供的打印功能，可以对绘制完成的图纸进行各种输出样式的打印。

4. AutoCAD 2013 新增功能

(1)新增暗黑色调界面。界面色调深，利于工作。

(2)底部状态栏整体优化更加实用便捷。

(3)硬件加速效果明显。

(二)AutoCAD 2013 的启动和退出

1. AutoCAD 2013 的启动

常用的启动方式有以下三种：

(1)在桌面上双击 AutoCAD 2013 快捷图标( )；

(2)将鼠标箭头指向快捷图标并单击右键，在弹出的快捷菜单中选择"打开"；

(3)双击"开始"→"所有程序"→"Autodesk"→"AutoCAD 2013-Simplified Chinese"→"AutoCAD 2013"。

2. AutoCAD 2013 的退出

常用的退出方式有以下三种：

(1)单击标题栏右上角的关闭按钮( )；

(2)单击下拉菜单"文件"→"退出"；

(3)在命令行中输入"Quit"或"Exit"。

(三) AutoCAD 工作界面

启动 AutoCAD 2013 后，即进入其工作界面，如图 10-2 所示。它主要由绘图窗口、标题栏、菜单栏、工具栏、状态栏、命令窗口等组成。

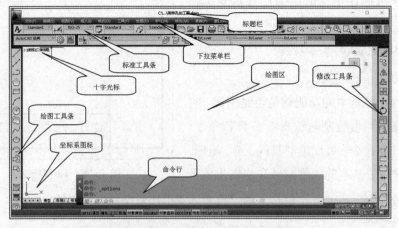

图 10-2　AutoCAD 2013 经典工作界面

1. 标题栏

标题栏位于工作界面的最上方，用来显示 AutoCAD 2013 的程序图标及当前正在运行文件的名称等信息。如果是 AutoCAD 默认的图形文件，其名称为"Drawing1.dwg"。单击位于标题栏右侧的"▄▄▄"按钮，可分别实现窗口的最小化、还原(或最大化)及关闭 AutoCAD 2013 等操作。

如果在标题栏单击鼠标右键，系统会自动弹出如图 10-3 所示的快捷菜单对窗口进行还原、最小化或关闭等操作。

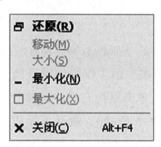

图 10-3　快捷菜单

2. 菜单

在 AutoCAD 2013 中，菜单分为"下拉菜单"和"快捷菜单"两种。

(1)下拉菜单。中文版 AutoCAD 2013 的下拉菜单和以前的版本基本一样，完全继承了 Windows XP 窗体风格。下拉菜单由"文件""编辑""视图""插入""格式""工具""绘图""标注""修改"等菜单组成，这些菜单包括了 AutoCAD 2013 几乎全部的功能和命令。单击菜单栏上任意一主菜单，即可弹出相应的子菜单；单击子菜单中的任意一项目，即可完成与该项目对应的操作。

AutoCAD 2013 菜单选项中有以下三种形式。

①如果菜单项带有符号"▶"，表示该项还包括下一级菜单，可进一步选定下一级菜单中的选项。

②如果菜单项带有省略号"…"，表示选择该项即可打开一个对话框，通过对话框可为该命令指定参数。

③如果是用黑色字符标明的菜单项表示该项可用，用灰色字符标明的菜单项则表示在当前状态下不可使用。

(2)快捷菜单。它是 AutoCAD 的另一种菜单形式。在绘图过程中单击鼠标右键，即可弹出当前绘图环境下的快捷菜单，在快捷菜单中提供了常用的命令选项或执行相应操作的有关设置选项。利用快捷菜单中的命令，用户可以快速、高效地完成绘图操作。

3. 工具栏

工具栏是 AutoCAD 2013 提供的又一种启动命令的方式，它包含许多功能不同的图标按钮，只需单击某个图标按钮，就可以执行相应的 AutoCAD 2013 命令。如图 10-4 所示为 AutoCAD 2013 提供的"标准"工具栏、"绘图"工具栏和"修改"工具栏。

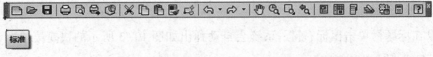

图 10-4　AutoCAD 2013 的部分工具栏

在绘图时需要调用其他工具栏，但工作界面没有该项工具栏时，可在任意工具栏上单击鼠标右键，此时系统将弹出一个快捷菜单（如图 10-5 所示），通过选择相应项（选中后在该项前面出现"√"），即可在工作界面显示对应的工具栏。若要隐藏工具栏，可在工具栏右键菜单中选择的项目，取消其前面的"√"。

4. 绘图窗口

绘图窗口类似于手工绘图时的图纸，是利用 AutoCAD 2013 进行绘图的区域，用户所有的工作结果都反映在这个窗口中，用户可以根据需要关闭其周围和里面的各个工具栏来增大绘图空间。如果图纸比较大，需要查看未显示的部分时，可单击窗口右边与下边滚动条上的按钮，或拖动滚动条上的滑块来移动图纸。

5. 命令行

命令行位于绘图窗口底部，用于接受用户从键盘输入命令，并显示提示信息。进入 AutoCAD 后，在命令行中显示"命令："，该提示表明系统等待用户输入命令。当系统处于命令执行过程中时，命令行显示各种操作提示信息；命令执行后，命令行又回到"命令："状态，等待用户输入新的命令。命令行是用户与 AutoCAD 进行直接对话的窗口。在绘图的整个过程中，用户应密切留意命令行中提示的内容。

6. 状态栏

状态栏位于命令行的底部，如图 10-6 所示，主

图 10-5　工具栏右键快捷按钮

要用来显示当前的状态。状态栏左端是当前十字线光标的坐标位置；状态栏中部是一些按钮，显示绘图时是否启用正交模式、栅格捕捉、栅格显示、动态输入、对象捕捉、对象追踪、动态输入等功能，以及当前的绘图空间等；状态栏的右端是状态栏图标和通信中心。

图 10-6　AutoCAD 2013 状态栏

（四）AutoCAD 的命令启动方式

在 AutoCAD 2013 中，命令的启动方式有多种，如通过工具按钮启动、通过菜单启动或通过键盘输入的方式启动。在具体操作中，应根据实际情况和个人习惯选择最佳的启动方式，以提高作图效率。

1. 工具按钮启动

以工具按钮方式启动命令是常用的一种启动方式，即在工具栏上单击所要启动命令相应的工具图标按钮，然后根据命令行的提示完成操作。

2. 菜单方式启动

以菜单方式启动命令即是通过选择下拉菜单或快捷菜单中相应的命令项来绘制图形，当用户不知道某个命令形式，也不知道该命令的工具按钮在哪个工具栏时，可通过该方式启动命令。

3. 键盘方式启动

通过键盘方式启动命令就是在命令行中输入该命令名，然后根据命令行提示完成相应的操作。AutoCAD 的命令名称是一些英文单词或它的简写。为了方便，大部分命令有别名。从键盘输入命令或它的别名，然后按"回车"键或"空格"键，即启动了该命令。

4. 重复启动上一次操作命令

当结束了某个操作命令后，若要再一次启动前一次使用的命令，可按"回车"键或"空格"键来重复执行上一次命令；也可在绘图窗口或命令行单击右键，在弹出的快捷菜单中选择"重复×××"项。

5. 退出正在执行的命令

在 AutoCAD 中，可随时退出正在执行的操作命令。当在执行某个命令时，可按"Esc"键退出该命令。

（五）AutoCAD 数据输入方法

在执行 AutoCAD 命令时，大多数命令都需要提供有关的附加信息和数据参数，以便指定该命令所要完成工作的方式、位置等。当系统提示输入确定位置或距离的参数信息时，用户必须输入相关的数据来响应提示。

1. 点坐标的输入

（1）用键盘输入点的坐标。

①绝对直角坐标：相对当前坐标原点的坐标值。输入格式为：X，Y，Z（具体的直角坐标值）。在键盘上按顺序直接输入数值，各数之间用"，"隔开，二维点可直接输入（X，Y）的数值。

②绝对极坐标：通过输入某点与相对当前坐标原点的距离，及在XOY平面中该点和坐标原点的连线与X轴的正向夹角来确定点的位置。输入格式为：$L<\theta$（L表示点与当前坐标系原点连线的长度；θ表示该连线相对于X轴正向的夹角，该点绕原点逆时针转过的角度为正值）。

③相对直角坐标：点相对于已知点沿X轴和Y轴的增量（ΔX，ΔY）。输入格式为：@X，Y（@称为相对坐标符号，表示以前一点为相对原点，输入当前点的相对直角坐标值）。

④相对极坐标：通过定义某点与已知点之间的距离，以及两点之间连线与X轴正向的夹角来定位该点位置。输入格式为：@$L<\theta$（表示以前一点为相对原点，输入当前点的相对极坐标值。L表示当前点与前一点连线的长度；θ表示当前点绕相对原点转过的角度，逆时针为正，顺时针为负）。

【例10-1】　用直线命令绘制如图10-7所示的多边形，已知A点的直角坐标为（50，50），图形尺寸见图。

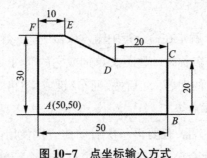

图10-7　点坐标输入方式

操作步骤如下：

命令：Line↙（启动直线命令）；

命令：_line 指定第一点：50，50↙（输入A点绝对直角坐标）；

指定下一点或［放弃（U）］：@50，0↙（输入B点相对直角坐标）；

指定下一点或［放弃（U）］：@0，20↙（输入C点相对直角坐标）；

指定下一点或［闭合（C）/放弃（U）］：@20<180↙（输入D点相对极坐标）；

指定下一点或［闭合（C）/放弃（U）］：@-20，10↙（输入E点相对直角坐标）；

指定下一点或［闭合（C）/放弃（U）］：@10<180↙（输入F点相对极坐标）；

指定下一点或［闭合（C）/放弃（U）］：c↙（闭合线段）。

（2）用鼠标输入点。当 AutoCAD 需要输入一个点时，也可以直接用鼠标在屏幕上指定。其过程是把十字光标移到需要输入的位置，按下鼠标左键，即表示拾取了该点，该点的坐标值(X, Y)被输入。

2. 数值的输入

在 AutoCAD 系统中，一些命令的提示需要输入数值，这些数值有高度、宽度、长度、行数或列数、行间距和列间距等。数值的输入方法有以下两种。

（1）从键盘直接输入数值。

（2）用鼠标指定一点的位置。当已知某一基点时，用鼠标指定另一点的位置，此时，系统会自动计算出基点到指定点的距离，并以该两点之间的距离作为输入的数值。

3. 角度的输入

有些命令的提示要求输入角度。一般规定，X 轴的正向为 0° 方向，逆时针方向为正值，顺时针方向为负值。角度的输入方式有以下两种。

（1）用键盘输入角度值。

（2）通过两点输入角度值。通过第一点与第二点的连线方向确定角度(应注意其大小与输入点的顺序有关)。规定第一点为起始点，第二点为终点，角度数值是指从起点到终点的连线，与起始点为原点的正向 X 轴逆时针转动所夹的角度。

二、绘图环境设置

AutoCAD 绘图环境，可以用许多系统变量来控制。如同手工绘图前必须做好准备工作一样，在开始用 AutoCAD 绘图时也要对绘图环境进行设置。合理地设置绘图环境有利于快速高效地完成图样的绘制。

（一）绘图范围(Limits)

绘图范围即为图形界限，它定义了画图的区域，相当于选择图纸幅面。

启动图形界限命令，可使用下列两种方法。

❧ 下拉菜单："格式"→"图形界限"。

❧ 输入命令：Limits↙。

具体操作步骤如下：

（1）启动命令。

（2）按命令行提示操作：

指定左下角点或 ［开(ON)/关(OFF)］ <0.0000, 0.0000>：↙(确定图纸左下角点为原点)；

指定右上角点 <250.0000, 165.0000>：420, 297↙(输入图纸右上角点的绝对直角坐标值，设置 A3 图纸)。

(二)绘图单位(Units)

利用绘图单位设置命令可选择各种绘图单位(如毫米、英寸、英尺等)和设置单位的精度。

启动绘图单位设置命令,可使用下列两种方法。

❖ 下拉菜单:选择"格式"→"单位…"。

❖ 输入命令:Units↙。

启动命令后,AutoCAD 2013 弹出如图 10-8 所示的"图形单位"对话框。利用该对话框可完成绘图单位选择及单位精度设置等工作。对话框中各主要项的功能如下。

图 10-8 "图形单位"对话框

1. "长度"选项组

(1)类型下拉列表框:可选择长度单位类型。我国一般采用"小数"选项。

(2)精度下拉列表框:可设置当前长度单位的显示的小数位数。其中"0.00"表示单位精度保留到小数点后两位数,可根据实际情况在下拉列表中选择合适的精度。

2. "角度"选项组

(1)类型下拉列表框:可选择角度单位的类型,通常选用"十进制度数"。

(2)精度下拉列表框:可设置当前角度单位的显示精度。

(3)"顺时针"复选框:AutoCAD 2013 默认逆时针方向为角度的正方向,若选择该复选框,则表示以顺时针方向为角度的正方向,通常不选择该项。

3. "插入比例"选项组

该选项组位于"用于缩放插入内容的单位"下拉列表框,用于选择单位,一般选用"毫米"单位。

4. 方向按钮

单击"方向"按钮,弹出如图 10-9 所示的"方向控制"对话框,用户可以在东、南、西、北单选框之间进行选择来设置零角度的方向。AutoCAD 2013 默认正东方向为零角度的方向。

图 10-9 "方向控制"对话框

上述各项确定好后，按"确定"按钮退出"图形单位"对话框，完成单位设置。

(三)图层

图层是用户用来管理和控制图形最为有效的工具之一。绘制的每一幅图形，都包含许多属性，如线型、线宽、颜色、文字、尺寸等。为了便于管理，AutoCAD 采用分图层进行绘图的方式。图层是透明的电子纸，一层挨一层放置，用户可根据需要增加和删减图层。每一图层拥有任意的颜色、线型和线宽。

1. 图层设置(Layer)

利用图层设置命令可创建新的图层并设定图层的颜色、线型和线宽，调出当前层和改变层的状态。

启动图层设置命令，可用下列三种方法。

❖ 下拉菜单："格式"→"图层…"。

❖ 图层工具栏：单击"工具"按钮(⬛)。

❖ 输入命令：La(Layer 的缩写)。

启动命令后，系统弹出如图 10-10 所示的"图层特性管理器"对话框。创建图层的操作步骤如下。

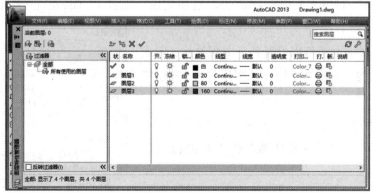

图 10-10 图层特性管理器对话框

（1）启动命令。启动图层设置命令，打开"图层特性管理器"对话框。在打开对话框之前，只有一个缺省的 0 层。

（2）新建图层。单击新建图层按钮，在 0 层下方显示新的图层，系统默认的第一个新图层名为"图层 1"，可对图层名进行更改。

（3）设置图层颜色。在新建图层一行中单击颜色对应项，弹出如图 10-11 所示的"选择颜色"对话框。根据需要进行颜色的选择，并按"确定"按钮退出该对话框。

（4）设置图层线型。在新建图层一行中单击线型对应项，弹出如图 10-12 所示的"选择线型"对话框。最初"选择线型"对话框内只有一种"Continuous"线型，单击"加载"按钮，打开如图 10-13 所示的"加载或重载线型"对话框，根据需要选择合适的线型。并按"确定"按钮退出该对话框，回到"选择线型"对话框。在"选择线型"对话框中为新图层选择合适的线型。常用的线型有：Continuous（连续线）、ACAD_ISO02W100（虚线）、Center（点划线）。

图 10-11　"选择颜色"对话框

图 10-12　"选择线型"对话框

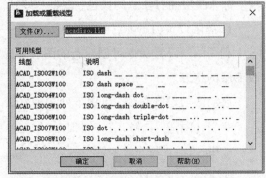

图 10-13　"加载或重载线型"对话框

（5）设置图层线宽。在新建图层一行中单击线宽对应项，弹出如图 10-14 所示的"线宽设置"对话框。根据需要选择合适的线宽（粗实线一般选 0.5 mm），并按"确定"按钮退出该对话框。

（6）用同样的方法可以设置若干图层结构，完成图层设置后，按"确定"按钮退出"图层特性管理器"对话框。

2. 图层管理

（1）利用"图层特性管理器"对话框进行图层管理。

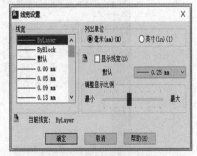

图 10-14　"线宽设置"对话框

①设置当前层。在绘图过程中，只能在当前图层上进行绘制，所绘制的图形具有当前图层的所有性质。在"图层特性管理器"对话框中，选中某一图层后，单击"置为当前"按钮 ✔ ，可将其设为当前图层。

②删除图层。在"图层特性管理器"对话框中，选中不需要的图层，单击"删除图层"按钮 ✖ ，可将该图层删除。

③打开或关闭图层。在"图层管理器特性"对话框中，单击"开"列中对应的灯泡图标（ 💡 ），可以进行"打开"或"关闭"图层切换。打开状态下，灯泡颜色为黄色，该层上的图形可以显示；在关闭状态下，灯泡的颜色为灰色，该图层上的图形不能显示。虽然不显示，但它们仍是整个图形的一部分，刷新时，仍参与计算。为了使图面更加清晰，方便绘图，可关闭某些暂时不用的图层。

④冻结或解冻图层。在"图层管理器特性"对话框中，单击"冻结"列中对应的太阳图标（ ☀ ），可进行"冻结"或"解冻"图层切换。解冻状态下为太阳图标（ ☀ ）；冻结状态为雪花图标（ ❄ ）。当指定的图层被冻结时，该图层上的所有图形不能被显示出来，刷新时，它们不参与计算，可加快执行速度。但是不能冻结当前层，也不能将冻结层改为当前层。

⑤锁定或解锁图层。在"图层特性管理器"对话框中，单击"锁定"列中对应的关闭图标（ 🔒 ）或打开小锁图标（ 🔓 ），可以锁定或解锁图层。锁定某图层后，该图层上图形仍然可见，可继续在该图层上绘图，但不能编辑锁定图层上的图形。

（2）利用"图层"工具栏进行图层管理。

利用"图层"工具栏（如图 10-15 所示），可以很方便地对图层进行管理。

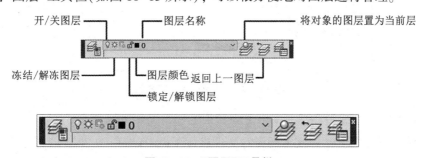

图 10-15 "图层"工具栏

①在"图层特性管理器"对话框中可将选定的图层设置为当前层。但在实际绘图时，为了操作方便，主要通过"图层"工具栏中的图层控制下拉列表来实现图层的切换，这时只需将其设置为当前层的图层名即可。

②打开或关闭图层、冻结或解冻图层、锁定或解锁图层也可以在"图层"工具栏中的图层控制下拉列表来实现。

③在绘图时，有时需要改变图形对象所在的图层。方法非常简单，只需选定要改变

图层的图形对象，然后在图层控制下拉列表中选定要使用的图层即可。

三、常用文件操作

（一）创建图形文件（New）

创建图形文件采用"新建"命令（New）。启动"新建"命令，可用下列三种方法。

❖ 下拉菜单："文件"→"新建"。

❖ 标准工具栏：单击"新建"按钮（▢）。

❖ 输入命令：New↙ 。

启动命令后，系统弹出如图 10-16 所示的"选择样板"对话框。操作步骤如下。

（1）启动命令，打开"选择样板"对话框。

（2）在"选择样板"对话框选择一合适的样板文件，单击"打开"按钮，即可创建一个新的图形文件。

（3）通过"打开"按钮的下拉列表，选择"无样板打开"，也可创建一个新的图形文件。

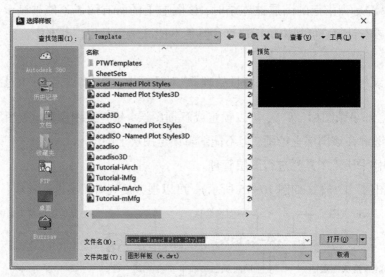

图 10-16 "选择样板"对话框

（二）保存图形文件（Save）

在绘制图形过程中，应注意随时对文件进行存盘。AutoCAD 2013 的图形文件扩展名为".dwg"，启动"保存"命令，可用下列三种方法。

❖ 下拉菜单："文件"→"保存"。

❖ 标准工具栏：单击"保存"按钮（▯）。

❖ 输入命令：save↙ 。

启动"保存"命令后，系统弹出如图 10-17 所示的"图形另存为"对话框。在该对话框中指定图形的文件名及要保存的位置后，单击"保存"按钮即可。

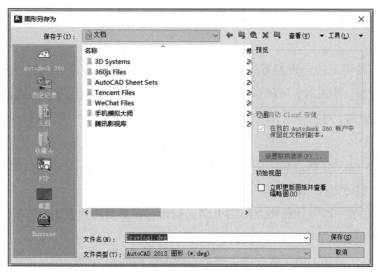

图 10-17 "图形另存为"对话框

(三)打开图形文件(Open)

打开图形文件采用"打开"命令(Open)。启动"打开"命令,可用下列三种方法。

❖ 下拉菜单:"文件"→"打开"。

❖ 标准工具栏:单击"打开"按钮( )。

❖ 输入命令:Open↙。

启动"打开"命令后,系统弹开如图 10-18 所示的"选择文件"对话框,在搜索下拉列表中选择需要打开的文件路径后,双击名称栏中选中的文件即可。

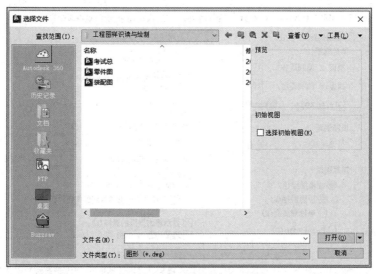

图 10-18 "选择文件"对话框

为建立一个更好的绘图环境,方便快捷地绘制高精度的图形,AutoCAD 提供了一些绘图辅助工具。使用辅助工具和模式,可更快、更准确地绘制图形。

（四）栅格和捕捉

1. 栅格

栅格是一种可见的位置参考图标，是由一系列排列规则的点组成的点阵，可方便用户定位图形对象。绘图时，可随意显示或隐藏栅格，也可设置栅格点阵的行列间距。

（1）栅格显示。可根据绘图需要随时显示或隐藏栅格。显示或隐藏栅格有下列两种常用方法。

❖ 单击 AutoCAD 状态栏中的"栅格"按钮，按钮向下是显示，否则是隐藏。

❖ 按 F7 键可进行"栅格"显示和隐藏的切换。

（2）栅格设置。即设置栅格点阵的纵横向间距，有下面两种方法。

①在命令行输入 GRID 命令设置。

【例 10-2】 使用 GRID 命令设置栅格点阵的纵向间距为 20，横向间距为 15。

命令：_grid↙（键盘输入命令）；

指定栅格间距（X）或［开(ON)/关(OFF)/捕捉(S)/纵横向间距(A)］<10.0000>：a↙（选择设置"纵横向间距"选项，分别设置水平和垂直间距）；

指定水平间距（X）<10.0000>：20↙（设置水平栅格间距）；

指定垂直间距（Y）<10.0000>：15↙（设置垂直栅格间距）。

②利用"草图设置"对话框中的"捕捉和栅格"选项卡设置。

图 10-19 为"草图设置"对话框，其常用的打开方式有下面两种：

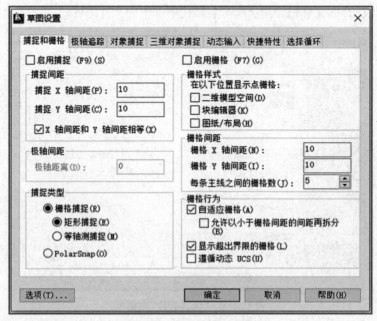

图 10-19 "草图设置"对话框

❖ 下拉菜单：选择"工具"→"草图设置…"。

◈ 将光标放到"捕捉"或"栅格"按钮上，单击鼠标右键，弹出快捷菜单，如图10-20所示。选"设置"命令，弹出"草图设置"对话框。

栅格的设置如下：

打开"草图设置"对话框中的"捕捉和栅格"选项卡；

在"栅格 X 轴间距"输入框中输入栅格点阵沿 X 轴方向的间距；

在"栅格 Y 轴间距"输入框中输入栅格点阵沿 Y 轴方向的间距；

图 10-20　捕捉按钮快捷菜单

选择"启动栅格"复选框，启动栅格显示功能；

按"确定"按钮退出对话框。

2. 捕捉

捕捉设置主要用于设定光标的移动间距，在绘图中利用光标捕捉间距，可在绘图区域准确定义输入点。例如，光标捕捉间距设定为10，则每次光标移动10个单位或其整数倍的距离。用户可根据需要来选择是否使用捕捉功能。

（1）捕捉设置。即设置光标移动的纵横向间距，有下面两种方法。

①在命令行输入 SNAP 命令设置间距。

【例10-3】　使用 SNAP 命令设置捕捉的纵向间距为20，横向间距为15。

命令：_snap↙（键盘输入命令）；

指定捕捉间距或［开（ON）/关（OFF）/纵横向间距（A）/ 旋转（R）/样式（S）/类型（T）］<10.0000>：a↙（选择设置"纵横向间距"选项，分别指定水平和垂直间距）；

指定水平间距 <10.0000>：20↙（设置水平间距）；

指定垂直间距 <10.0000>：15↙（设置垂直间距）。

②利用"草图设置"对话框中的"捕捉和栅格"选项卡设置捕捉间距。

具体操作如下：

打开"草图设置"对话框中的"捕捉和栅格"选项卡；

在"捕捉 X 轴间距"输入框中输入 X 轴方向的捕捉间距；

在"捕捉 Y 轴间距"输入框中输入 Y 轴方向的捕捉间距；

选择"启动捕捉"复选框，启动捕捉功能；

按"确定"按钮退出对话框。

（2）启用捕捉的方法。可根据绘图需要随时开启或关闭"捕捉"功能。常用方法有下面两种：

◈ 单击状态栏中的"捕捉"模式按钮，可进行开启或关闭"捕捉"功能切换。

◈ 按 F9 键，可进行开启或关闭"捕捉"功能切换。

（五）正交模式

使用正交模式，在绘制图形过程中可以很方便地进行水平或垂直线的绘制。正交模式功能相当于手工绘图中丁字尺和三角板的作用。

在绘图中可根据需要随时开启或关闭"正交模式"功能。常用方法有下面两种：

❀ 单击状态栏中的"正交"按钮，可以进行打开或关闭正交模式切换。

❀ 按 F8 键，可以进行打开或关闭正交模式切换。

（六）动态输入模式

启用"动态输入"模式时，系统在光标附近显示信息栏，该信息栏会随着光标移动而更新动态。当某条命令启动时，信息栏提示将为用户提供输入的位置，完成命令所需的操作与命令行中的操作类似。只是使用用户的注意力保持在光标附近，以帮助用户专注于绘图区域。

用户可根据需要和个人习惯随时开启或关闭"动态输入"功能，常用方法有下面两种：

❀ 单击状态栏中的"DYN"按钮，可以进行"动态输入"功能切换。

❀ 按 F12 键，可进行开启或关闭"动态输入"功能切换。

（七）对象捕捉

对象捕捉功能是 AutoCAD 最强大的功能之一。在绘图过程中，经常要指定已有图形上的一些特殊点，如端点、圆心、切点等，这时，凭视觉很难准确地拾取它们。利用对象捕捉功能可以迅速、准确地捕捉到图形上的某些特殊点，从而能够精确地绘制图形。

1. 对象捕捉模式

AutoCAD 2013 提供的对象捕捉模式有 15 种，其"对象捕捉"工具栏及对象捕捉模式如图 10-21 所示。

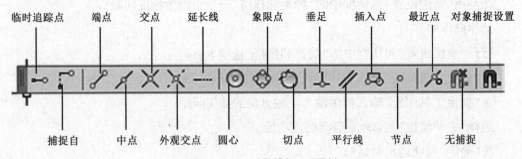

图 10-21 "对象捕捉"工具栏

2. 对象捕捉功能

在 AutoCAD 2013 中可以通过"对象捕捉"工具栏、"对象捕捉"按钮等方式调用对象捕捉功能。

(1)用"对象捕捉"工具栏打开对象捕捉功能。在绘图过程中,当需要指定图形上的特征点时,可单击"对象捕捉"工具栏中相应的按钮,再将光标移到图形特征点附近,系统即可捕捉到相应的对象特征点。

常用对象捕捉模式的功能如下:

捕捉对象"端点"( ):捕捉直线或圆弧等对象最近的端点。

捕捉对象"中点"( ):捕捉直线或圆弧等对象的中点。

捕捉对象"交点"( ):捕捉直线、圆弧、圆、椭圆弧等对象之间的交点。

捕捉对象"外观交点"( ):捕捉两个对象的外观交点。

捕捉对象"延长线"( ):捕捉直线或圆弧延长线上的端点。

捕捉对象"圆心"( ):捕捉圆、圆弧的圆心。

捕捉对象"象限点"( ):捕捉圆、圆弧或椭圆的最近象限点。

捕捉对象"切点"( ):捕捉圆、圆弧或椭圆的切点。

捕捉对象"垂足"( ):捕捉直线、圆、圆弧、椭圆、椭圆弧上的垂足点。

捕捉对象"平行"( ):捕捉与指定直线平行线上的点。

捕捉对象"插入点"( ):捕捉块、图形、文字或属性的插入点。

捕捉对象"节点"( ):捕捉用绘制点、定数等分和定距等分等命令放置的点。

(2)用"对象捕捉"按钮打开对象捕捉功能。对象捕捉卡单击状态栏中的"对象捕捉"按钮,可以打开"对象捕捉"功能,再单击一下将关闭此功能。

(3)自动捕捉设置。在绘图过程中,使用对象捕捉的频率非常高。如果在捕捉每一个对象特征点时都先选择捕捉模式,将使工作效率大大降低。为此,AutoCAD 2013 提供了自动对象捕捉模式。

所谓自动捕捉,就是当用户把光标放在某一个图形对象上时,系统自动捕捉到该对象上所有符合条件的几何特征点,并显示出相应的标记。如果把光标放在捕捉点上多停留一会儿,系统还会显示该捕捉的提示。

设置自动捕捉模式有以下两种方法:

❖ 下拉菜单:选择"工具"→"草图设置"。

❖ 将光标放到"对象捕捉"或"对象追踪"按钮上,单击鼠标右键,弹出快捷菜单,选"设置"命令,弹出"草图设置"对话框。

用上述任一方法启动命令后,弹出"草图设置"对话框,选择"对象捕捉"选项卡,如图 10-22 所示。在"对象捕捉模式"选项区中选中相应复选框,也可按"全部选择"按钮,选择所有的捕捉模式。

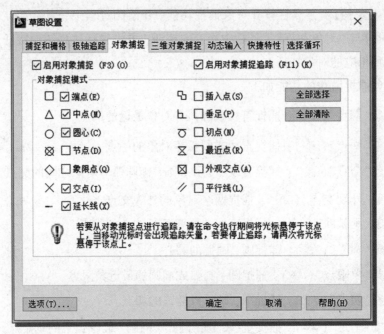

图 10-22 "草图设置"对话框

选择"启用对象捕捉"复选框,然后单击"确定"按钮,系统就会自动捕捉对象点了,直到将对象捕捉功能关闭为止。

3. 对象捕捉说明

(1)当捕捉对象为端点、中点、交点、切点、象限点、垂足、节点、插入点、最近点时,将光标移至需要捕捉点的附近,光标处显示一个相应的捕捉标记(捕捉标记随捕捉类型而定),单击鼠标左键即可捕捉到该点。

(2)当捕捉对象为圆心时,将光标移至圆(圆弧)、椭圆(椭圆弧)或圆环的周边附近,在实体中心出现圆心的捕捉标记,单击鼠标左键即可捕捉到圆心。

(3)当捕捉对象为外观交点时,首先将光标移至其中一个实体上,屏幕显示"延长到外观交点"的捕捉标记,拾取一点后,再将光标移至另一个实体附近,在外观交点处即出现"交点"的捕捉标记,单击鼠标左键即可捕捉到该外观交点。

(4)当捕捉对象为延伸点时,首先将光标放于延伸段的一端,端点上会出现一个"+"标记,顺着线段方向移动光标,将引出一条虚线,并动态显示光标所处位置相对于延伸线端点的极坐标值。由于输入点的方向已定,用户可在虚线上拾取一点,或采用直接输入距离法确定一点。这种捕捉类型还可以捕捉"外观交点",只要将光标分别放在两条可能相交的线段一端,使两个端点均出现"+"标记,顺着线段方向拉出的两条虚线将汇交于一点,单击左键即可确定外观交点。

(5)当捕捉对象为平行线上的点时,首先指定一点,然后将光标放在作为平行对象的某条直线上,光标处会出现一个"∥"符号,移开光标后,直线上仍留有"+"标记;当移动光标使橡筋线与平行对象平行时，屏幕显示一条虚线与所选直线平行，并动态显示光标所处位置相对于前一点的极坐标值，用户可在虚线上拾取一点，或采用直接输入距离法确定一点，该点与前一点的连线必然平行于所选的平行对象。这种对象捕捉方法只可用于第一点以后的点的输入，且必须在非正交状态下进行。

（八）缩放命令（Zoom）

在绘制图形过程中，经常需要观察图形的整体或局部情况，以便精确绘制图形。利用缩放命令可以放大或缩小图形对象的屏幕显示尺寸，但图形的真实尺寸保持不变。通过改变显示区域或图形对象的大小，用户可以更准确和更清楚地绘图。

启动缩放命令，可使用下列四种方法。

❖ 下拉菜单："视图"→"缩放"→弹出下拉菜单，如图10-23所示。

图 10-23　缩放下拉菜单

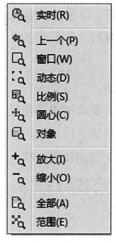

图 10-24　缩放工具栏

❖ 标准工具栏：单击相应的"缩放"按钮，即实时缩放""、窗口缩放""、缩放上一个""。

❖ 输入命令：Z✓（Zoom 的缩写）。

❖ 使用缩放工具栏，单击相应的"缩放"按钮，如图10-24所示。

通常，在绘制图形的局部细节时，需要使用缩放命令放大该绘图区域，绘制完成后再使用缩放命令缩小图形，以观察图形的整体效果。

"缩放"命令包括10个选项，其中常用的3个选项放在"标准工具栏"，分别是实时缩放""、窗口缩放""、缩放上一个""。在"标准工具栏"中，按住窗口缩放图标（），即可拉出"缩放"命令其余选项的图标。这些选项和"缩放"子菜单以及导航栏中的缩放工具——对应。

常用的缩放工具有实时缩放、窗口缩放、动态缩放、比例缩放、中心缩放、对象缩放、放大、缩小、全部缩放、范围缩放。下面分别介绍这些缩放工具的含义。

1. 实时缩放

选择该缩放工具后，按住鼠标左键，向上拖动鼠标，就可以放大图形，向下拖动鼠标，则缩小图形。按"Esc"键或"回车"键结束实时缩放操作，或者右击鼠标，选择快捷菜单中的"退出"项也可以结束当前的实时缩放操作。

实际操作时，一般滚动鼠标中键完成视图的实时缩放。当光标在绘图区时，向上滚动鼠标滚轮可实时放大视图，向下滚动鼠标滚轮可实时缩小视图。

2. 窗口缩放

选择该缩放工具后，通过指定要查看区域的两个对角，可以快速缩放图形中的某个矩形区域。确定要查看的区域后，该区域的中心成为新的屏幕显示中心，该区域内的图形被放大到整个显示屏幕。在使用窗口缩放后，图形中所有对象均以尽可能大的尺寸显示，同时能适应当前视口或当前绘图区域的大小。

角点在选择时，将图形要放大的部分全部包围在矩形框内。矩形框的范围越小，图形显示得越大。

3. 动态缩放

动态缩放与窗口缩放有相同之处，它们放大的都是矩形选择框内的图形，但动态缩放比窗口缩放更加灵活，可以随时改变选择框的大小和位置。不论选择框处于何种状态，只要将需要放大的图样选在框内，按"Enter"键即可将其放大为最大显示。注意，选择框越小，放大的倍数越大。

4. 范围缩放

范围缩放使用尽可能大的、可包含图形中所有对象的放大比例显示视图。此视图包含已关闭图层上的对象，但不包含冻结图层上的对象。图形中所有对象均以尽可能大的尺寸显示，同时适应当前视口或当前绘图区域的大小。

5. 对象缩放

对象缩放命令使用尽可能大的、可包含所有选定对象的放大比例显示视图。可以在启动"Zoom"命令之前或之后选择对象。

6. 全部缩放

全部缩放显示用户定义的绘图界限和图形范围。无论视图多大，都在当前窗口中缩放显示整个图形。在平面视图中，所有图形将被缩放到栅格界限和当前范围两者中较大的区域中。图形栅格的界限将填充当前窗口或绘图区域，如果在栅格界限之外存在对象，它们也被包括在内。

7. 其他缩放

(1)比例缩放：以指定的比例因子缩放显示图形。

(2)上一个缩放：恢复上次的缩放状态。

(3)中心缩放：缩放显示由中心点和放大比例(或高度)所定义的窗口。

（九）实时平移命令(Pan)

利用"实时平移"可在不改变图形缩放比例的情况下移动全图，以便看清图形的不同部位。

启动实时平移命令，可使用下列三种方法。

❖ 下拉菜单：选择"视图"→"平移"→弹出下拉菜单，如图 10-25 所示。

❖ 标准工具栏：单击"实时平移"工具按钮(　)。

❖ 输入命令：P↙(Pan 的缩写)。

用户既可以在下拉菜单中选择"实时"和"定点"两种平移命令，还可以选择沿左、右、上、下四个方向平移图形。

图 10-25　平移下拉菜单

1. "实时"平移

选择该命令，将进入实时平移模式，此时光标变成一只小手，按住鼠标左键并拖动鼠标，当前视窗中的图形将随光标移动方向移动。按"Esc"键或"回车"键，可退出"实时"平移模式。

2. "定点"平移

通过指定基点和位移来平移图形。

3. "左、右、上、下"平移

分别实现图形向左、向右、向上和向下移动。

【任务实施】

(1)启动 AutoCAD 2013 软件。

(2)选择"格式"→"图形界限"，启动"图形界限"命令，输入图纸左下角坐标(0,0)，输入图纸右上角坐标(210,297)。

(3)单击图层工具栏中按钮(　)，打开"图层管理器特性"对话框，建立两个图层：① 粗实线层，图层名——粗实线，线型——Continuous，线宽——0.5 mm；② 细实线层，图层名——细实线，线型——Continuous，线宽——默认。结果如图 10-26 所示。

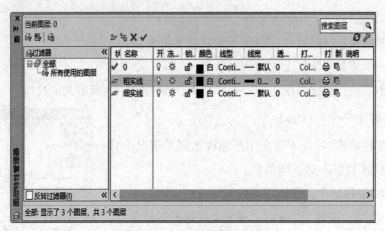

图 10-26 A4 图纸图层设置

(4)在"图层"工具栏中的图层控制下拉列表选择细实线层作为当前层。

(5)在命令行输入 line,启动绘制直线命令,绘制 A4 图纸外框线。

命令:_line 指定第一点: 0, 0✓;

指定下一点或〔放弃(U)〕: 210, 0✓;

指定下一点或〔放弃(U)〕: 210, 297✓;

指定下一点或〔闭合(C)/放弃(U)〕: 0, 297✓;

指定下一点或〔闭合(C)/放弃(U)〕: c。

(6)在"图层"工具栏中的图层控制下拉列表选择粗实线层作为当前层。

(7)按"回车"键,再次启动直线命令,绘制 A4 图纸内框线,如图 10-27 所示。

命令:_line 指定第一点: 10, 10✓;

指定下一点或〔放弃(U)〕: 200, 10✓;

指定下一点或〔放弃(U)〕: 200, 287✓;

指定下一点或〔闭合(C)/放弃(U)〕: 10, 287✓;

指定下一点或〔闭合(C)/放弃(U)〕: c✓。

(8)绘制标题栏。

(9)单击标准工具栏中的"保存"按钮(💾),打开"图形另存为"对话框,文件类型选择"AutoCAD 2013 图形(*.dwg)",文件名为"A4",按"保存"按钮将完成的 A4 图纸保存在样板文件中,如图 10-28 所示。

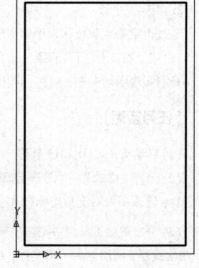

图 10-27 A4 图纸

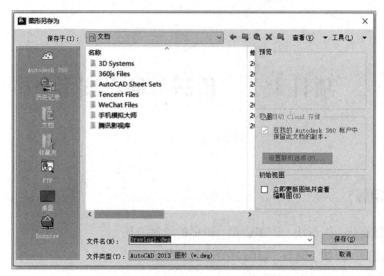

图 10-28　保存 A4 图纸文件

项目十一　绘制与编辑图形

【学习目标】

（1）掌握直线、构造线、正多边形、矩形的绘制方法。

（2）掌握圆、圆弧、椭圆、椭圆弧的绘制方法。

（3）掌握图案填充方法和样条曲线画法。

（4）掌握多段线的绘制和编辑方法。

（5）掌握对象选择的方法。

（6）掌握缩放、拉伸、修剪、延伸、打断命令的操作方法。

（7）掌握复制、镜像、阵列、偏移命令的操作方法。

（8）掌握移动、旋转、倒角、圆角和特性修改的编辑方法。

（9）能灵活运用 AutoCAD 绘制比较复杂的平面图形和常见的工程图样。

【任务描述】

运用 AutoCAD 常用命令绘制如图 11-1 所示的平面图形，不标注尺寸。

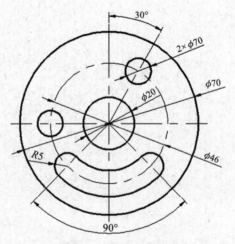

图 11-1　绘制平面图形

【相关知识】

一、概述

AutoCAD 提供了丰富的绘图与编辑命令。任何一幅图形，都可以细分成若干图形实体，如由点、直线、段线、圆、圆弧等组合而成。因此，了解这些基本图形实体的画法是绘制整个图形的基础，编辑各种图形实体是绘制图形的充分条件。

由前一个项目的内容可知，AutoCAD 的工作是由各种命令完成的，命令的启动方式有三种：①通过工具条；②下拉菜单；③命令窗口直接输入命令。AutoCAD 所有的绘图命令均在"绘图"下拉菜单中，所有的编辑命令均在"修改"下拉菜单中。图 11-2（a）为绘图菜单，图 11-2（b）为修改菜单。

为了操作方便，可将一些常用的绘图命令放在"绘图工具条"上，如图 11-3（a）所示；将一些常用的编辑命令放在"修改工具条"上，如图 11-3（b）所示。用鼠标单击工具条中的某个图标，即可启动相应的命令。

（a）绘图菜单　　　（b）修改菜单

图 11-2　绘图菜单和修改菜单

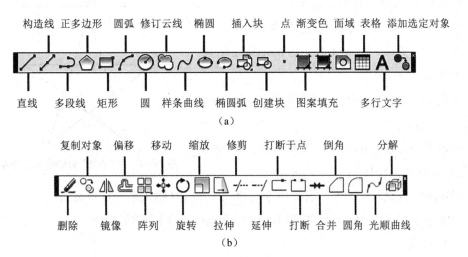

构造线　正多边形　圆弧　修订云线　椭圆　　插入块　　点　渐变色　面域　表格　添加选定对象

直线　多段线　矩形　圆　样条曲线　椭圆弧　创建块　图案填充　多行文字

（a）

复制对象　偏移　移动　缩放　修剪　打断于点　倒角　分解

删除　镜像　阵列　旋转　拉伸　延伸　打断　合并　圆角　光顺曲线

（b）

图 11-3　绘图工具条及修改工具条

二、常用的绘图命令

(一)绘制直线

直线是二维平面图形中最常用,也最简单的一种图形实体。AutoCAD 可创建的直线包括单一的直线段(Line)和构造线(Xline)等。

1. 直线段

直线段是由起点和终点确定的,用户可以通过输入端点的坐标值或鼠标拾取来决定其起点和终点。

启动直线段命令,可使用下列三种方法。

❖ 下拉菜单:选择"绘图"→"直线"。

❖ 绘图工具条:单击直线工具按钮" "。

❖ 输入命令:L✓(Line 的缩写)。

启动绘制直线命令后,AutoCAD 2013 给出如下操作提示:

命令:Line 指定第一点:(确定线段起点);

指定下一点或 [放弃(U)]:(确定线段终点或输入"U"取消上一点);

指定下一点或 [放弃(U)]:(如果只画一条线段,可在该提示下按"Enter"键结束命令;若还继续画线,在该提示下确定下一条线的终点)。

另外,当连续画两条以上直线段时,AutoCAD 2013 将反复给出如下提示:

指定下一点或 [闭合(C)/放弃(U)]:(要求确定线段的终点,或输入 C 将最后端点和最初起点连线,形成闭合的折线,也可输入 U 取消上一点)。

【例 11-1】 用"直线"命令绘制图 11-4 所示的五角星。

单击按钮" ",命令行提示:

命令_line 指定第一点:(任意拾取 1 点);

指定下一点或[放弃(U)]:@60<0✓(输入第 2 点坐标);

指定下一点或[放弃(U)]:@60<216✓(输入第 3 点坐标);

指定下一点或[闭合(C)/放弃(U)]:@60<72✓(输入第 4 点坐标);

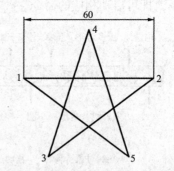

图 11-4 用"直线"命令绘制五角星

指定下一点或[闭合(C)/放弃(U)]:@60<288✓(输入第 5 点坐标);

指定下一点或[闭合(C)/放弃(U)]:C✓(输入 C 闭合图形)。

2. 构造线

构造线为两端可以无限延伸的直线,主要用来绘制辅助线。

启动构造线命令,可使用下列三种方法。

❖ 下拉菜单：选择"绘图"→"构造线"。

❖ 绘图工具条：单击构造线工具按钮"▧"。

❖ 输入命令：<u>XL</u>↙（Xline 的缩写）。

启动绘制构造线命令后，AutoCAD 2013 给出如下操作提示：

_xline 指定点或［水平（H）/垂直（V）/角度（A）/二等分（B）/偏移（O）］：

如果在绘图区单击点，则可通过指定两点创建任意方向的构造线；如果分别输入 H，V，A，B 或 O，则可按照提示绘制水平、垂直、具有一定倾斜角度、二等分或偏移（平行于选定直线）的构造线，如表 11-1 所列。

表 11-1 构造线的画法

 通过两点定义构造线	 输入 H 绘制水平构造线，然后分别单击 1，2 绘制两条水平构造线	 输入 V 绘制垂直构造线，然后分别单击 1，2 绘制两条垂直构造线
 输入 A 绘制倾斜构造线，然后输入构造线与 X 轴的夹角，并单击 1 指定构造线的位置	 输入 B 绘制二等分构造线，然后单击 1 指定角顶点，单击 2，3 指定角的两条边线	 输入 O 绘制偏移构造线（与选定直线平行的构造线），单击 1 选定直线，单击 2 指定构造线的位置

在实际工作中，构造线常用作绘制三视图的辅助线，如图 11-5 所示，三视图的三等关系可以用输入 H 或 V 绘制水平或垂直构造线来保证。

（二）绘制矩形和正多边形

1. 矩形（Rectangle）

矩形是绘图时经常会用到的基本图形实体。在 AutoCAD 2013 中，用户可以绘制带倒角和圆角的矩形。

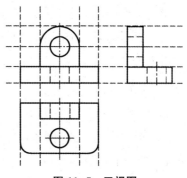

图 11-5 三视图

启动矩形命令，可使用下列三种方法。

❖ 下拉菜单："绘图"→"矩形"。

❖ 绘图工具条：单击矩形工具按钮"▢"。

❖ 输入命令：Rec↙（Rectangle 的缩写）。

绘制矩形可以用绘制直线命令，但是 AutoCAD 2013 提供了更简便的方法，就是利用绘制矩形命令。它只需给定矩形的两个对角点就可以绘出矩形。对角点的确定可以用鼠标在绘图区域拾取，也可以通过键盘输入坐标。在对矩形进行编辑时，矩形作为一个图形实体处理。

【例 11-2】 用"矩形"命令绘制图11-6所示的图形。

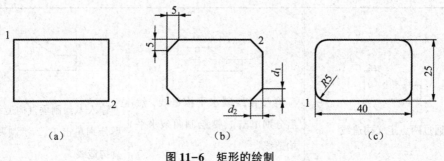

（a） （b） （c）

图 11-6 矩形的绘制

操作步骤如下：

（1）绘制图 11-6（a）所示图形。单击矩形工具按钮"▢"，命令行提示：

指定第一个角点或[倒角（C）/标高（E）/圆角（F）/厚度（T）/宽度（W）]：（指定第一角点 1）；

指定另一个角点或 [面积（A）/尺寸（D）/旋转（R）]：（指定第二角点 2）。

（2）绘制图 11-6（b）所示图形。单击矩形工具按钮"▢"，命令行提示：

指定第一个角点或[倒角（C）/标高（E）/圆角（F）/厚度（T）/宽度（W）]：C↙（进入选项 C，绘制带倒角矩形）；

指定矩形的第一个倒角距离 <0.0000>：5↙（输入倒角距离 $d_1 = 5$）；

指定矩形的第二个倒角距离 <5.0000>：↙（确认倒角距离 $d_2 = 5$）；

指定第一个角点或 [倒角（C）/标高（E）/圆角（F）/厚度（T）/宽度（W）]：[同图11-6（a）绘制方法。]。

（3）绘制图 11-6（c）所示图形。单击矩形工具按钮"▢"，命令行提示：

指定第一个角点或[倒角（C）/标高（E）/圆角（F）/厚度（T）/宽度（W）]：F↙（进入选项 F，绘制带圆角矩形）；

指定矩形的圆角半径 <0.0000>：5↙（输入圆角半径 $R = 5$）；

指定第一个角点或 [倒角（C）/标高（E）/圆角（F）/厚度（T）/宽度（W）]：（指定第一

角点1）；

　　指定另一个角点或［面积（A）/尺寸（D）/旋转（R）］：@40，25↙（输入第二个角点的相对坐标值）。

　　矩形命令具有继承性，用户绘制矩形时设置的各项参数始终起作用，直至修改或重新启动AutoCAD 2013，否则将一直起作用。

　　2. 正多边形（Polygon）

　　利用正多边形命令，可在指定位置绘制一个给定边数、给定半径或给定边长的正多边形，所绘制的正多边形边数在3～1024范围内，在编辑时作为一个图形实体处理。

　　启动正多边形命令，可使用下列三种方法。

　　❖ 下拉菜单：选择"绘图"→"正多边形"。

　　❖ 绘图工具条：单击正多边形工具按钮"▱"。

　　❖ 输入命令：Po↙（Polygon 的缩写）。

　　绘制正多边形有内接于圆、外切于圆和指定边长三种方法，如图11-7所示。这三种方法均要首先输入多边形的边数。

（a）内接于圆　　　　　　（b）外切于圆　　　　　　（c）指定边长

图11-7　绘制正多边形的三种方法

【例11-3】　用"正多边形"命令绘制如图11-8所示的图形。

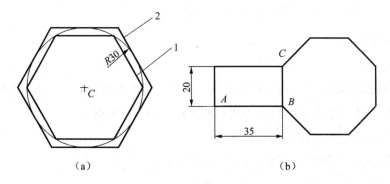

（a）　　　　　　　　　　　　　　　　　　（b）

图11-8　正多边形的绘制

操作步骤如下：

（1）绘制图11-8（a）所示图形。单击正多边形工具按钮"▱"，命令行提示：

输入边的数目<4>：6↙（输入正多边形的边数）；

指定正多边形的中心点或[边(E)]：（使用对象捕捉功能捕捉圆心点C）；

输入选项 [内接于圆(I)/外切于圆(C)] <I>：（按"回车"键，确定用内接于圆的方法画正多边形）；

指定圆的半径：30↙（指定圆的半径，得正六边形1）；

命令：↙（按"回车"键，重新启动正多边形命令）；

输入边的数目<6>↙（确认边数仍为6）；

指定正多边形的中心点或[边(E)]：（使用对象捕捉功能捕捉圆心点C）；

输入选项 [内接于圆(I)/外切于圆(C)] <I>：C↙（输入c，选择外切于圆的方法画正多边形）；

指定圆的半径：30↙（指定圆的半径，得正六边形2）。

（2）绘制图11-8(b)所示图形。

①绘制矩形。单击矩形工具按钮"▱"，命令行提示：

指定第一个角点或 [倒角(C)/标高(E)/圆角(F)/厚度(T)/宽度(W)]：（拾取点A）；

指定另一个角点或 [面积(A)/尺寸(D)/旋转(R)]：@35,20↙（输入点C的相对坐标）。

②绘制正八边形。单击正多边形工具按钮"⬠"，命令行提示：

输入边的数目<4>：8↙（输入正多边形的边数）；

指定正多边形的中心点或[边(E)]：E↙（选用边长方法绘制正多边形）；

指定边的第一个端点：（使用对象捕捉功能捕捉交点C）；

指定边的第二个端点：（使用对象捕捉功能捕捉交点B，注意用指定边长法绘制正多边形时，由第一端点到第二端点按逆时针方向绘制）。

(三)绘制圆和圆弧

1. 圆(Circle)

AutoCAD 2013 提供了六种画圆的方式，这些方式是根据圆心、半径、直径及圆上的点等参数的不同组合控制的。默认方式是利用圆心和半径画圆。

启动画圆命令，可使用下列三种方法。

❖ 下拉菜单："绘图"→"圆"（如图11-9所示）。

❖ 绘图工具条：单击画圆工具按钮"⊙"。

❖ 输入命令：C↙（Circle 的缩写）。

图 11-9　圆的下拉菜单

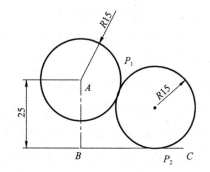

图 11-10　平面图形

【例 11-4】　绘制图 11-10 所示的平面图形。

操作步骤如下：

(1)建立图层。粗实线层、细点划线层和细实线层。

(2)画直线部分。

①将细点划线作为当前层；

②单击直线工具按钮"⟋"，命令行提示：

命令：Line 指定第一点：(鼠标拾取点 A)；

指定下一点或 [放弃(U)]：@0，−25↙(确定点 B)；

指定下一点或 [放弃(U)]：(打开正交功能，鼠标拾取点 C)；

指定下一点或 [放弃(U)]：↙(按"回车"键，结束命令)。

③将 BC 线调到粗实线层：

鼠标点取 BC 线；

鼠标点取图层工具条中下拉钮；

选取粗实线层，如图 11-11 所示。

状..	名称	开	冻结	锁..	颜色	线型	线宽	透明度
✔	0	♀	☼	🔓	■白	Continu...	—— 默认	0
⬟	粗实线层	♀	☼	🔓	■白	Continu...	■■ 0.50...	0
⬟	细实线层	♀	☼	🔓	■白	Continu...	—— 默认	0
⬟	图层1	♀	☼	🔓	■白	Continu...	—— 默认	0

图 11-11　图层管理

(3)画圆。

①将粗实线作为当前层；

②单击画圆工具按钮"◎"，命令行提示：

命令：_circle 指定圆的圆心或 [三点(3P)/两点(2P)/相切、相切、半径(T)]：(打开对象捕捉，捕捉端点 A)；

指定圆的半径或 [直径(D)] <44.2427>：15↙(输入半径，结束命令)；

命令: ↙ (重新启动画圆命令);

Circle 指定圆的圆心或 [三点(3P)/两点(2P)/相切、相切、半径(T)]: t↙ (选取相切、相切、半径选项);

指定对象与圆的第一个切点: (在圆 A 上拾取一点 P_1);

指定对象与圆的第二个切点: (在 BC 线上拾取一点 P_2);

指定圆的半径 <15.0000>: 15↙ (输入半径, 结束命令)。

六种画圆的方式见表 11-2, 其中"相切、相切、相切方式"只能通过下拉菜单方式启动命令。

表 11-2　圆的绘制方法

指定圆心和半径画圆 （圆心、半径方式）	指定圆心和直径画圆 （圆心、直径方式）	过直径两端点画圆 （两点方式）
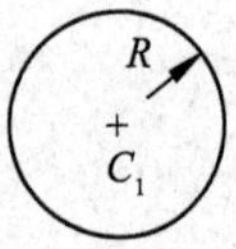	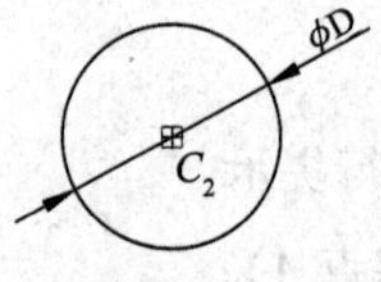	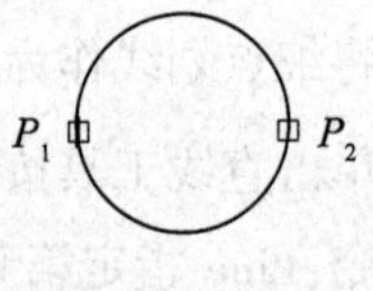
过三点画圆 （三点方式）	绘制与两个已知对象相切的圆 （相切、相切、半径方式）	绘制与三个已知对象相切的圆 （相切、相切、相切方式）
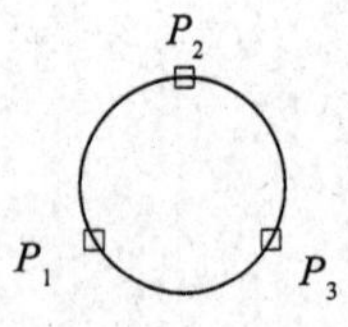	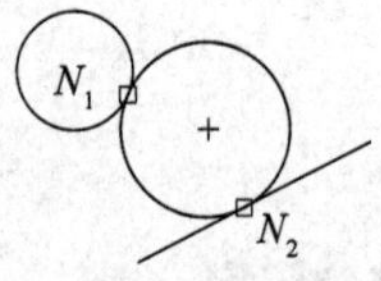	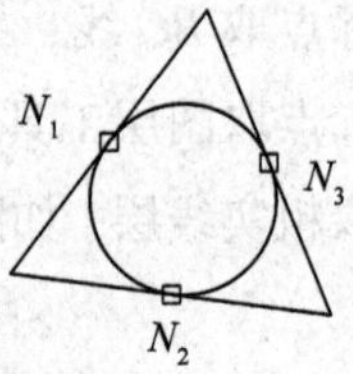

3. 圆弧(Arc)

圆弧是图形中重要的图形实体, AutoCAD 2013 提供了十一种画圆弧的方式, 这些方式是由起点、方向、中点、包角、终点、弦长等控制点来确定的。

启动画圆弧命令, 可使用下列三种方法。

◈ 下拉菜单: "绘图"→"圆弧"(如图 11-12 所示);

◈ 绘图工具条: 单击画圆弧工具按钮" [图] ";

◈ 输入命令: A↙ (arc 的缩写)。

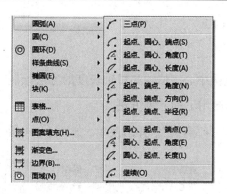

图 11-12　圆弧的下拉菜单

【例 11-5】　绘制图 11-13 所示的平面图形。

(1)绘制图 11-13(a)所示图形。

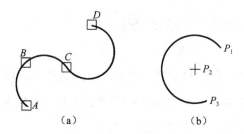

图 11-13　圆弧的画法

①三点方式画圆弧 ABC,单击画圆工具按钮"$\boxed{}$"。

命令:_arc 指定圆弧的起点或［圆心(C)］:(指定第一点 A);

指定圆弧的第二个点或［圆心(C)/端点(E)］:(指定第二点 B);

指定圆弧的端点:(指定终点 C)。

②继续方式画圆弧 CD。

选择下拉菜单"绘图"→"圆弧"→"继续"下拉菜单;

命令:_arc 指定圆弧的起点或［圆心(C)］:(自动以上段圆弧 ABC 的终点 C 为起点);

指定圆弧的端点:(指定终点 D)。

(2)绘制图 11-13(b)所示图形。

起点、圆心、端点法画 P_1P_3 弧,单击画圆工具按钮 $\boxed{}$。

命令:_arc 指定圆弧的起点或［圆心(C)］:(指定起始点 P_1)

指定圆弧的第二个点或［圆心(C)/端点(E)］:C↙(选择圆心方式)指定圆弧的圆心:(指定圆心 P_2);

指定圆弧的端点或［角度(A)/弦长(L)］:(指定终点 P_3)。

（四）绘制椭圆和椭圆弧

1. 椭圆（Ellipse）

椭圆可以通过给定椭圆中心、长轴和短轴长度的方法绘制。

启动画椭圆命令，可使用下列三种方法。

❈ 下拉菜单："绘图"→"椭圆"，弹出菜单，如图 11-4 所示。

图 11-14　椭圆的下拉菜单

❈ 绘图工具条：单击椭圆工具按钮"▣"。

❈ 输入命令：el↙（ellipse 的缩写）。

绘制椭圆的方法很多，但归根到底，都是以不同的顺序相继输入椭圆中心点、长轴和短轴长度三个要素。椭圆命令也可以画椭圆弧，其画法与椭圆相似，只是在画完椭圆后，指定椭圆弧的起始角和终止角即可。

2. 椭圆弧

启动画椭圆弧命令，可使用下列两种方法。

❈ 下拉菜单："绘图"→"椭圆"→"圆弧"。

❈ 绘图工具条：单击椭圆弧工具按钮"◗"。

绘制椭圆和椭圆弧的方法见表 11-3。

表 11-3　椭圆及椭圆弧的画法

图例	画法	说明
A 3 C 1 2	指定一个轴的两个端点及另一个轴的一个端点（半轴长）	命令：_ellipse； 指定椭圆的轴端点或 [圆弧(A)/中心点(C)]:（指定轴端点 1）； 指定轴的另一个端点：（指定轴端点 2）； 指定另一条半轴长度或 [旋转(R)]:（指定轴端点 3，3 与圆心的连线为另一半轴长）

表 11-3（续）

图例	画法	说明
A 2 +C 1	指定中心点，两个轴端点	命令：_ellipse； 指定椭圆的轴端点或 ［圆弧（A）/中心点（C）］: c（选择中心点项）； 指定椭圆的中心点:（指定中心 C）； 指定轴的端点:（指定轴端点 1）； 指定另一条半轴长度或 ［旋转（R）］:（指定轴端点 2，2 与 C 的连线为另一半轴长）
A 2 +C 1	之前的操作步骤与画椭圆同，后输入起始角和终止角	命令：_ellipse； 指定椭圆的轴端点或 ［圆弧（A）/中心点（C）］: a（进入画椭圆弧选项）； 指定椭圆弧的轴端点或 ［中心点（C）］:（指定轴端点 1）； 指定轴的另一个端点:（指定轴端点 2）； 指定另一条半轴长度或 ［旋转（R）］: 10↙（输入另一半轴长 10）； 指定起始角度或 ［参数（P）］: 0↙（输入起始角度）； 指定终止角度或 ［参数（P）/包含角度（I）］: 270↙（输入终止角度）

【例 11-6】 绘制图 11-15 所示的贮罐示意图。

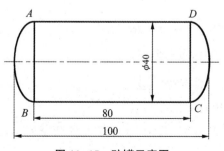

图 11-15 贮罐示意图

操作步骤如下：

（1）绘制矩形。单击矩形工具按钮"□"（在粗实线层）：

命令：_rectang；

指定第一个角点或 [倒角(C)/标高(E)/圆角(F)/厚度(T)/宽度(W)]：（指定点 B）；

指定另一个角点或 [面积(A)/尺寸(D)/旋转(R)]：@80,40↙（输入 D 点坐标）。

单击直线工具按钮"╱"（在细点划线层）：

命令：_line 指定第一点：<对象捕捉 开>（对象捕捉功能，捕捉 AB 的中点）；

指定下一点或 [放弃(U)]：@110,0↙（画轴线）；

指定下一点或 [放弃(U)]：↙（结束命令）。

（2）画椭圆弧。单击椭圆弧工具按钮"⌒"：

命令：_ellipse；

指定椭圆的轴端点或 [圆弧(A)/中心点(C)]：a；

指定椭圆弧的轴端点或 [中心点(C)]：（捕捉端点 A）；

指定轴的另一个端点：（指定点 B）（捕捉端点 B）；

指定另一条半轴长度或 [旋转(R)]：10↙（输入另一半轴长）；

指定起始角度或 [参数(P)]：0↙（输入起始角度，也可直接捕捉点 A）；

指定终止角度或 [参数(P)/包含角度(I)\]：180↙（输入终止角度，也可直接捕捉点 B，结束命令）。

另一椭圆弧 CD 画法同椭圆弧 AB，要特别注意椭圆弧 0°所在的位置取决于指定的第一个端点的位置，故弧 CD 的起点为点 C。同时也要注意画弧的方向，由第一个端点到第二个端点按逆时针方向画弧。

（五）图案填充和样条曲线

1. 图案填充（Bhatch）

在 AutoCAD 中，将选定的填充图案（或自定义图案）填充到指定区域的过程称为图案填充。

启动图案填充命令，可使用下列三种方法。

◈ 下拉菜单："绘图"→"图案填充"。

◈ 绘图工具条：单击工具按钮"▨"。

◈ 输入命令：Bh↙（Bhatch 的缩写）。

选择上述任一方式输入命令，弹出"图案填充和渐变色"对话框，如图 11-16 所示。

图 11-16　"图案填充和渐变色"对话框

对话框中主要选项的含义如下。

（1）类型和图案栏。

①类型下拉列表框。提供设定填充图案的类型。有预定义、用户定义和自定义三种类型。常用的是预定义，表示采用 AutoCAD 的标准图案文件。

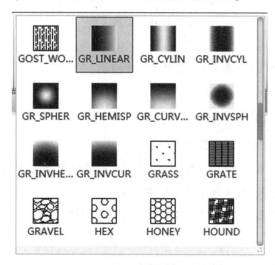

图 11-17　预定义的填充图案选项板

②图案下拉列表框。用于选择预定义填充图案时的图案名称。如果对图案名称不熟悉，可单击该列表框右边的按钮，并在弹出的"填充图案选项板"对话框中选择合适的图案，如图 11-17 所示。

（2）角度和比例栏。

①角度下拉列表框区。用于确定所选择的填充图案相对于当前坐标系 X 轴的转角。可直接输入转角值，也可在下拉列表中选取。

②比例下拉列表框。用于确定所选择的填充图案的缩放比例系数。可直接输入比例系数值，也可在下拉列表中选取。

（3）边界栏。

"添加:拾取点"按钮：用选点的方式定义填充区域。填充区域是图案填充的图形范围，一般是一个或几个封闭的区域。

具体操作如下：单击"添加：拾取点"按钮"▨"，系统返回绘图区，在想要填充图案的区域内拾取一点，结束区域选择后，右击鼠标，系统弹出快捷菜单，选择"确认"，表示确认所选择的填充区域并返回"图案填充和渐变色"对话框。

【例 11-7】 对图 11-18(a)所示图形进行图案填充，使之达到图 11-18(b)所示的结果。

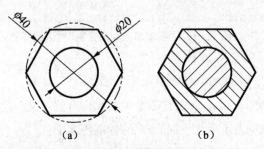

图 11-18　图案填充

操作步骤如下：

(1)绘制图 11-18(a)所示图形(作图过程略)。

(2)填充圆内图案。

①单击工具按钮"▨"(在细实线层)。

②在类型下拉列表框内选择预定义项。

③在图案下拉列表框选择剖面线图案 ANSI31；也可单击右侧的按钮打开"填充图案选项板"对话框中，选择 ANSI 选项卡，拾取 ANSI31 项。

④单击边界栏的"添加：拾取点"按钮，切换到绘图窗口后，在圆内拾取一点，单击右键确认，返回对话框。

⑤预览合适后，按"确认"键，退出对话框。

(3)填充六边形内图案。

重复步骤①~④，将角度值改为 90，之后同步骤⑤。

2. 样条曲线

样条曲线就是通过拟合数据点(给定点)来绘制光滑曲线。在工程图样中，常用样条曲线命令绘制波浪线。

启动样条曲线命令，可使用下列三种方法。

❖ 下拉菜单："绘图"→"样条曲线"。

❖ 绘图工具条：单击工具按钮"〰"。

❖ 输入命令：Spl↙(Spline 的缩写)。

【例 11-8】 绘制图 11-19 中的波浪线及填充剖面线。

操作步骤如下：

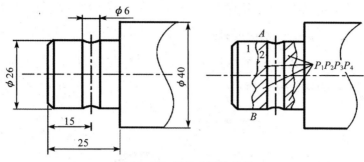

图 11-19 样条曲线的绘制

(1)画波浪线 *AB*。单击工具按钮"～":

命令:_spline;

指定第一个点或［对象(O)］:(捕捉最近点 *A*);

指定下一点或［闭合(C)/拟合公差(F)］<起点切向>:(关闭对象捕捉功能,指定点 1);

指定下一点或［闭合(C)/拟合公差(F)］<起点切向>:(指定点 2);

根据实际情况,继续指定点,所指定的点为样条曲线的拐点;

指定下一点或［闭合(C)/拟合公差(F)］<起点切向>:(捕捉最近点,指定点 *B*);

指定下一点或［闭合(C)/拟合公差(F)］<起点切向>:(指定完拟合点后,按"回车"键确认);

指定起点切向:(指定起点 *A* 的切线方向);

指定端点切向:(指定终点 *B* 的切线方向)。

另一条波浪线画法同波浪线 *AB*。

(2)填充剖面线。

①单击工具按钮"▦"(在细实线层)。

②选择剖面线(ANSI31)图案。

③单击"填充图案选项板"对话框中"添加:拾取点"按钮。

④拾取点 P_1,P_2,P_3,P_4,单击右键确认,返回对话框。

⑤按"预览"按钮,预览所填充的图案是否合适。

⑥按"Esc"键返回对话框,按"确定"按钮,结束命令。

三、多段线的绘制与编辑

多段线是 AutoCAD 绘图中常用的一种图形实体,它是由连续的直线段或弧线段组成的线段组,用户可以为不同线段设置不同的宽度。多段线作为一个图形实体使用,可以很方便地对其统一处理。

(一)多段线绘制(Pline)

启动多段线命令,可使用下列三种方法。

❖ 下拉菜单："绘图"→"多段线"。

❖ 绘图工具条：单击工具按钮"↵"。

❖ 输入命令：Pl↙（Pline 的缩写）。

【例 11-9】 绘制图 11-20 所示的多段线。

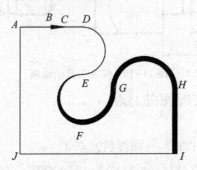

图 11-20 多段线的绘制

操作步骤如下：

(1)单击工具按钮"↵"，启动命令；

(2)画直线段 *ABCD*。指定起点：(指定点 *A*)；

当前线宽为 0.0000；

指定下一个点或［圆弧(A)/半宽(H)/长度(L)/放弃(U)/宽度(W)］：(指定点 *B*)；

指定下一点或［圆弧(A)/闭合(C)/半宽(H)/长度(L)/放弃(U)/宽度(W)］：w↙ (输入 W 进入宽度设置选项)；

指定起点宽度 <0.0000>：1.2↙(输入点 *B* 宽度)；

指定端点宽度 <1.2000>：0↙(输入点 *C* 宽度)；

指定下一点或［圆弧(A)/闭合(C)/半宽(H)/长度(L)/放弃(U)/宽度(W)］：(指定点 *C*)；

指定下一点或［圆弧(A)/闭合(C)/半宽(H)/长度(L)/放弃(U)/宽度(W)］：(指定点 *D*)；

(3)画圆弧 *DEFGH*。

指定下一点或［圆弧(A)/闭合(C)/半宽(H)/长度(L)/放弃(U)/宽度(W)］：a↙ (进入画圆弧选项)；

指定圆弧的端点或［角度(A)/圆心(CE)/闭合(CL)/方向(D)/半宽(H)/直线(L)/半径(R)/第二个点(S)/放弃(U)/宽度(W)］：(指定点 *E*)；

指定圆弧的端点或［角度(A)/圆心(CE)/闭合(CL)/方向(D)/半宽(H)/直线(L)/半径(R)/第二个点(S)/放弃(U)/宽度(W)］：w↙(输入 W 进入宽度设置选项)；

指定起点宽度 <0.0000>：↙(默认点 *E* 宽度为 0)；

指定端点宽度 <0.0000>：1.2↙（设置点 *F* 宽度）；

指定圆弧的端点或[角度(A)/圆心(CE)/闭合(CL)/方向(D)/半宽(H)/直线(L)/半径(R)/第二个点(S)/放弃(U)/宽度(W)]：（指定点 *F*）；

指定圆弧的端点或[角度(A)/圆心(CE)/闭合(CL)/方向(D)/半宽(H)/直线(L)/半径(R)/第二个点(S)/放弃(U)/宽度(W)]：（指定点 *G*）；

指定圆弧的端点或[角度(A)/圆心(CE)/闭合(CL)/方向(D)/半宽(H)/直线(L)/半径(R)/第二个点(S)/放弃(U)/宽度(W)]：（指定点 *H*）。

(4)画直线段 *HIJA*。

指定圆弧的端点或[角度(A)/圆心(CE)/闭合(CL)/方向(D)/半宽(H)/直线(L)/半径(R)/第二个点(S)/放弃(U)/宽度(W)]：l↙（进入画直线选项）；

指定下一点或 [圆弧(A)/闭合(C)/半宽(H)/长度(L)/放弃(U)/宽度(W)]：（指定点 *I*）；

指定下一点或 [圆弧(A)/闭合(C)/半宽(H)/长度(L)/放弃(U)/宽度(W)]：w↙（输入 W 进入宽度设置选项）；

指定起点宽度 <1.2000>：0↙（设置点 *I* 宽度）；

指定端点宽度 <0.0000>：0↙（设置点 *J* 宽度）；

指定下一点或 [圆弧(A)/闭合(C)/半宽(H)/长度(L)/放弃(U)/宽度(W)]：（指定点 *J*）；

指定下一点或 [圆弧(A)/闭合(C)/半宽(H)/长度(L)/放弃(U)/宽度(W)]：c↙（选择闭合选项，封闭多段线并结束命令）。

多段线不管如何复杂，均属于一个图形实体，因此在编辑多段线时，只要选取多段线上任意一点即可代表整个多段线。

(二)多段线编辑(Pedit)

创建多段线之后，即可对多段线进行编辑。

启动多段线编辑命令，可使用下列三种方法。

❖ 下拉菜单："修改"→"对象"→"多段线"。

❖ 编辑工具条：单击工具按钮"🔲"（在"修改Ⅱ"工具条中）。

❖ 输入命令：Pe↙（Pedit 的缩写）。

下面通过图 11-21 所示的例子，来说明多段线编辑方法。

【例 11-10】   用直线命令(Line)绘制三角形 *ABC*，将三角形编辑为线宽为 4 的多段线，再将编辑后的图形编辑成一条封闭的样条曲线，如图 11-21(d)所示。

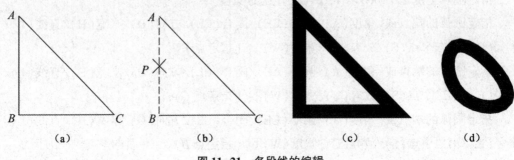

图 11-21　多段线的编辑

操作步骤如下：

（1）用 Line 绘制三角形［作图步骤略，三角形如图 11-21(a)所示］。

（2）将三角形转为多段线。如图 11-21(b)所示。

单击工具按钮"▲"，启动命令。命令行提示：

命令：_pedit 选择多段线或［多条(M)］：(拾取点 P)；

选定的对象不是多段线(提示所选线段不是多段线)；

是否将其转换为多段线？<Y>✓(确定将所选线段转为多段线)；

输入选项［闭合(C)/合并(J)/宽度(W)/编辑顶点(E)/拟合(F)/样条曲线(S)/非曲线化(D)/线型生成(L)/放弃(U)］：j✓［输入 J，将 AB，BC，CA 线合并为一条多段线；

选择对象：(选择三角形 ABC)；

两条线段已添加到多段线(已将三角形 ABC 转为多段线)。

（3）编辑线宽。

输入选项［闭合(C)/合并(J)/宽度(W)/编辑顶点(E)/拟合(F)/样条曲线(S)/非曲线化(D)/线型生成(L)/放弃(U)］：w✓(输入 W，进入线宽设置项)；

指定所有线段的新宽度：4✓［输入线宽 4，三角形编辑为图 11-21(c)］。

（4）生成样条曲线。

输入选项［闭合(C)/合并(J)/宽度(W)/编辑顶点(E)/拟合(F)/样条曲线(S)/非曲线化(D)/线型生成(L)/放弃(U)］：s✓［输入 S，进入样条曲线项，图形直接编辑成样条曲线，如图 11-21(d)所示］；

输入选项［闭合(C)/合并(J)/宽度(W)/编辑顶点(E)/拟合(F)/样条曲线(S)/非曲线化(D)/线型生成(L)/放弃(U)］：✓(结束操作)。

四、常用的编辑命令

利用 AutoCAD 的绘图命令在绘图时只能绘制一些基本图形，为了获得比较复杂的图形，必须对基本图形进行编辑。对基本图形进行编辑前，首先要对编辑的图形实体进行选择。

(一)实体选择的方式

当启动任一条编辑命令时，AutoCAD 会提示"选择对象:"，表示要求用户从屏幕上选择图形实体，此时，光标变成拾取框，被选取的图形实体将高亮显示。常用的对象选择方式有以下三种。

1. 点选方式

点选方式通过鼠标将"拾取框"放在单个实体上来点取要选择的对象，这种方式一次只能选择一个图形实体。

2. 窗口选择方式

窗口选择方式通过从左向右给定一个矩形对角线两点，生成一个虚线矩形窗口。完全包含在窗口内的实体才能被选取。

3. 交叉窗口选择方式

交叉窗口选择方式通过从右向左给定一个矩形对角线两点，生成一个虚线矩形窗口。完全或部分包含在窗口内的实体均被选取。

窗口选择和交叉窗口选择是实体选择最常用的做法，两种选择方式如图 11-22(a)和图 11-22(b)所示。

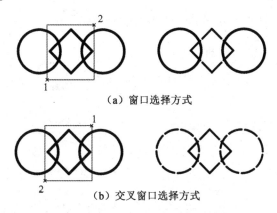

（a）窗口选择方式

（b）交叉窗口选择方式

图 11-22 窗口选择方式及交叉窗口选择方式

(二)调整对象尺寸

在 AutoCAD 中，通过缩放、拉伸、修剪和延伸等命令来调整图形对象的尺寸。

1. 缩放(Scale)

利用缩放命令，用户可将选定的图形对象按指定的比例进行缩放。

启动缩放命令，可使用下列三种方法。

❖ 下拉菜单:"修改"→"缩放"。

❖ 编辑工具条:单击工具按钮" "。

❖ 输入命令：Sc（Scale 缩写）。

指定比例因子的方法有以下两种：①直接输入比例因子（默认选项），比例因子必须大于 0，其中大于 1 表示放大，小于 1 表示缩小；②通过指定参照长度和新长度指定比例因子，其比例因子为：新长度/参照长度。

【例 11-11】 如图 11-23 所示，利用缩放命令完成两个图形。

（a）　　　　　　　　　　　　　选定对象　　　　　指定基点　　　　参照长度及新长度

（b）

图 11-23　缩放命令的使用

操作步骤如下：

（1）直接输入比例因子缩放图形，见图 11-23（a）。

①单击工具按钮，启动命令；

②选择缩放的对象；

③指定基点 P；

④输入 0.5 作为比例因子。

（2）利用参照缩放图形，见图 11-23（b）。

①单击工具按钮"▣"，启动命令；

②指定 A，B 两点，交叉窗口选择缩放对象；

③指定基点 C；

④输入 R 进入参照选项；

⑤选择第一 C 和第二参照点 D，确定参照长度；

⑥选择点 E，确定新长度，比例因子为线段 CE 和线段 CD 的长度之比。

2. 拉伸（Stretch）

利用拉伸命令可以对指定图形实体的某部分进行拉伸、压缩或移动，也可改变原图形状。

启动拉伸命令，可使用下列三种方法。

❖ 下拉菜单："修改"→"拉伸"。

❖ 编辑工具条：单击工具按钮"▣"。

❖ 输入命令：S↙（Stretch 的缩写）。

【例11-12】 如图11-24所示,利用拉伸命令完成图形。

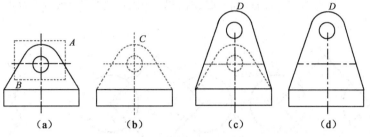

（a）　　　　　　（b）　　　　　　（c）　　　　　　（d）

图11-24 拉伸命令的用法

操作步骤如下。

(1)单击工具按钮"Ⅲ",启动命令。

(2)依次拾取点 A 和点 B,用交叉窗口选择框选择对象,如图11-24(a)所示。

(3)按"回车"键结束对象选择。

(4)利用对象捕捉方式指定基点 C,如图11-24(b)所示。

(5)指定位移点 D,也可输入 D 点的坐标值,如图11-24(c)所示。

(6)结果如图11-24(d)所示。

从上述操作过程看,拉伸的操作结果依赖于所选图形的类型及选取方式。采用点选方式,其结果是将所选的图形移动。用交叉窗口选择,若所选图形实体全部在窗口内,则图形移动,如图11-24中的小圆和圆弧;若所选图形实体部分在窗口内,且图形一头包含在窗口内,则图形被拉长或缩短,如图11-24中的两侧斜线。

3. 修剪(Trim)

利用修剪命令,可对图形实体做部分删除。操作方法是选择一个或多个图形实体作为剪切边,然后对剪切边一侧或之间的图形实体进行精确修剪。

启动修剪命令,可使用下列三种方法。

❋ 下拉菜单:"修改"→"修剪"。

❋ 编辑工具条:单击工具按钮"─┼─"。

❋ 输入命令: Tr↙(Trim 的缩写)

下面通过图11-25中的图形说明修剪命令的用法。

【例11-13】 将图11-25(a)修剪成图11-25(c)。

操作步骤如下:

(1)启动命令,单击工具按钮"─┼─"。

(2)选择剪切边,用交叉窗口选择整个图形,共3个图形实体作为剪切边。

(3)按"回车"键,结束剪切边选择。

(4)分别单击点 A,B,C,D,E,F,选择修剪对象,见图11-25(b)。

(5)按"回车"键,结束命令,结果如图 11-25(c)所示。

要特别注意:在使用修剪命令时,剪切边界可用"点选"或"窗选"方式,被剪切对象只能用"点选"方式。

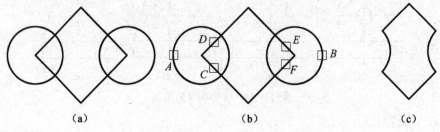

图 11-25　修剪命令的用法

4. 延伸(Extend)

利用延伸命令可将选定图形实体精确地延长到指定边界。

启动延伸命令,可使用下列三种方法。

❖ 下拉菜单:"修改"→"延伸"。

❖ 编辑工具条:单击工具按钮"⊣"。

❖ 输入命令:Ex↙(Extend 的缩写)。

【例 11-14】　将图 11-26(a)编辑成图 11-26(d)。

操作步骤如下:

(1)单击工具按钮"⊣",启动延伸命令。

(2)选择作为边界的对象,如图 11-26(b)所示,分别点选 A,B,C,D 四点,按"回车"键结束延伸边界的选择。

(3)选择要延伸的对象,可选择多个,如图 11-26(c)所示,分别点选 1,2,3,4 四个点,按"回车"键结束命令,结果如图 11-26(d)所示。

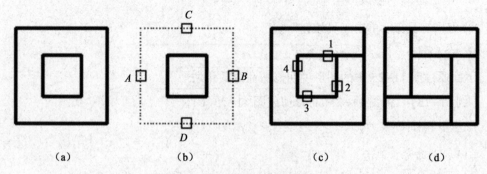

图 11-26　延伸命令的用法

使用延伸命令,需要注意两点:①选择延伸对象时,若拾取图形实体上一点,则该实体从靠近拾取点一端延伸到边界处,如图 11-26(c)中拾取点 1;②只能对非闭合的多段线做延伸操作,即延伸多段线的第一段和最后一段。

5. 打断(Break)

利用打断命令可将图形实体指定两点间的部分删除,或将一个图形实体打断成两个具有同一端点的实体。

启动打断命令,可使用下列三种方法。

❖ 下拉菜单:"修改"→"打断"。

❖ 编辑工具条:单击工具按钮"▢"。

❖ 输入命令:Br↙(Break 的缩写)。

【例 11-15】 将图 11-27(a)编辑成图 11-27(c)。

操作步骤如下:

(1)单击工具按钮"▢",启动命令。

(2)选择打断对象。在默认情况下,在对象上选择的点将成为第一个打断点。要选择另外的点作为第一个打断点,输入"F"后,再指定新点 A。

(3)捕捉交点 B,指定第二个打断点,结果如图 11-27(c)所示。

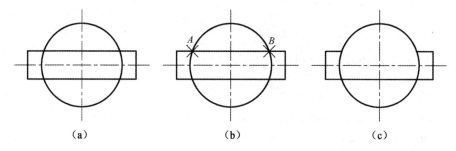

（a）　　　　　　　　　　（b）　　　　　　　　　　（c）

图 11-27　打断命令的用法

6. 拉长(Lengthen)

利用拉长命令可修改指定图形实体的长度或圆弧的包含角。

启动拉长命令,可使用下列两种方法。

❖ 下拉菜单:"修改"→"拉长"。

❖ 输入命令:Len↙(Lengthen 的缩写)。

拉长命令的操作方法与延伸和修剪命令相似,步骤如下:

(1)启动拉长命令,命令行提示:

选择对象或[增量(DE)/百分数(P)/全部(T)/动态(DY)]:

(2)选择拉长方式,共有以下四种。

①DE 方式:指定从端点开始的增量长度或角度,负值为缩短量,如图 11-28(a)所示。

②P 方式:按总长度或角度的百分比指定新长度或角度。

③T 方式：指定对象的总绝对长度或包含角，如图 11-28(b)所示。

④DY 方式：打开动态拖动模式。通过拖动选定对象的端点之一来改变其长度。其他端点保持不变，如图 11-28(c)所示。

(3)选择要修改的对象。

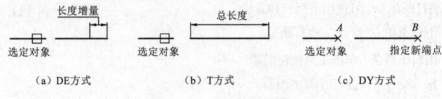

（a）DE方式　　　　　　（b）T方式　　　　　　（c）DY方式

图 11-28　拉长命令的用法

(三)根据已有对象创建新对象

在 AutoCAD 中，可以通过复制、镜像、阵列和偏移命令对已有的图形对象进行复制，创建出单个或多个不同排列形式的图形。

1. 复制命令(Copy)

利用复制命令可以在同一个图形文件内将指定的图形对象复制到指定位置，并可重复复制。

启动复制命令，可使用下列三种方法。

❖ 下拉菜单："修改"→"复制"。

❖ 编辑工具条：单击工具按钮"❀"。

❖ 输入命令：Co↙或 Cp↙（Copy 的缩写）。

复制命令的操作步骤如下：

(1)单击工具按钮"❀"，启动命令。

(2)选择复制的对象小圆，按"回车"键结束选择。

(3)指定基点 A。

(4)指定位移的第二点 B，如只复制一个，按"回车"键，结束命令，如图 11-29(b)所示；如需复制多个，则依次指定下一个位移点 C, D, E 和 F，如图 11-29(c)所示。

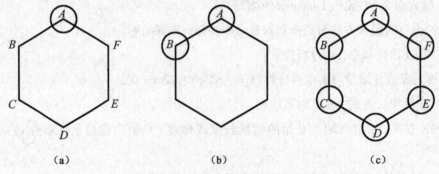

（a）　　　　　　　（b）　　　　　　　（c）

图 11-29　复制命令

【例 11-16】 绘制图 11-30 所示平面图形。

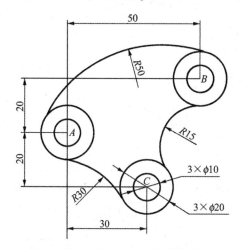

图 11-30 用复制命令绘制平面图形

绘图步骤如下。

(1)画 $\phi 20$, $\phi 10$ 圆(作图步骤略)。

(2)复制 $\phi 20$, $\phi 10$ 圆。

单击"修改工具条"中的按钮"![按钮]":

命令:_copy；

选择对象:指定对角点:(用窗口方式或交窗方式拾取已画好的 $\phi 20$, $\phi 10$ 圆)；

选择对象:↙(按"回车"键,结束拾取。命令行继续提示)；

指定基点或[位移(D)]＜位移＞:(拾取基点 A)；

指定第二个点或 ＜使用第一个点作为位移＞: @50,20↙(输入位移点 B 的相对直角坐标)；

指定第二个点或[退出(E)/放弃(U)]＜退出＞: @30,-20↙(输入位移点 C 的相对直角坐标)；

指定第二个点或[退出(E)/放弃(U)]＜退出＞:↙(按"回车"键,结束命令)。

(3)用相切、相切、半径命令绘制 R30, R15 和 R50 三个圆(作图步骤略)。

(4)用修剪命令剪去多余的圆弧(作图步骤略),完成全图。

2. 镜像命令(Mirror)

利用镜像命令可将选定的图形对象进行对称复制,并根据需要保留或删除原图形对象。工程制图中,经常会遇到对称图形,这时可以只画二分之一乃至四分之一图形,再经过镜像复制得到完全的图形,达到事半功倍的效果。

启动复制命令,可使用下列三种方法。

❈ 下拉菜单:"修改"→"镜像"。

❖ 编辑工具条：单击工具按钮"▲"。

❖ 输入命令：Mi↙（Mirror 的缩写）。

镜像命令的操作步骤如下：

（1）单击工具按钮"▲"，启动命令；

（2）选择镜像对象，按"回车"键结束选择；

（3）指定镜像线的第一点；

（4）指定镜像线的第二点。

（5）确定是否删除源对象，默认为不删除 N；若删除，则输入 Y。

【例 11-17】 用镜像命令将图 11-31（a）编辑为图 11-31（b）。

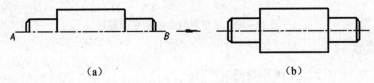

（a） （b）

图 11-31 镜像命令的用法

操作步骤如下：

（1）绘制轴的上半部（作图步骤略）。

（2）镜像复制轴的下半部：

①单击工具按钮"▲"，启动命令；

②用交叉窗口选择轴的上半部，按"回车"键结束选择；

③捕捉端点 A，指定镜像线的第一点，捕捉端点 B，指定镜像线的第二点；

④按"回车"键保留原图形对象。

3. 阵列命令（Array）

利用阵列命令可将选定的图形对象按一定的排列形式（矩形或圆形）进行多重复制。

启动复制命令，可使用下列三种方法。

❖ 下拉菜单："修改"→"阵列"。

❖ 编辑工具条：单击工具按钮"田"。

❖ 输入命令：Ar↙（Array 的缩写）。

阵列复制有两种形式，即矩形阵列和环形阵列，下面通过两个实例来说明操作方法和步骤。

（1）矩形阵列（R）。

【例 11-18】 绘制图 11-32 所示的底板图。

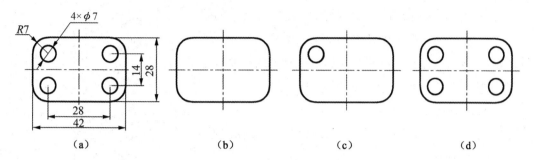

图 11-32 矩形阵列的用法

操作步骤如下：

①用矩形命令绘制图 11-32(b)(作图步骤略)；

②用画圆命令画圆，如图 11-32(c)所示(作图步骤略)；

③应用阵列命令完成整个图形：

单击工具按钮"■■"，启动命令，打开"阵列"对话框，如图 11-33 所示；

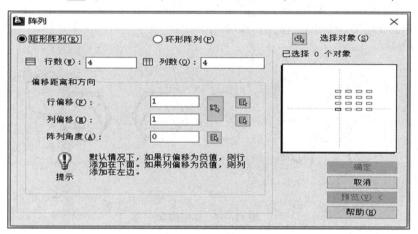

图 11-33 "阵列"对话框

在"阵列"对话框中，选中"矩形阵列"单选按钮；

在"阵列"对话框中，单击"选择对象"按钮"■"，切换到绘图区；

在绘图区，选择要"阵列"复制的对象圆，然后按"回车"键返回"阵列"对话框；

在"阵列"对话框中输入行数 2 和列数 2；

在"偏移距离和方向"输入栏中，分别输入行偏移-14、列偏移 28(也可以单击右边的按钮"■"，对话框暂时消失。在绘图区拾取行偏移量及列偏移量或单击按钮"■"，在绘图区直接用光标画一个矩形，确定行偏移和列偏移的数值，返回"阵列"对话框)；

单击"确定"按钮，完成"阵列"操作，如图 11-32(d)所示。

如单击"预览"按钮，弹出"阵列预览"对话框，如图 11-34 所示。在绘图区预显阵列结果，如符合要求，单击"退出"按钮，结束阵列操作；如不符合要求，进行相应的操作，重新回到"阵列"对话框。

（2）环形阵列（P）。

【例 11-19】 绘制如图 11-35（a）所示的平面图形。

操作步骤如下：

①用画圆命令画 $R15$ 圆，如图 11-35（b）所示（作图步骤略）；

②用正多边形命令画内接于 $R15$ 圆的正三边形和外切于 $R15$ 圆的正六边形，如图 11-35（c）所示（作图步骤略）；

图 11-34 "阵列预览"对话框

③用正多边形命令的 E 项，依次捕捉点 A，B 画正五边形，如图 11-35（d）所示（作图步骤略）；

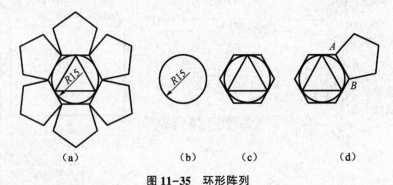

| (a) | (b) | (c) | (d) |

图 11-35 环形阵列

④阵列五边形：

单击工具按钮"⊞"，启动命令，打开"阵列"对话框，如图 11-33 所示；

在"阵列"设置对话框中选择"环形阵列"选项；

确定环形阵列中心，单击输入框右边的"拾取中心点"按钮"⊠"，从绘图区捕捉 $R15$ 圆的圆心作为阵列中心点，也可在中心点右边输入框中直接输入 X，Y 坐标值；

在"阵列"对话框中单击"选择对象"按钮"⊠"；

切换到绘图区，选择要阵列复制的对象五边形，然后按"回车"键返回"阵列"对话框；

输入阵列项目总数 6（项目总数就是环形对象的复制个数，包括源对象）；

输入阵列填充的角度（默认是 360°）；

选中"复制时旋转项目"复选框，表示阵列复制时所选对象旋转；

单击"确定"按钮，完成阵列操作，结果如图 11-35(a)所示。

4. 偏移命令(Offset)

利用偏移命令可将选定的图形对象做等距离复制，生成与源对象形状相同、平行等距放大或缩小的新图形。

启动偏移命令，可使用下列三种方法。

❖ 下拉菜单："修改"→"偏移"。

❖ 编辑工具条：单击工具按钮"⬚"。

❖ 输入命令：O↙(Offset 的缩写)。

使用偏移命令时，可以用两种方法创建新对象，一种是指定偏移距离，另一种是指定新对象通过的点。下面通过两个实例说明偏移命令的两种用法。

【例 11-20】　用偏移命令将图 11-36(a)编辑成图 11-36(c)。

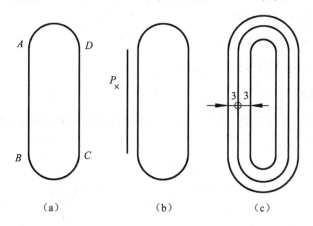

（a）　　　　　　　　（b）　　　　　　　　（c）

图 11-36　指定距离偏移复制对象

操作步骤如下：

(1)单击工具按钮"⬚"，启动偏移命令；

(2)输入偏移距离 3；

(3)单击线 *AB* 选择偏移对象；

(4)单击环外点 *P* 指定偏移方向；

(5)单击弧线 *BC* 选择偏移对象；

(6)单击弧 *BC* 外侧一点指定偏移方向；

(7)以此类推，分别将直线 *CD*、弧线 *AD* 向外偏移距离 3，再将四段线向内偏移距离 3；

(8)按"回车"键结束命令。

【例 11-21】 用偏移命令将图 11-37(a)编辑成图 11-37(b)。

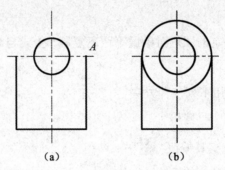

(a)   (b)

图 11-37   指定新对象通过的点复制对象

操作步骤如下：

(1)单击工具按钮""，启动偏移命令；

(2)输入"T"选择通过项；

(3)单击小圆选择偏移对象；

(4)捕捉点 A 指定偏移通过点；

(5)按"回车"键结束命令。

(四)调整对象位置

在 AutoCAD 中，通过移动、旋转、对齐命令来改变图形对象的位置和方向。

1. 移动命令(Move)

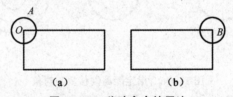

(a)   (b)

图 11-38   移动命令的用法

利用移动命令可将选定的图形对象移动到指定的新位置。

启动移动命令，可使用下列三种方法。

❈ 下拉菜单："修改"→"移动"。

❈ 编辑工具条：单击工具按钮""。

❈ 输入命令：M↙(Move 的缩写)。

移动命令的操作步骤如下：

(1)单击工具按钮""，启动命令；

(2)选择要移动的对象小圆 A，并按"回车"键结束对象选择，如图 11-38(a)所示；

(3)指定移动的基点 O；

(4)指定第二个位移点 B，结果如图 11-38(b)所示。

2. 旋转命令(Rotate)

利用旋转命令可将选定的图形对象绕一指定点(旋转中心)转过指定的角度。

启动旋转命令,可使用下列三种方法。

❈ 下拉菜单:"修改"→"旋转"。

❈ 编辑工具条:单击工具按钮"　"。

❈ 输入命令:Ro↙(Rotate 的缩写)。

旋转命令的操作步骤如下:

(1)单击工具按钮"　",启动命令;

(2)选择要旋转的对象,并按"回车"键结束对象选择;

(3)指定旋转的基点 A,如图 11-39(a)所示;

(4)指定旋转角度45°,结果如图 11-39(b)所示;

(5)如果在指定旋转角度之前输入 C,选用复制选项,则旋转后的图形保留源图形,结果如图 11-39(c)所示。

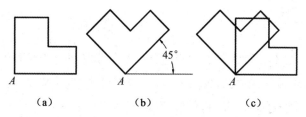

（a）　　　　（b）　　　　（c）

图 11-39　旋转命令的用法

(五)倒角和圆角

在 AutoCAD 中,有两个非常有用的图形编辑命令,它们可以使图形中尖角削平或使其光滑过渡。

1. 倒角命令(Chamfer)

利用倒角命令,可使两个非平行的线段相交或利用斜线连接,如图 11-40 所示。

启动倒角命令,可使用下列三种方法。

❈ 下拉菜单:"修改"→"倒角"。

❈ 编辑工具条:单击工具按钮"　"。

❈ 输入命令:Cha↙(Chamfer 的缩写)。

当启动倒角命令后,命令行提示:

命令:_chamfer;

("修剪"模式)当前倒角距离 1=0.0000,距离 2=0.0000;

选择第一条直线或 [放弃(U)/多段线(P)/距离(D)/角度(A)/修剪(T)/方式(E)/多个(M)]:表示当前模式是"修剪"模式,其倒角的距离都为 0,其含义见图 11-40。

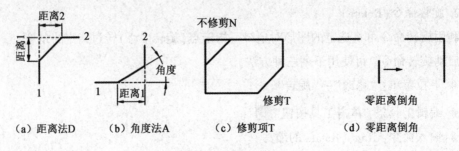

（a）距离法D　　　（b）角度法A　　　（c）修剪项T　　　（d）零距离倒角

图 11-40　倒角命令的用法

倒角的参数可用下面两种方法确定。

①距离法：在选择第一条线之前输入 D 并按"回车"键，可设置"第一倒角距离"和"第二倒角距离"，其中"距离 1"为所选第一条线段切去的距离，"距离 2"为所选第二条线段切去的距离。参数设置后，分别选择第一条直线和第二条直线，完成倒角操作，如图 11-40(a)所示。

②角度法：在选择第一条线之前输入 A 并按"回车"键，可设置"距离 1"和"角度"。操作同"距离法"，如图 11-40(b)所示。

其他选项说明。

①多段线(P)：可对多段线的各顶点进行一次性倒角处理，提高绘图速度。

②修剪(T)：选择修剪模式后提示为：输入修剪模式选项[修剪(T)/不修剪(N)]；如改为不修剪(N)，则作倒角处理时将保留原线段，如图 11-40(c)所示。

③在倒角距离为 0 时将使两边相交，如图 11-40(d)所示。

【例 11-22】　用倒角命令将图 11-41(a)编辑成图 11-41(b)。

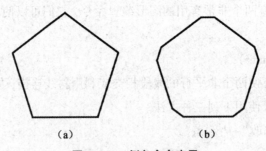

（a）　　　　　　　　　　（b）

图 11-41　倒角命令应用

操作步骤如下：

单击工具按钮" "，启动命令，命令行提示：_chamfer；

（"修剪"模式）当前倒角长度＝0.0000，角度＝0；

选择第一条直线或［放弃(U)/多段线(P)/距离(D)/角度(A)/修剪(T)/方式(E)/多个(M)］：d↙（输入 d，进入距离法）；

指定第一个倒角距离 <0.0000>：4↙（输入第一个倒角距离 4）；

指定第二个倒角距离 <4.0000>:↙(确认第二个倒角距离);

选择第一条直线或［放弃(U)/多段线(P)/距离(D)/角度(A)/修剪(T)/方式(E)/多个(M)］:P↙(输入 P,进入多段线选项);

选择二维多段线:［选择正五边形,完成操作,结果如图 11-41(b)所示］。

2. 圆角命令(Fillet)

利用圆角命令,可用已知半径的圆弧将相邻两个线段光滑地连接起来。

启动圆角命令,可使用下列三种方法。

❖ 下拉菜单:"修改"→"圆角"。

❖ 编辑工具条:单击工具按钮" "。

❖ 输入命令:F↙(Fillet 的缩写)。

圆角命令的操作方法与倒角命令类似,只是用圆弧取代了倒角的斜线。

【例 11-23】 绘制如图 11-42 所示的平面图形。

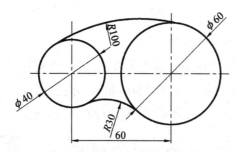

图 11-42 绘制平面图形

操作步骤如下:

(1)画中心线,如图 11-43(a)所示;

(2)分别捕捉交点 A,B 画圆,如图 11-43(b)所示;

(3)再次启动画圆命令,输入 T,采用相切、相切、半径法画 R100 圆。启动剪切命令,以 φ40 和 φ60 两圆为剪切边,修剪 R100 圆,如图 11-43(c)所示;

(4)单击工具按钮" ",启动圆角命令。命令行提示:

命令:_fillet;

当前设置:模式 = 修剪,半径 = 0.0000;

选择第一个对象或［放弃(U)/多段线(P)/半径(R)/修剪(T)/多个(M)］:R↙(进入圆角半径设置选项);

指定圆角半径 <0.0000>:30↙(输入圆角半径);

选择第一个对象或［放弃(U)/多段线(P)/半径(R)/修剪(T)/多个(M)］:(选择 φ40 圆);选择第二个对象［选择 φ60 圆,完成全图,结果如图 11-43(d)所示］。

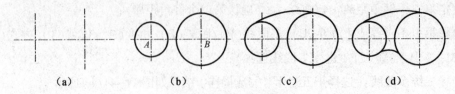

（a）　　　　　（b）　　　　　（c）　　　　　（d）

图 11-43　平面图形画法

（六）特性修改和分解命令

组成图形实体的特性分为几何特性（如形状、大小、位置等）和状态特性（如图层、颜色、线形、线宽等）两大类。根据需要可以对这些特性进行适当的调整。

1. 使用特性命令修改对象特性（Properties）

利用特性命令，通过对特性窗口内容的修改，改变选定图形实体的特性。

启动特性命令，可使用下列三种方法。

❖ 下拉菜单："修改"→"特性"。

❖ 标准工具条：单击工具按钮"▣"。

❖ 输入命令：Pr⤶（Properties 的缩写）。

操作时，首先在绘图区拾取需要修改的对象，选择上述任一方式启动命令，弹出"特性"窗口，选择不同的图形对象。"特性"窗口显示的内容也相应不同。如图 11-44 所示，分别显示的是选择圆、直线、直线和圆的组合时的"特性"窗口。

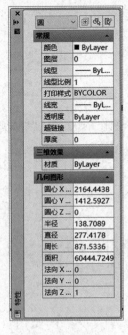

（a）圆的特性窗口　　　　（b）直线的特性窗口　　　　（c）直线和圆的特性窗口

图 11-44　特性窗口的不同形态

在"特性"窗口中,白色项目可以修改,灰色项目均不能修改。

在基本特性中,颜色、图层、线型、线宽等项目单击修改栏后,右边出现翻页箭头 "▼",单击此箭头后,在下拉选项中选取修改内容。其他可修改项目直接输入修改数值 即可,如果所修改数值与其他数值关联,当修改一个数值后,其关联数值也随之发生改 变。例如,将圆的半径改变,其直径、周长、面积随之改变。

【例 11-24】　如图 11-45 所示,将 $\phi30$ 的点划线圆,修改为 $\phi40$ 粗实线圆。

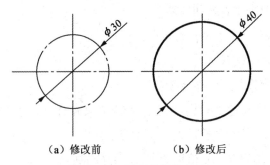

（a）修改前　　　　　　（b）修改后

图 11-45　图形特性的修改

操作步骤如下。

(1)拾取需要修改的圆后,单击工具按钮"☕",弹出"特性"窗口。

(2)在"图层"项目栏中单击右边的翻页箭头"▼",在下拉选项中选取"粗实线", 如图 11-46(a)所示。

（a）修改图层　　　　　　（b）修改直径

图 11-46　特性修改命令的应用

(3)在直径修改栏,直接将"30"改为"40",如图 11-45(b)所示。

(4)按"Esc"键两次,结束命令。

2. 使用特性匹配命令修改对象特性(Matchprop)

利用特性匹配命令可将一个图形对象的某些特性复制给其他图形对象。可以复制的特性包括颜色、图层、线型、线型比例、线宽、文字样式、图案填充样式等,但不能复制修改几何特性。

启动特性匹配命令,可使用下列三种方法。

❖ 下拉菜单:"修改"→"特性匹配"。

❖ 标准工具条:单击工具按钮"📇"。

❖ 输入命令:Ma✓(Matchprop 的缩写)。

特性匹配命令的操作步骤如下:

(1)单击工具按钮"📇",启动命令;

(2)单击 1 点,选择源对象(只能用点选方式拾取源对象),如图 11-47(a)所示;

(3)用窗口选择方式选择要修改的目标对象,如图 11-47(b)所示;

(4)按"回车"键,结束命令,结果如图 11-47(c)所示。

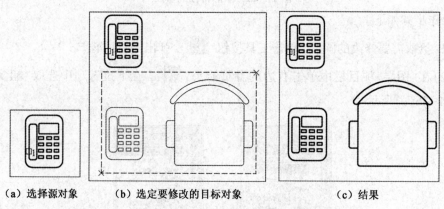

(a) 选择源对象　　　(b) 选定要修改的目标对象　　　(c) 结果

图 11-47　特性匹配命令应用

3. 分解对象(Explode)

利用分解命令可以把复杂的图形对象分解成单一的图形实体,例如将多段线、矩形和多边形分解成多个简单的直线段。

启动分解命令,可使用下列三种方法。

❖ 下拉菜单:"修改"→"分解"。

❖ 修改工具条:单击工具按钮"🔗"。

❖ 输入命令:E✓(Explode 的缩写)。

操作步骤如下:

(1)单击工具按钮"🔗",启动命令;

(2)选择要分解的复杂实体对象,可多次选取对象;

(3)按"回车"键,结束命令。

【任务实施】

1. 设置绘图环境

(1)设置粗实线层：线型实线，图层颜色默认，线宽 0.7 mm。

(2)设置中心线层：线型点划线，图层颜色红色，线宽默认。

(3)建立图形界限为 120×120，打开栅格，视图显示为全部，此时栅格充满屏幕。

2. 精确绘图

(1)根据图中的尺寸，利用直线、圆、阵列命令，动态输入功能绘制，完成如图 11-48(a)所示图形。

(2)利用圆、偏移、修剪、镜像命令，完成如图 11-48(b)所示图形。

(3)利用旋转命令完成如图 11-48(c)所示图形，并保存图形。

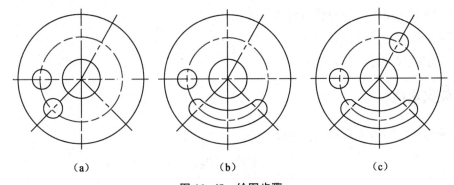

图 11-48　绘图步骤

项目十二　尺寸标注

【学习目标】

（1）掌握文字样式设置方法。

（2）掌握文本的注写与修改方法。

（3）掌握尺寸样式设置方法。

（4）掌握尺寸标注和修改方法。

【任务描述】

绘制图 12-1 所示零件图，并标注尺寸。

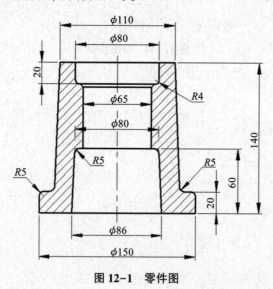

图 12-1　零件图

【相关知识】

一、文字标注

文字标注主要由定义文字样式、输入文字和编辑文字三部分组成，下面分别予以介绍。

(一)定义文字样式

在标注文字之前，首先要定义文字样式。文字样式包括字体、字高、字宽、比例、倾斜角度等形式。由于用途的多样性，有些文字说明需用不同的字体和字体高度，用户可在一幅图形中定义多种文字样式，以方便使用。

AutoCAD 2013 中用于定义文字样式的命令是 Style，启动 Style 命令可以采用下列三种方法。

❇ 下拉菜单："格式"→"文字样式"。

❇ 文字工具条：单击按钮""。

❇ 输入命令：St✓（Style 的缩写）。

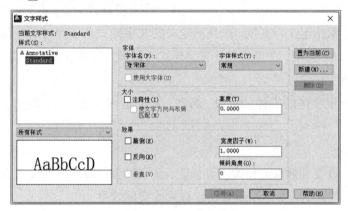

图 12-2　"文字样式"对话框

选择上述任一方式输入命令，弹出"文字样式"对话框，如图 12-2 所示。在该对话框中，可以定义文字样式。

对话框主要选项含义如下。

1. 样式名区域

该区域主要是用来选择已定义的文字样式、新建文字样式、对已设置好的文字样式重新命名及删除某一文字样式。

(1)样式名下拉列表框。列出已定义好的文字样式，选择所需样式后按"应用"按钮即可将该项样式定义为当前样式。在未定义其他字样名之前，系统自动定义的样式名为Standard。

(2)"新建"按钮。该按钮是用来创建新文字样式的。单击该按钮，弹出"新建文字样式"对话框，如图 12-3 所示。在该对话框的输入框中输入用户所需要的样式名，单击"确定"按钮，返回到"文字样式"对话框，在对话框中对新命名的文字样式进行设置。

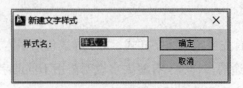

图 12-3 "新建文字样式"对话框

2. 字体区域

该区域主要用来设置字体、字体样式、字体高度，以及选择是否使用大字体。

(1)字体名下拉列表框。在该列表框中显示可以调用的字体。

(2)字体样式下拉列表框。只有选中"使用大字体"复选框才有效，用于指定亚洲语言的大字体文件。

(3)高度文本框。主要用于设置文字高度。如果将其设为 0，则每次在输入文字时，AutoCAD 都将提示指定文字高度。如果所定义的文字样式用于尺寸标注文字样式，则高度值必须设置为 0，否则，在设置尺寸文字样式时所设文字高度将不起作用。

3. 效果区域

主要用来设定字体的特性。例如，高度、宽度比例、倾斜角、颠倒、反向或垂直对齐等。

4. 预览区域

随着字体的改变和效果的修改，动态显示文字样例。输入框中输入文字，按"预览"按钮，将在文字预览框内显示所设置文字样式的实际效果。

【例 12-1】 建立符合国家标准要求的阿拉伯数字及汉字字体的文字样式。

操作步骤如下：

(1)启动文字样式命令("格式"→"文字样式")，打开"文字样式"对话框；

(2)按"新建"按钮，在"新建文字样式"对话框中输入"数字"作为国家标准数字文字样式名，单击"确定"按钮关闭该对话框；

(3)在字体名下拉列表框中选择"isocp.shx"字体，就可获得与国际标准一致的数字样式；

(4)在效果区域中的"宽度比例"输入框中输入"1"，"倾斜角度"输入框中输入"15"；

(5)单击"应用"按钮，使定义的样式成为可用样式。

至此，创建了一个名为"数字"的文字样式，用于在工程图样中书写数字。重复步骤(2)~(5)，再新建一个文字样式名为"长仿宋体"的汉字样式。这时应选"仿宋_GB2312"字体，并把"宽度比例"设为 0.7，"倾斜角度"设为 0，单击"应用"按钮。

(6)单击"关闭"按钮，退出"文字样式"对话框。

(二)输入文字

AutoCAD 2013 采用单行文字和多行文字两种方式输入文字。

1. 单行文字(Dtext)

利用单行文字命令可以创建一行或多行文字,在每行结束处都需按"回车"键。其中,每行文字作为一个独立的实体。一般来说,对于不需要使用多种字体和字高的文字信息,可用单行文字命令输入文字。

启动单行文字命令,可使用下列三种方法。

◈ 下拉菜单:"绘图"→"文字"→"单行文字"。

◈ 文字工具条:单击按钮"**AI**"。

◈ 输入命令:Dt↙(Dtext 的缩写)。

单行文字命令操作步骤如下:

按工具按钮"**AI**",启动命令,命令行提示:

命令:_dtext;

当前文字样式:汉字,当前文字高度:4.0000;

指定文字的起点或 [对正(J)/样式(S)]:(用鼠标拾取方式指定文字标注的起点);

指定高度 <4.0000>:↙(确认文字高度为 4,如需重新设置字高,直接输入数值后按"回车"键);

指定文字的旋转角度 <0>:↙(确认文字旋转角度为 0,也可直接输入角度值);

输入文字:(开始输入文字)。

绘制图样时,通常需要输入一些特殊的字符,如角度符号、直径符号等,这些字符不能由键盘直接输入,可采用表 12-1 所列的代码来输入。

表 12-1　常用符号的输入代码

输入代码	对应字符
%%O	上划线
%%U	下划线
%%D	标注角度"°"
%%C	标注直径"ϕ"
%%P	标注符号"±"
%%%	标注符号"%"

【例 12-2】　按图 12-4 所示样式标注文字。

操作步骤如下:

(1)标注图 12-4(a)所示文字:

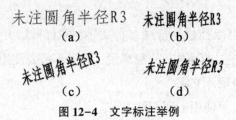

图 12-4　文字标注举例

①按工具按钮"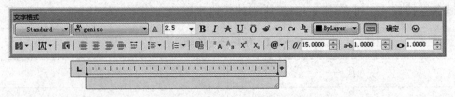"，打开"文字样式"对话框，选择"字体名"下拉列表框中的"仿宋_GB2313"字体，"宽度比例"设为1；

②按工具按钮""，启动单行文字命令，输入该段文字。

(2)标注图 12-4(b)所示文字：

方法类似(1)，只是将"宽度比例"设为 0.7 即可。

(3)标注图 12-4(c)所示文字：

除了在执行单行文字命令中将"指定文字的旋转角度"设为 15°外，其余方法同(2)。

(4)标注图 12-4(d)所示文字：

标注方法类似(2)，只是将"文字样式"对话框中"倾斜角度"设为 15°。

2. 多行文字(Mtext)

利用多行文字命令可以在图中输入一段文字。启动多行文字命令后，打开一个类似于 Word 文字处理程序的"多行文字编辑器"，并弹出"文字格式"工具栏，如图 12-5 所示。在编辑器中，可以使用不同的字体、字高和文字样式。

图 12-5　"多行文字编辑器"及"文字格式"工具栏

启动多行文字命令，可使用下列三种方法。

◈ 下拉菜单："绘图"→"文字"→"多行文字"。

◈ 绘图工具条：单击按钮"A"。

◈ 输入命令：Mt↙(Mtext 的缩写)。

操作步骤如下：

(1)单击工具按钮"A"，启动命令。

(2)分别指定第一角点和对角点，形成矩形文字输入区域。

(3)指定文字输入区域后，弹出如图 12-5 所示的"多行文字编辑器"及"文字格式"工具栏，在"文字格式"工具栏中可设置文字样式、字体、字高和颜色等。如在字体下拉框中，选择"仿宋_GB2312"，在字高框内输入字高"7"，在文字输入区输入"技术要求"。

再在字高框内输入字高"4"，在文字输入区输入具体的要求，如图12-6所示。

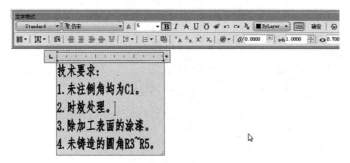

图12-6 输入多行文字

(4)多行文字输入完毕后，按"文字格式"工具栏上的"确定"按钮，将所输入的文字添加至绘图区域，如图12-7所示。

图12-7 将多行文字添加至绘图区域

使用多行文字命令可以用与单行文字命令一样的方法输入角度、直径等一些特殊的符号。也可以在"多行文字编辑器"中单击鼠标右键，显示编辑文字的快捷菜单，选择"符号"→"角度"或"直径"等选项，如图12-8所示。

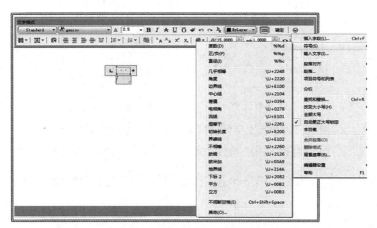

图12-8 利用快捷菜单输入特殊符号

(三)编辑文字

1. 文字编辑命令

利用文字编辑命令可对已标注的文字进行修改。

启动文字编辑命令,可使用下列四种方法。

❋ 下拉菜单:"修改"→"对象"→"文字"→"编辑"。

❋ 文字工具条:单击按钮"**A**"。

❋ 输入命令: Ddedit✓。

❋ 双击要修改的文字。

在 AutoCAD 2013 中,当选择单行文字对象时,文字处于编辑状态,用户可以在图中直接修改文字内容。当选择多行文字对象时,系统将显示"多行文字编辑器"及"文字格式"工具栏,用户可以在编辑器中修改文字内容和特性。

2. 特性修改命令修改文字

用户也可像修改其他对象一样,使用特性修改命令,打开"特性"窗口来修改文字对象。图 12-9(a)和图 12-9(b)分别显示了单行文字和多行文字的"特性"窗口。

（a）单行文字　　　　　　（b）多行文字

图 12-9　单行文字"特性"窗口和多行文字"特性"窗口

对于单行文字,可以直接利用"特性"窗口来更改其内容。对多行文字,单击"文字"区中的内容将显示"▪▪▪"按钮,单击该按钮将打开"多行文字编辑器",可在文字编辑区中更改文字内容。

在"特性"窗口的文字区,还可修改文字的高度、文字样式、宽度等。

二、尺寸标注概述

(一)尺寸标注概述

尺寸标注是绘图设计中的一项重要内容,尺寸标注能准确无误地反映物体的大小和相互位置关系。项目一中介绍了有关尺寸标注的国家标准,对尺寸标注的各组成要素和标注规范有了一定的认识。AutoCAD 提供了多种标注样式,在诸多样式中有些样式比较接近我国的标注习惯(如 ISO-25 标注样式),但仍然需要对这些标注样式进行修改才能完全符合我国的制图国家标准。因此,在标注尺寸前先要对尺寸标注样式进行设置。一般来讲,对图形进行尺寸标注应遵守下面的基本过程:

(1)为尺寸标注建立单独的图层,使之与其他图形信息分开,方便管理。

(2)为尺寸标注建立专门的文字样式。按照我国对工程图样尺寸标注的要求,建立 [例 12-1]中的数字文字样式,即"isocp.shx"字体、"宽度比例"为 1、"倾斜角度"为 15。为了能在尺寸标注时随时修改尺寸文字的高度,应将"高度"设为 0。

(3)设置尺寸标注样式,通过"标注样式管理器"对话框及其打开的各种子对话框设置尺寸线、尺寸界线、尺寸箭头、尺寸文字样式等项目。

(4)给画好的图形标注尺寸。此时应充分利用对象捕捉方法,以便快速、精确拾取定义点。

(5)若需要更改已标注的尺寸,可用尺寸编辑命令。

(二)设置尺寸标注样式(Dimstyle)

尺寸标注样式决定了尺寸线、尺寸界线、尺寸箭头、尺寸文字等外观和标注方式。利用尺寸标注样式命令可以管理已存在的尺寸标注样式、新建尺寸标注样式及设置尺寸变量。

启动尺寸标注样式命令,可使用下列三种方法。

❖ 下拉菜单:"格式"→"标注样式"。

❖ 标注工具条:单击按钮"◢"。

❖ 输入命令:D↙(Dimstyle 的缩写)。

选择上述任一方式,都会弹出如图 12-10 所示"标注样式管理器"对话框。

1. "标注样式管理器"对话框

其各项功能如下:

(1)"当前标注样式"显示当前所使用的尺寸标注样式名(AutoCAD 缺省样式为 ISO-25)。

(2)"样式"窗口中列出了已设置的样式名。

(3)"预览"窗口显示所选样式的效果。

(4)"置为当前"按钮:将选中的样式设置为当前使用标注样式。

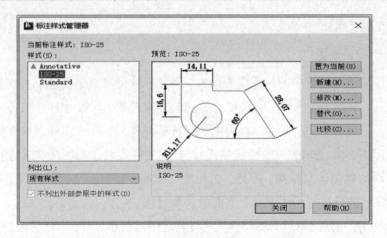

图 12-10 "标注样式管理器"对话框

（5）"新建"按钮：用于创建新的标注样式。

（6）"修改"按钮：用于对已有标注样式进行修改，它打开的对话框与新建对话框在内容和操作上基本一致。

（7）"替代"按钮：用于创建一种临时的样式来覆盖某个已有样式（操作方法上与"修改"基本相同），当采用临时标注样式标注某一尺寸后，再继续采用原来的标注样式标注其他尺寸时，其标注效果不受临时标注样式的影响。

（8）"比较"按钮：用于比较不同标注样式中不同的尺寸变量，并用列表的形式显示。

下面通过"新建"功能的具体操作来介绍尺寸标注样式的设置方法与步骤。

（1）按"标注"工具条中" " 的按钮，启动命令，打开"标注样式管理器"对话框。

（2）单击"标注样式管理器"中"新建"按钮，弹出如图 12-11 所示"创建新标注样式"对话框，在"新样式名"一栏中输入尺寸标注样式名称（如"线性尺寸"），单击"继续"按钮，进入"新建标注样式"对话框，如图 12-12 所示。

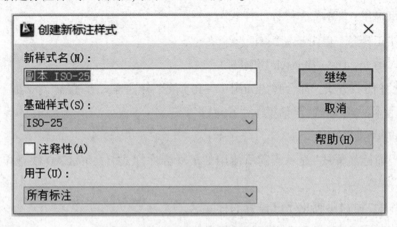

图 12-11 "创建新标注样式"对话框

图 12-12 "新建标注样式"对话框

（3）设置"直线"样式。"直线"选项卡位于"新建标注样式"对话框之首，用于设置尺寸线和尺寸界线外观，下面简要介绍其设置方法。

①"尺寸线"组框：设置尺寸线的特征参数。

"颜色""线型""线宽"下拉列表框：用于设置尺寸线的颜色、线型和线宽，默认值为 ByBlock（随块），一般不重新设置。

"超出标记"文本框：用于设置尺寸线超出尺寸界线的长度，该选项只有当箭头样式为斜线或无箭头时才能用。

"基线间距"文本框：用于设置标注并联尺寸时尺寸线间的间距，如图12-13（a）所示。

"尺寸线1""尺寸线2"复选框：用于控制尺寸线两个组成部分的可见性，如图12-13（b）和 12-13（c）所示。尺寸线 1、尺寸线 2 依鼠标拾取尺寸界线起点的先后而定。

②"尺寸界线"组框：设置尺寸界线的特征参数。

"颜色"下拉列表框：用于设置尺寸界线的颜色。

"尺寸界线1""尺寸界线2"下拉列表框：分别设置两条尺寸界线的线型，默认值为 ByBlock（随块），一般使用默认值，不重新设置。

"线宽"下拉列表框：用于设置尺寸界线的线宽，默认值为 ByBlock（随块），一般使用默认值，不重新设置。

"尺寸界线1""尺寸界线2"复选框：用于控制第一条尺寸界线和第二条尺寸界线的可见性，如图 12-13（d）和（e）所示。

"超出尺寸线"文本框：用于控制尺寸界线超出尺寸线的长度，如图 12-13（f）所示。

"起点偏移量"文本框：用于控制尺寸界线起始点相对轮廓线的偏移量，如图 12-13（f）所示。

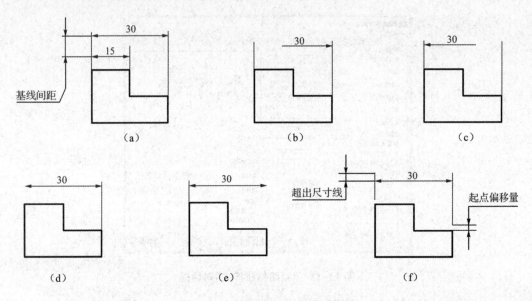

图 12-13　尺寸线和尺寸界线设置

③设置"符号和箭头"样式。

单击"新建标注样式"对话框的"符号和箭头"选项卡，弹出如图 12-14 所示的"符号和箭头"设置对话框，可设置箭头和圆心标记等样式。"箭头"组框用于设置箭头的形式和大小。

"第一个"下拉列表框：设置第一条尺寸线的箭头形式。

"第二个"下拉列表框：设置第二条尺寸线的箭头形式。

"箭头大小"数字微调框：设置箭头的大小。

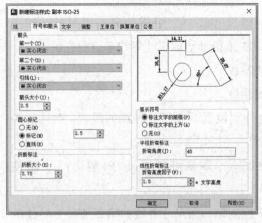

图 12-14　"符号和箭头"选项卡

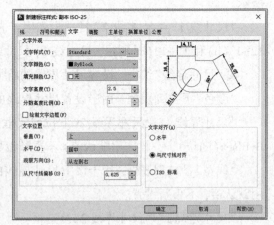

图 12-15　"文字"选项卡

2. 圆心标记项框

用于设置圆和圆弧的圆心标记的样式和大小。

(三)设置"文字"样式

单击"新建标注样式"对话框的"文字"选项卡,弹出如图 12-15 所示的"文字"设置对话框,可设置尺寸标注的文字样式。

(1)"文字外观"组框:用于设置尺寸文本的字体样式、字体高度及颜色等参数。

①"文字样式"下拉列表框:设置尺寸文本的当前文字样式。可从下拉列表中选择已设置的文字样式,工程图样上的尺寸标注文字样式一般选择前面设置过的"数字"样式。也可单击" ... "按钮进入"文字样式"对话框,进行创建或修改文字样式。

②"文字高度"文本框:用于设置文字高度。

(2)"文字位置"组框:用于控制尺寸文本相对于尺寸线和尺寸界线的位置。

①"垂直"下拉列表框:用于设置尺寸文本相对于尺寸线在垂直方向的位置。它有 4 种位置,如图 12-16 所示。"上方"表示尺寸文本位于尺寸线的上方;"置中"表示尺寸文本位于尺寸线的中断处;"外部"表示尺寸文本位于尺寸线的外侧;"JIS"表示按日本国家工业标准规定的方式放置尺寸文本。

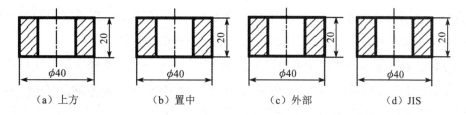

　　（a）上方　　　　　（b）置中　　　　　（c）外部　　　　　（d）JIS

图 12-16　设置标注文字垂直放置方法

②"水平"下拉列表框:用于设置尺寸文本相对于两条尺寸界线的位置。它有 5 种位置,如图 12-17 所示。"置中"表示尺寸文本位于两尺寸界线中间;"第一条尺寸界线"表示尺寸文本位于靠近第一条尺寸界线旁放置;"第二条尺寸界线"表示尺寸文本位于靠近

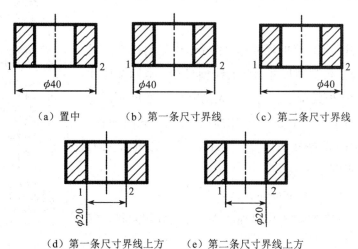

　（a）置中　　　　（b）第一条尺寸界线　　　（c）第二条尺寸界线

　　（d）第一条尺寸界线上方　　　（e）第二条尺寸界线上方

图 12-17　设置标注文字水平放置方法

第二条尺寸界线旁放置；"第一条尺寸界线上方"表示尺寸文本放置在第一条尺寸界线上；"第二条尺寸界线上方"表示尺寸文本放置在第二条尺寸界线上。

③"从尺寸线偏移"文本框：用于确定尺寸文本底部与尺寸线之间的偏移量。

（3）"文字对齐"组框：用于设置尺寸文本的放置方式，如图 12-18 所示。

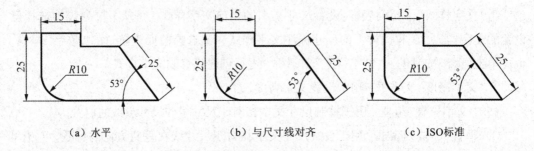

（a）水平　　　　　　　（b）与尺寸线对齐　　　　　　（c）ISO标准

图 12-18　标注文字水平对齐方式

①"水平"单选钮：表示所有标注的尺寸文本均水平放置。

②"与尺寸线对齐"单选钮：表示所有尺寸文本与尺寸线平行。

③"ISO 标准"单选钮：表示所标注的尺寸文本符合国际标准，即文字位于尺寸界线内时，沿尺寸线方向标注；位于尺寸界线之外，沿水平方向标注。

尺寸标注样式还有一些选项需要设置，前面介绍的是一些基本和常用的项目设置方法。当完成以上各种设置后，单击"确定"按钮可从"创建新标注样式"对话框返回到"标注样式管理器"对话框，这时应注意观察预览窗口中标注样式的变化，以减少不必要的操作。若创建的样式符合要求，单击"置为当前"按钮，将新建的样式设置为当前样式，单击"关闭"按钮结束标注样式设置。

（四）标注尺寸

AutoCAD 提供了众多的尺寸标注命令，可以对线性型尺寸、径向型尺寸、角度型尺寸、指引线型尺寸、坐标型尺寸和中心尺寸等 14 种类型进行标注。无论哪种类型尺寸标注都需要先启动尺寸标注命令。常用的启动命令方式有两种，即下拉菜单法和工具按钮法。"标注"下拉菜单见图 12-19，"标注"工具栏见图 12-20。

1. 线性尺寸标注（Dimlinear）

利用线性尺寸标注命令可以标注水平、垂直和倾斜方向的尺寸，如图 12-20 所示。

图 12-19　"标注"下拉菜单

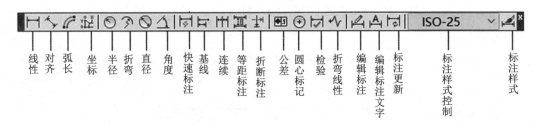

图 12-20 "标注"工具栏

操作步骤如下：

(1)选择下拉菜单"标注"→"线性"，或单击"⊢"工具按钮。

(2)分别指定第一条尺寸界线原点 A 和第二条尺寸界线原点 B，如图 12-21(a)和图 12-21 图(b)所示，也可按"回车"键直接选择标注的对象直线。

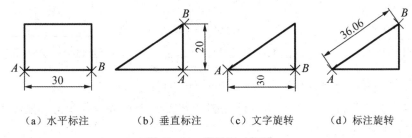

| （a）水平标注 | （b）垂直标注 | （c）文字旋转 | （d）标注旋转 |

图 12-21 线性尺寸标注

(3)在指定尺寸线位置前，可以输入下列选项，编辑标注文字或确定其位置。

①输入"M"，进入"多行文字编辑器"，可输入文字更改 AutoCAD 系统的测量值，或在测量值前后添加文字。

②输入"T"，可在命令行中输入文字更改 AutoCAD 系统的测量值，或在测量值前添加文字。如图 12-21(a)所示，输入"T"后，在命令行中输入"%%C<>"，即在测量值 30 前添加了直径符号"ϕ"。

③输入"A"，然后在命令行中输入旋转角度，则标注的文字按指定角度旋转，如图 12-21(c)所示。

④输入"R"，然后在命令行中输入标注旋转角或指定标注点 A 和 B，可进行倾斜方向的尺寸标注，如图 12-21(d)所示。

(4)指定尺寸线位置。上述工作做好后，可看到浮动的尺寸线、尺寸界线及标注文字，用户可在适当位置用鼠标拾取一点作为尺寸线的位置。

2. 对齐尺寸标注(Dimaligned)

利用对齐尺寸标注命令可标注倾斜方向的尺寸，如图 12-22 所示。具体操作步骤如下：

(1)选择下拉菜单"标注"→"对齐"，或单击"↘"工具按钮；

(2)分别指定第一条尺寸界线原点 A 和第二条尺寸界线原点 B，如图 12-22 所示，也可按"回车"键直接选择标注的对象线 AB；

（3）指定尺寸线位置，其他选项同线性尺寸标注。

3. 弧长标注（Dimarc）

利用弧长标注命令可标注圆弧或多段线上圆弧段的弧长，如图 12-23 所示。具体操作步骤如下：

（1）选择下拉菜单"标注"→"弧长"，或单击" $\mathcal{C}$ "工具按钮；

（2）选择圆弧或多段线的弧线段；

（3）指定尺寸线位置。

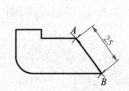

图 12-22 对齐尺寸标注

图 12-23 圆弧尺寸标注

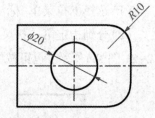

图 12-24 半径和直径标注

4. 半径和直径尺寸标注（Dimradius，Dimdiameter）

利用半径和直径尺寸标注命令可标注圆和圆弧的半径或直径尺寸，如图 12-24 所示。具体操作步骤如下：

（1）选择下拉菜单"标注"→"半径"或"直径"，或单击" $\bigotimes$ "" $\bigotimes$ "工具按钮；

（2）选择一个圆或圆弧；

（3）指定尺寸线位置。

5. 折弯半径标注（Dimjogged）

当圆弧或圆的中心位于布局外并且无法在其实际位置显示时，可用折弯半径标注命令对圆或圆弧进行标注，如图 12-25 所示。操作步骤如下：

（1）选择下拉菜单"标注"→"折弯"，或单击工具按钮" $\mathcal{P}$ "；

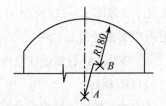

图 12-25 折弯半径标注

（2）选择一个圆、圆弧或多段线的弧线段；

（3）指定中心位置替代点 A，见图 12-25；

（4）指定尺寸线位置；

（5）指定折弯位置点 B，见图 12-25。

6. 角度尺寸标注（Dimangular）

利用角度尺寸标注命令可标注圆弧的中心角、两条非平行线之间的夹角或指定 3 个点所确定的夹角，如图 12-26 所示。操作步骤如下：

（1）选择下拉菜单"标注"→"角度"，或单击" $\triangle$ "工具按钮。

（2）选择标注的对象，执行以下操作：

①选择圆弧。在圆弧上拾取一点，系统会以弧线中心与弧线两端点的连线，作为两条夹角边测量出角度值，并以拖动方式显示尺寸标注，如图 12-26(a)所示。

②选择圆。在圆上拾取一点，拾取点与圆心的连线构成夹角边的第一条尺寸界线，再在圆上指定角的第二个端点，如图 12-26(b)所示。

③选择直线。分别选择两条非平行直线，并以拖动方式显示出尺寸标注，如图12-26(c)所示。

④按"回车"键，即选定默认的"指定顶点"。分别指定角的顶点、角的第一个端点和角的第二个端点，如图 12-26(d)所示。

（3）指定标注弧线位置。

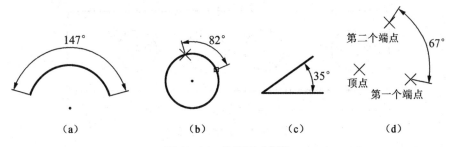

图 12-26　角度尺寸标注

7. 基线标注(Dimbaseline)

利用基线标注命令，可以快速进行使用同一条尺寸界线作为基准的多个尺寸标注，如图 12-27 所示。具体操作步骤如下：

（1）先标注线性尺寸 20，作为基准标注；

（2）选择下拉菜单"标注"→"基线"，或单击" ⊟ "工具按钮，启动基线标注命令，AutoCAD 系统使用基准标注的第一条尺寸界线作为原点；

（3）指定第二条尺寸界线原点 A，然后连续选择尺寸界线的位置点 B、点 C，直到完成基线标注序列，如图 12-27 所示；

（4）按"回车"键，结束命令。

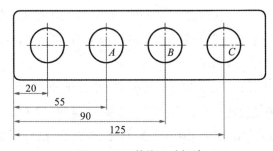

图 12-27　基线尺寸标注

8. 连续尺寸标注(Dimcontinue)

利用连续尺寸标注可以标注一连串的尺寸,即每一个尺寸的第二个尺寸界线原点便是下一个尺寸的第一个尺寸界线的原点。连续尺寸标注与基线标注类似,第一个连续尺寸标注由基准标注的第二个尺寸界线引出,然后下一个连续尺寸标注从前一个连续标注的第二个尺寸界线开始,如图12-28所示。操作步骤如下:

(1)先标注线性尺寸20,作为基准标注,其中所指定的第二条尺寸界线原点是第一个连续标注的原点;

(2)选择下拉菜单"标注"→"连续",或单击工具按钮"⊞",启动连续标注命令;

(3)连续指定第二条尺寸界线原点 A,B,C,直到完成连续标注序列,如图12-28所示;

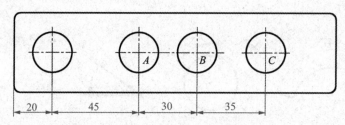

图 12-28　连续尺寸标注

(4)按两次"回车"键,结束命令。

9. 快速引线标注(Qleader)

快速引线标注用于指示图形中包含的特征,并注出关于这个特征的信息。通常用于倒角或形位公差代号的标注,如图12-29所示。

启动快速引线标注命令,可使用下列三种方法。

❈ 下拉菜单:"标注"→"引线"。

❈ 标注工具条:单击按钮"⁄○"。

❈ 输入命令:Le↙(Qleader 的缩写)。

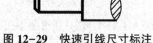

图 12-29　快速引线尺寸标注

下面以图12-29为例,介绍快速引线标注的操作步骤:

(1)按工具按钮"⁄○",启动命令。

(2)按"回车"键,打开"引线设置"对话框,如图12-30所示。其中:

①"注释"选项卡用于定义附着在引线上的注释类型,选中"多行文字"单选按钮,用于建立新的注释,如图12-30所示。

②"引线和箭头"选项卡,用于设置引线类型、引线起点箭头形式、引线的数目和角度约束。对图12-29中倒角的标注,"引线"选直线;"点数"选3点(A,B,C 三点);"箭头"选"无";"角度约束"第一段(AB 段)选45°,第二段(BC 段)选水平,如图12-31所示。

图 12-30　"引线设置"对话框　　　　图 12-31　"引线和箭头"选项卡

③"附着"选项卡，用于指定如何将多行文字附着在引线上。本例题选择"最后一行加下划线"复选框。三个选项卡设置完成后，按"确认"按钮，退出"引线设置"对话框。

（3）分别指定第一个引线点 A、第二个引线点 B 和第三个引线点 C 后按"回车"键。

（4）输入注释文字 C2。按两次"回车"键，结束命令。

（三）编辑尺寸

当需要更改已标注的尺寸时，不是删除再重新标注，而是使用 AutoCAD 提供的尺寸编辑命令来实现尺寸的修改。

1. 编辑标注（Dimedit）

利用编辑标注命令既可以改变已标注文本的内容、转角、位置，还可以改变尺寸界线与尺寸线的相对倾角。

启动编辑标注命令，可使用下列三种方法。

❖ 下拉菜单："标注"→"对齐文字"。

❖ 标注工具条：单击按钮" "。

❖ 输入命令：Ded↙（Dimedit 的缩写）。

启动命令后，命令行提示：

输入标注编辑类型［默认（H）/新建（N）/旋转（R）/倾斜（O）］＜默认＞：

各选项含义如下：

（1）默认（H）：可以使改变过位置的标注文本恢复到标注样式定义的缺省位置。

（2）新建（N）：用于修改尺寸文本的内容。选取该选项，弹出"文字格式"对话框，输入新数值替代原来的尺寸数值，单击"确定"按钮。

（3）旋转（R）：用于改变尺寸文本方向。

（4）倾斜（O）：使两条尺寸界线倾斜一定的角度。

【例 12-3】　图 12-32（a）为原始图形，用编辑标注命令将图 12-32（a）图形的尺寸标注编辑为图 12-32（b）和图 12-32（c）。

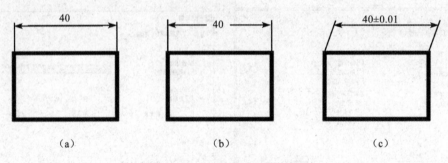

图 12-32 "编辑标注"命令应用

操作步骤如下：

(1)标注图 12-32(b)。

①单击按钮"A"，启动命令；

②输入"R"，进入标注编辑类型"旋转"选项；

③输入"20"，指定标注文字的角度；

④选择要修改的对象尺寸文字 40；

⑤按"回车"键，结束命令。

(2)标注图 12-32(c)。

①单击按钮"A"，启动命令；

②输入"O"，进入标注编辑类型"倾斜"选项；

③选择要修改的对象尺寸文字"40"；

④输入倾斜角度 70；

⑤按"回车"键，结束命令；

⑥直接按"回车"键，再次启动编辑标注命令；

⑦输入"n"，进入标注编辑类型"新建"选项；

⑧在"文字格式"对话框中输入文本"40%%P0.01"，此时注意要完全覆盖原数值；

⑨选择要修改的对象；

⑩按"回车"键，结果命令。

2. 特性修改命令编辑尺寸标注

特性修改命令在前面已经介绍过了，也可以用它来修改已标注的尺寸。首先选择要修改的尺寸标注对象，然后启动特性修改命令，打开如图 12-33 所示尺寸标注的"特性"窗口，对文本内容等项目进行修改。

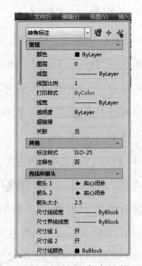

图 12-33 用特性命令编辑尺寸

【任务实施】

1. 设置绘图环境

(1)设置粗实线层:线型实线,图层颜色默认,线宽0.7 mm;

　　设置中心线层:线型点划线,图层颜色红色,线宽默认;

　　设置尺寸线层:线型细实线,图层颜色绿色,线宽默认;

　　设置剖面线层:线型实线,图层颜色蓝色,线宽默认。

(2)建立适合的图形界限,打开栅格,视图显示为全部,此时栅格充满屏幕。

(3)设置尺寸标注的文字样式,字体名为"isocp.shx",宽度比例为0.7,倾斜角度为15°。

2. 精确绘图

根据图中尺寸绘制图形(如图12-34所示),标注尺寸。

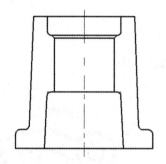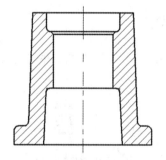

图12-34　绘制过程

3. 保存文件

将完成图形全屏显示,保存图形,如图12-35所示。

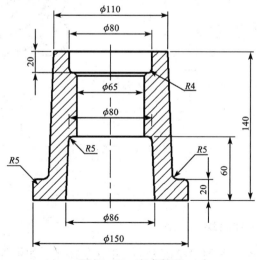

图12-35　完成图形

项目十三　块的操作与编辑

【学习目标】

（1）掌握图块（内部块、外部块）的定义。

（2）掌握图块的调用和编辑方法。

（3）掌握块属性的定义和编辑方法。

（4）能熟练定义带属性的图块。

【任务描述】

绘制如图 13-1 所示零件图，并定义带属性的图块。

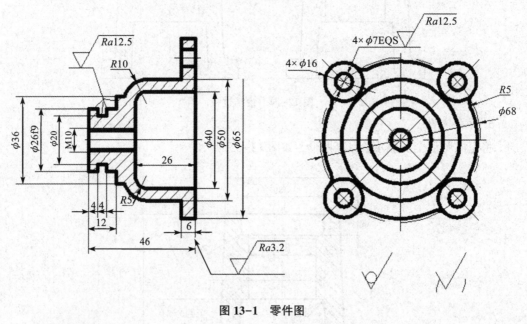

图 13-1　零件图

【相关知识】

一、块定义、块插入和写块

块是图形对象的集合，常用于绘制复杂、重复的图形，如零件图中的表面粗糙度标注，如图 13-2 所示。一组对象一旦定义成图块，就可以根据绘图需要将其插入到图中任意指定位置，还可以按不同的比例和旋转角度插入。使用图块可以在一定程度上提高作图效率。

图 13-2　"块定义"对话框

（一）块定义（Block）

利用块定义的命令可以将已绘出的图形定义为一个块，并给出一个块名。启动定义块命令，可使用下列三种方法。

❖ 下拉菜单："绘图"→"块"→"创建"。

❖ 绘图工具条：单击定义块工具按钮"![]"。

❖ 输入命令：B✓（Block 的缩写）。

启动定义块命令后，AutoCAD 2013 弹出图 13-2 所示的"块定义"对话框。利用该对话框可完成块定义工作。对话框中各主要项的功能如下。

1. "名称"文本框

用于输入块的名称。

2. "基点"选项组

用于指定块上的插入基点位置。单击拾取点按钮"![]"，AutoCAD 临时切换到绘图窗口并提示"指定插入基点："，在此提示下拾取一点，AutoCAD 自动返回对话框。用户也可以在 X、Y 或 Z 文本框中直接输入基点坐标。为插入方便，一般将基点选在块的对称中心、左下角或其他有特征的位置。

3. "对象"选项组

用于指定组成块的对象。选项组中各项的含义如下：

（1）"选择对象"按钮"![]"。该按钮用于选择要组成块的对象。单击该按钮，AutoCAD 临时切换到绘图窗口并提示"选择对象："，在此提示下选择组成块的各对象后按"回车"键，AutoCAD 再次返回原对话框。

（2）"保留""转换为块""删除"单选按钮。确定将指定图形定义成块后，如何处理这些用于定义块的图形有以下几种选项："保留"指保留这些图形；"转换为块"指将对应图形转换成一个块；"删除"则表示删除图形，即定义块后删除掉对应图形。

4."设置"选项组

用于指定块的设置。

（1）"块单位"下拉列表框：用于指定块插入时所使用的单位。

（2）"按统一比例缩放"复选框：用于指定块插入时是否按统一比例缩放。

（3）"允许分解"复选框：用于指定块插入时是否可以被分解。

（4）"说明"文本框：用于输入块的文字说明。

【例13-1】 绘制如图13-3（a）所示的表面粗糙度符号并将其定义成块，块名为"粗糙度"。

操作步骤如下。

（1）绘制如图13-3所示图形，作图步骤如图13-3（b）（c）（d）所示。

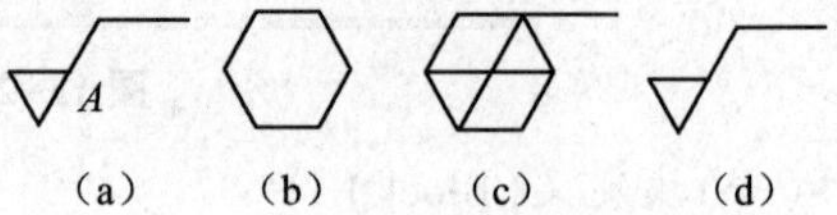

（2）启动块定义命令，AutoCAD弹出"块定义"对话框。在对话框的"名称"文本框中输入"粗糙度"，单击"基点"选项组中的"拾取点"按钮，AutoCAD切换到绘图窗口，提示"指定插入基点："。

图13-3 表面粗糙度符号

（3）在该提示下捕捉图中A点后按"回车"键，AutoCAD返回到"块定义"对话框。

（4）单击对话框中"对象"选项组中的"选择对象"按钮，AutoCAD切换到作图窗口，提示"选择对象："，在该提示下选择图13-3（a）中的图形对象后按"回车"键，AutoCAD返回到"块定义"对话框，如图13-4所示。

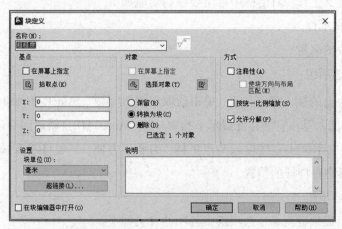

图13-4 定义块"粗糙度"

（5）块定义的其他设置采用对话框中的默认形式，最后单击对话框的"确定"按钮，完成块定义操作。

（二）插入块（Insert）

利用块插入命令可将已定义的块插入在当前图形中指定位置上。

启动插入块命令，可使用下列三种方法。

◈ 下拉菜单："插入"→"块"。

◈ 绘图工具条：单击插入块工具按钮"⬚"。

◈ 输入命令：I↙（Insert 的缩写）。

启动插入块命令后，AutoCAD 2013 弹出图 13-5 所示的"插入"对话框。对话框中各主要项的功能如下。

图 13-5 "插入"对话框

1."名称"下拉列表框

用于选择要插入块或图形的名称，也可通过单击"浏览"按钮，从弹出的"选择图形文件"对话框中选定图形文件。

2."插入点"选项组

用于确定块的插入点。可直接在"X""Y""Z"文本框中输入点的坐标，也可以通过选中"在屏幕上指定"复选框而在屏幕上指定插入点。

3."缩放比例"选项组

用于确定块的插入比例。可直接在"X""Y""Z"文本框中输入块在三个方向的比例，也可以通过选中"在屏幕上指定"复选框而在屏幕上指定。"统一比例"复选框可方便地实现所插入块在 X，Y，Z 三个方向以相同的比例插入。

4."旋转"选项组

用于确定块插入时的旋转角度。可直接在"角度"文本框中输入角度值，也可以通过选中"在屏幕上指定"复选框而在屏幕上指定。

5."分解"复选框

当用户选择"分解"项，AutoCAD 将块插入到图形中后，立即将其分解成单独的对象。

最后，单击"确定"按钮，完成插入块的设置。

【例 13-2】　将定义好的"粗糙度"块，插入图 13-6(a)所示图形中，使其成为图 13-6(b)。

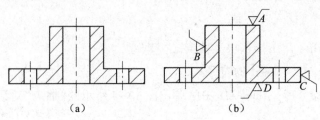

（a）　　　　　　　　　　　（b）

图 13-6　块插入

操作步骤如下。

(1)启动插入块命令，AutoCAD 弹出"插入"对话框。

(2)在"名称"栏的下拉列表中选择"粗糙度"，同时选中"插入点"和"旋转"两组框中的"在屏幕上指定"选项，在"缩放比例"组框中选"统一比例"项，输入值为 1，单击"确定"按钮，AutoCAD 退出"插入"对话框，切换到绘图屏幕。

(3)根据命令行提示进行操作。

命令行提示：

指定插入点或［基点(B)/比例(S)/旋转(R)/预览比例(PS)/预览旋转(PR)］:(捕捉最近点 A)；

指定旋转角度 <0>: 0↙(输入旋转角度)。

重复上述操作，分别将图块插入到其他三个表面。分别捕捉最近点 B, C, D 作为插入点，当命令行提示"指定旋转角度"时，按图中位置分别输入 90, −90, 180。

(三)写块(Wblock)

用 Block 命令定义的块，只能在当前图形文件中调用，不能被其他图形文件调用，称为内部块。利用写块命令可以将块单独以文件形式写入磁盘，可在其他图形文件中利用插入块命令插入该块，故将写块定义的块称为外部块或公共图块。

启动写块命令的方法如下。

❖ 输入命令：W↙(Wblock 的缩写)。

启动写块命令后，弹出"写块"对话框，如图 13-7 所示。对话框中各主要项的功能如下。

1. "源"选项组

确定组成块的对象来源。其中"块"单选按钮表示将把用 Block 命令创建的块写入磁盘。如果选中该单选按钮，则应在相应的文本框中输入块的名称；"整个图形"单选按钮表示将把全部图形写入磁盘；"对象"单选按钮则表示将指定的对象写入磁盘。

2. "基点" "对象" 选项组

"基点" 选项组用于确定块的插入基点位置, "对象" 选项组则用于确定组成块的对象。只有在 "源" 选项组中选中 "对象" 单选按钮后, "基点" 选项组和 "对象" 选项组才能够使用。

3. "目标" 选项组

确定块的保存名称、位置。

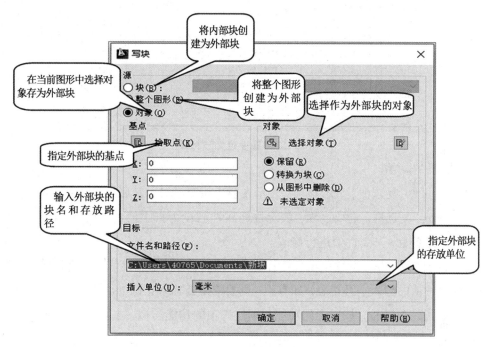

图 13-7 "写块" 对话框

二、块属性及应用

在 AutoCAD 中, 可以附加一些文字信息在图块中, 这些信息如同产品的标记, 指出该图块的一些特征, 称为块属性。块属性操作步骤如下: ①绘制构成块的图形; ②定义属性; ③将图形和属性一起定义为图块; ④插入带属性的块时, 可根据提示, 依据不同的情形, 给块不同的属性文字。

(一) 块的属性定义 (Attdef)

利用属性定义命令可以创建块的文字信息, 并使具有属性的块在使用时具有通用性。

启动块属性定义命令, 可使用下列两种方法。

❖ 下拉菜单: "绘图" → "块" → "定义属性"。

❖ 输入命令: _att√ (Attdef 的缩写)。

启动属性定义命令后, 系统弹出如图 13-8 所示的 "属性定义" 对话框, 其各选项功能如下。

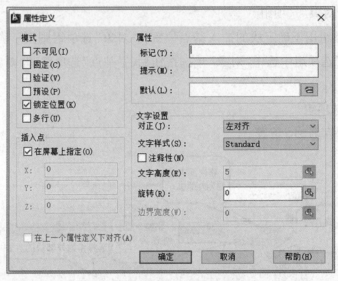

图 13-8 "属性定义"对话框

1. "模式"选项组

（1）"不可见（I）"复选框。选取该项，表示在插入块时不显示其属性。

（2）"固定（C）"复选框。选取该项，表示块的属性已设为指定值，块在插入时不再提示属性信息，也不能对其属性值进行修改。

（3）"验证（V）"复选框。选取该项，表示在插入块时，对每个属性值都会进行提示，要求用户验证属性值的输入是否正确。如有误，则要求重新输入正确的属性值。

（4）"预设（P）"复选框。该选项的功能与固定选项的功能类似，主要区别在于预设可以修改属性值。

2. "属性"选项组

（1）"标记"栏。在栏内可输入用来确认属性的名称。属性名必须为字符串，最长可达 256 个字符。属性名不能为空值，属性中的字母总是以大写形式出现。

（2）"提示"栏。该栏用于输入提示用户的信息。

（3）"默认"栏。该栏用于在插入块时显示在图形中的值或字符。如按"回车"键，则表示它是空值。

3. "插入点"选项组

"插入点"选项组用来指定属性位置。选择"在屏幕上指定"复选框，可在图形中指定一个点作为属性值的定位点，也可以在"X""Y""Z"栏中输入定位点的坐标值作为属性值的定位点。

4. "文字"选项组框

用于确定属性文字的对齐方式、文字样式、文字高度、文字的旋转角度等参数值。

确定了"属性定义"对话框中的各项内容后，单击对话框中的确定按钮，AutoCAD 完成一次属性定义。用户可以用上述方法为块定义多个属性。

（二）定义带属性的块

在定义带有属性的块时，应先绘制出所要组成图块的对象，然后使用"定义属性"命令来建立块的属性。

【例13-3】　用"属性定义"命令将表面粗糙度符号定义为一个带属性的块文件，块名为"表面粗糙度代号"，并将该块插入零件图中，如图13-9（d）所示。

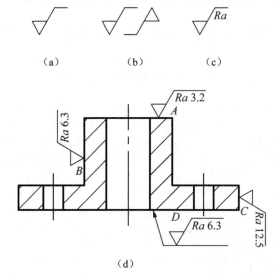

图 13-9　属性块应用

操作步骤如下。

（1）绘制表面粗糙度符号（过程略），如图 13-9（a）所示。

（2）复制表面粗糙度符号，并将其旋转 180°（过程略），如图 13-9（b）所示。

（3）定义属性。

①启动"定义属性"命令，弹出"属性定义"对话框，如图 13-10 所示。

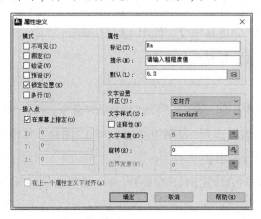

图 13-10　定义 *Ra* 属性

②在"属性"选项组内"标记"栏内输入"*Ra*"。在"提示"栏内输入"*Ra* 值"。

③选择"插入点"选项组内的"在屏幕上指定"复选框。

④在"文字设置"选项组框内设定文字样式为"数字"样式、文字高度为"3"、旋转角度为"0"及对齐方式为"左对齐"。单击"确定"按钮,关闭对话框。

⑤在图形上拾取合适的"插入点"(即表面粗糙度 *Ra* 值的书写位置),完成"表面粗糙度代号"定义。用同样的方法,完成另一个方向的"表面粗糙度代号"定义。

(4)定义带属性的块"表面粗糙度代号 1"和"表面粗糙度代号 2"。

①单击绘图工具栏中按钮" ",启动"块定义"命令,打开"块定义"对话框,如图 13-11 所示。

图 13-11　定义带有属性的块

②在"块定义"对话框中的"名称"文本框内输入"表面粗糙度代号 1",

③在"基点"选项组内,单击"拾取点"按钮( ),在屏幕图形上拾取基点 1。

④在"对象"选项组内,单击"选择对象"按钮( ),在屏幕上选取图 13-9(c)所示图形,单击"确定"按钮,完成块定义,如图 13-11 所示。

⑤同样方法定义"表面粗糙度代号 2"。

(5)块插入。

①单击绘图工具栏中按钮" ",启动"块插入"命令,打开"插入"对话框。

②在"名称"下拉列表框选择"表面粗糙度代号 1"图块,其他选项如图 13-12 所示,单击"确定"按钮,命令行提示:

指定插入点或［基点(B)/比例(S)/旋转(R)/预览比例(PS)/预览旋转(PR)］:(拾取点 *B*);

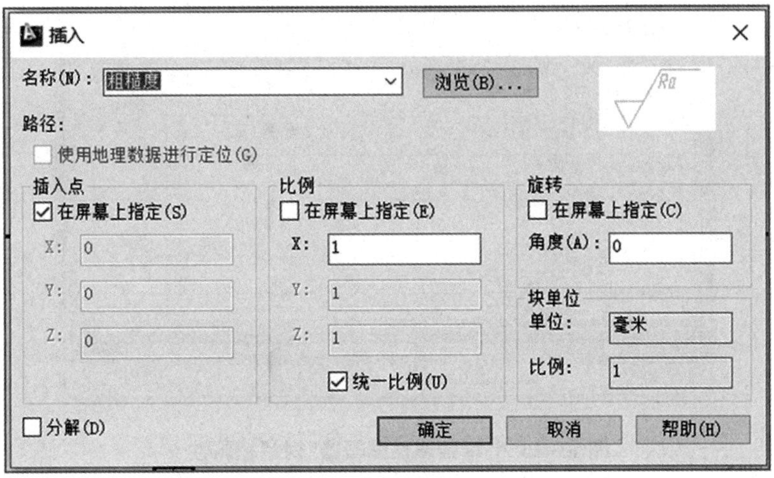

图 13-12 插入"表面粗糙度代号 1"图块

指定旋转角度 <0>：90✓（输入旋转角度）；

输入属性值，请输入 *Ra* 值 <3.2>：6.3✓（输入 *Ra* 值）；

验证属性值，请输入 *Ra* 值 <6.3>：✓（按"回车"键，验证 *Ra* 值）。

重复上述步骤，依次插入其他三个表面粗糙度代号，其 *A* 点的旋转角度和属性值分别是 0°、3.2；*C* 点和 *D* 点，选择"表面粗糙度代号 2"图块，*C* 点的旋转角度和属性值分别是 90°、12.5；*D* 点的旋转角度和属性值分别是 0°、6.3；结果如图 13-9(d)所示。

(三)编辑块属性

用户在图形中添加了带属性的块后，利用属性编辑命令可以修改已插入到图形中块的属性值。

启动块属性编辑命令，可使用下列三种方法。

❖ 下拉菜单："修改"→"对象"→"属性"→"单个"。

❖ 修改"工具条Ⅱ"：单击编辑属性工具按钮" "。

❖ 输入命令：eattedit✓。

启动命令后，系统提示"选择块："，选择要修改的块后，系统弹出如图 13-13 所示的"增强属性编辑器"对话框，其各选项功能如下：

1. 属性卡

该选项卡的"列表框"显示了块中每个属性的标记、提示和值。在列表框中选择某一属性后，在"值"文本框中将显示出该属性对应的属性值，用户可以通过它来修改属性值，如图 13-13 所示。

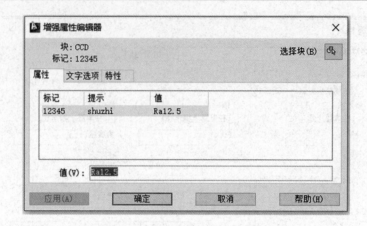

图 13-13 "增强属性编辑器"对话框属性卡

2. 文字选项卡

该选项卡用于修改属性值的文字格式，即对文字的样式、文字的对齐方式、文字高度、旋转角度、文字的宽度系数和文字的倾斜角度等进行重新设置。如图 13-14 所示。

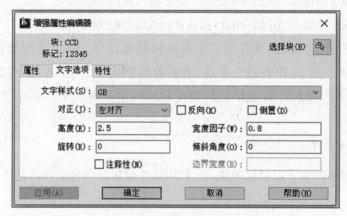

图 13-14 "增强属性编辑器"对话框文字卡

3. 单击"确定"按钮完成属性修改。

【任务实施】

1. 设置绘图环境

（1）设置粗实线层：线型实线，图层颜色默认，线宽 0.7 mm。

设置中心线层：线型点划线，图层颜色红色，线宽默认。

设置尺寸线层：线型细实线，图层颜色绿色，线宽默认。

（2）建立适合的图形界限，打开栅格，视图显示为全部，此时栅格充满屏幕。

（3）设置尺寸标注的文字样式，字体名"isocp.shx"，宽度比例为 0.7，倾斜角度为 15°。

2. 精确绘图

根据图中尺寸，绘制过程如图 13-15 所示，创建块并插入块，标注尺寸。

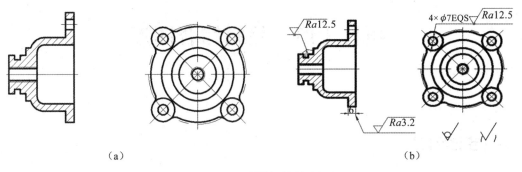

（a） （b）

图 13-15 零件图绘制过程

3. 保存文件

将完成的图形全屏显示，保存图形，如图 13-16 所示，文件名为"学号+姓名"。

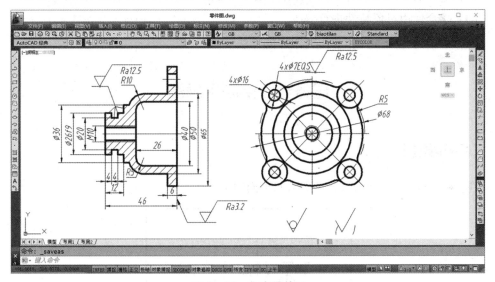

图 13-16 完成零件图

项目十四　绘制综合图形

【学习目标】

（1）通过综合实例的练习，熟练使用 AutoCAD 软件绘制、编辑机械图样和化工专业图样。

（2）掌握设置图层、线型、颜色的方法，学会设置文字、尺寸标注样式。

（3）学会使用对象特性进行修改。

（4）学会建立标准件和常用件图库的方法。

任务一　绘制平面图

【任务描述】

在 A4 图幅中绘制如图 14-1 所示的平面图形。

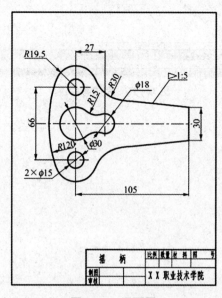

图 14-1　平面图

【任务实施】

1. 设置绘图环境

（1）设置图幅。

①选择"文件"→"新建"命令，新建一个图形文件，在"选择样板"对话框中选择打开按钮下拉列表中"无样板-公制"项，如图 14-2 所示。

图 14-2　新建文件

②选择"格式"→"图形界限"命令，设置图形界限左下角为"0，0"，右上角为"210，297"。

③选择"绘图"→"矩形"命令，绘制 A4 图幅的外边框，再选择"修改"→"偏移"命令，将 A4 图幅的外边框向内偏移 10，如图 14-3 所示。

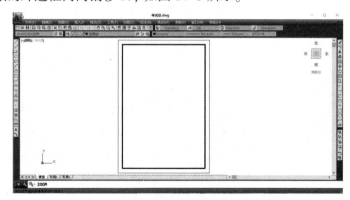

图 14-3　设置 A4 图纸

（2）设置图层及线型。单击图层工具栏中"图层特性管理器"按钮（ ），打开"图层特性管理器"对话框，创建并设置如表 14-1 所列的图层及线型，结果如图 14-4 所示。

表 14-1　创建并设置图层

序号	图层名	颜色	线型	线宽	用途
1	粗实线	绿色	Continuous	0.5	可见轮廓线
2	细实线	白色	Continuous	默认	图案填充、文字标注及细实线绘制
3	点划线	红色	Center	默认	中心线、轴线
4	虚线	品红	ACAD_ISO02W100	默认	不可见轮廓线
5	尺寸	白色	Continuous	默认	标注尺寸、技术要求代号等
6	辅助线	白色	DOT2	默认	作图辅助线

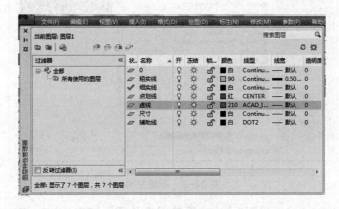

图 14-4　设置图层及线型

（3）设置文字样式。选择"格式"→"文字样式"命令，弹出"文字样式"对话框。单击"新建"按钮，在"新建文字样式"子对话框中以"数字"为样式名，选择"isocp.shx"字体，"倾斜角度"设为15，"宽度比例"设为1，单击"应用"按钮，建立数字和字母文字样式；再新建汉字文字样式"仿宋体"，选择"仿宋_GB2312"字体，"宽度比例"设为0.667，"倾斜角度"设为0，单击"应用"按钮并关闭对话框，如图14-5所示。

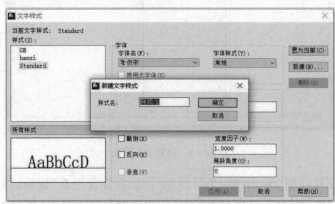

图 14-5　设置文字样式图

(4)设置尺寸标注样式。选择"格式"→"标注样式"命令，弹出"标注样式管理器"对话框，如图 14-6 所示。

图 14-6　设置尺寸标注样式

单击"新建"按钮，在"创建新标注样式"对话框中以"标注 1"为新样式名，单击"继续"按钮，弹出"新建标注样式:标注 1"对话框，分别进入"直线""符号和箭头"和"文字"选项卡，根据制图国家标准的有关规定，在"直线"选项卡中将"基线间距"设置为 8；在"符号和箭头"选项卡中将"箭头大小"高设置为 3.5；在"文字"选项卡中将"文字样式"设为"数字"。

(5)绘制标题栏。根据图 14-7 所示标题栏的格式，采用"矩形""分解""偏移""修剪"等命令绘制标题栏，并采用"多行文字"命令填写标题栏。

完成上述绘图环境的设置后，将图幅外框和标题栏外框改到"粗实线层"，然后以"A4.dwt"为名存入图形样板中，方便以后重复调用。再以"摇柄.dwg"为图形文件另存盘，并在该文件中绘制摇柄图。

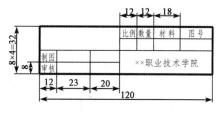

图 14-7　标题栏格式

2. 绘制平面图形

(1)绘制定位线(图 14-8)。①从"图层"工具栏的"图层列表"中调出"点划线"层作为当前层，单击"绘图"工具栏中"╱"按钮，在正交状态下，绘制直线 l_1 和 l_2。

②单击"修改"工具栏中"⬛"按钮，将 l_1 向上、向下偏移 33 mm，得直线 l_3 和 l_4；将 l_2 向右偏移 27 mm，得直线 l_5。

(2)绘制摇柄中的圆(图 14-9)。①从"图层列表"工具栏中调出"粗实线"层作为当前层，单击"绘图"工具栏中"⬤"按钮，分别以 O_1，O_2 为圆心，绘制直径为 39 mm 和 15 mm 的同心圆。

②用相同的方法，以 O_3 为圆心，绘制直径为 30 mm 的圆。

③用相同的方法，以 O_4 为圆心，绘制直径为 18 mm 的圆。

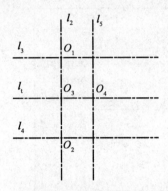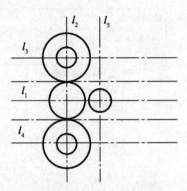

图 14-8　绘制定位线　　　　　　图 14-9　绘制摇柄中的圆

（3）绘制摇柄中的锥度线（图 14-10 和图 14-11）。

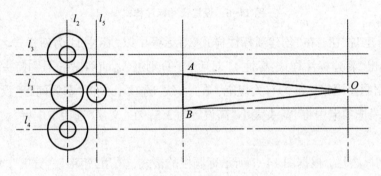

图 14-10　绘制摇柄的锥度线

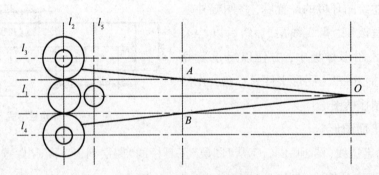

图 14-11　延伸摇柄的锥度线

①单击"修改"工具栏中"▣"按钮，将 l_2 向右分别偏移 105 mm 和 255 mm。

②用同样的方法，将 l_1 分别向上和向下偏移 15 mm。

③单击"绘图"工具栏中"✓"按钮，利用对象捕捉功能，绘制直线 OA，AB，BO，如图 14-10 所示。

④单击"修改"工具栏中"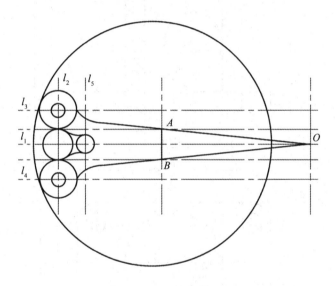"按钮，选择两个 φ39 圆作为延伸边界，分别将 OA 和 OB 两条锥度线延伸到两个 φ39 圆上，如图 14-11 所示。

（4）绘制连接圆弧（图 14-12）。

①单击"绘图"工具栏中"⊙"按钮，输入"T"，用"相切、相切、半径"方式画半径为 120 mm 与两个 φ39 圆内切的大圆。

②单击"修改"工具栏中"⌐"按钮，指定圆角半径为 15 mm，将 φ30 mm 和 φ18 mm 两个圆用 R15 圆弧光滑连接起来。

③用同样的方法，指定半径为 30 mm，将 φ39 mm 的圆和锥线用 R30 圆弧光滑连接起来。

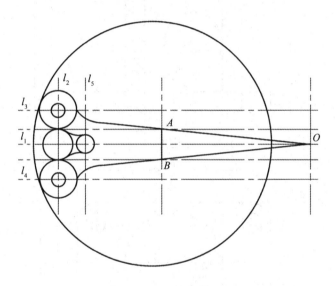

图 14-12 绘制连接圆弧

（5）修剪图形。

①单击"修改"工具栏中按钮"✎"，将多余的定位线删除。

②单击"修改"工具栏中按钮"✂"，修剪图形，得到如图 14-1 所示的效果。

3. 标注尺寸

（1）从"图层列表"工具栏中调出"尺寸"层作为当前层，以"标注 1"作为当前标注样式，根据图中的尺寸类型，分别完成"线性""半径""直径"等尺寸标注。

（2）用"快速引线标注"命令，先完成锥度尺寸标注"1 : 5"，然后绘制锥度符号"▷"，加到"1 : 5"前面。

任务二 绘制剖视图

【任务描述】

在 A4 图幅中绘制如图 14-13 所示的剖视图。

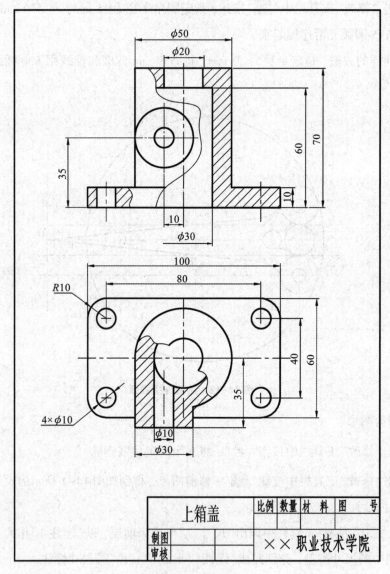

图 14-13 剖视图

【任务实施】

1. 调用项目十中设置的样板图样"A4.dwt"

选择"文件"→"新建"命令,新建一个图形文件,在"选择样板"对话框中"名称"下拉列表框中选择"A4"图纸。因样板文件 A4 已设置好绘图环境,不必再重新设置。

2. 绘制剖视图

(1)布置视图。调出"点划线"层作为当前层,启动"直线"命令,在正交和栅格状态下,绘制各视图的基准线,如图 14-14 所示。

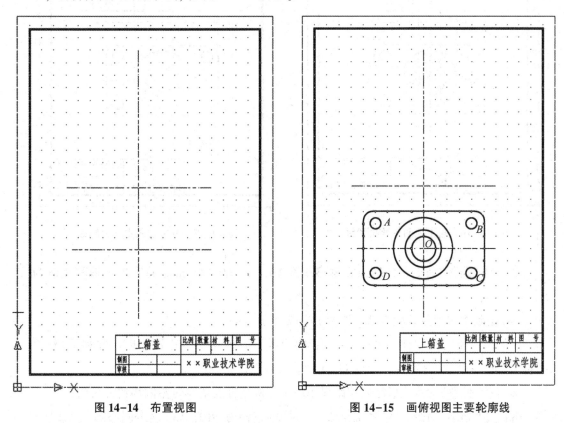

图 14-14 布置视图   图 14-15 画俯视图主要轮廓线

(2)调出"粗实线"层作为当前层,从俯视图入手绘制主要轮廓线,如图 14-15 所示。

①启动"矩形"命令,指定矩形的圆角半径为 10 mm,利用"栅格捕捉"功能画"圆角矩形"。

②启动"画圆"命令,捕捉"矩形圆角"的圆心,指定圆的半径为 5 mm,画圆 A。

③启动"复制"命令,启动"捕捉圆心",连续复制 B, C, D 三个圆。

④启动"画圆"命令,捕捉"交点 O",分别画直径为 $\phi20$, $\phi30$, $\phi50$ 三个同心圆。

(3)绘制主视图主要位置线,如图 14-16 所示。

①调出"辅助线"层作为当前层，启动"构造线"命令，输入"V"后选择画"垂直线"项，利用"对象捕捉"功能，捕捉 1，2，3 通过点，画"三等关系"辅助线。

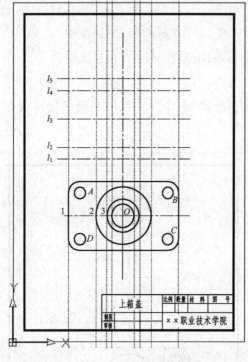

图 14-16　画主视图主要位置线　　　　图 14-17　画主视图主要轮廓线

②启动"偏移"命令，分别指定偏移距离 10，35，60，70 mm，将直线 l_1 偏移复制为 l_2，l_3，l_4，l_5。

（4）绘制主视图主要轮廓线，如图 14-17 所示。

①调出"粗实线"层作为当前层，启动"直线"命令，打开"正交功能"，并利用"对象捕捉"功能，在"主要位置线"上绘制"主要轮廓线"。

②启动"偏移"命令，指定偏移距离 10 mm，将竖直点划线向左偏移到 E 位置。

③启动"画圆"命令，捕捉"交点 E"，分别画直径为 $\phi10$，$\phi30$ 两个同心圆，完成"凸台"的主视图。

（5）完成主视图细节部分，如图 14-18 所示。

①启动"删除"命令，删除所有的辅助线。

②使用"直线""偏移"命令，完成底板上 4 个 $\phi10$ 圆孔在主视图的投影。

③调出"细实线"层作为当前层，启动"样条曲线"命令，绘制"12"和"34"两条样条曲线。注意：启动捕捉"最近点"功能拾取点 1，2 和 3，4，中间各点要关闭对象捕捉功能。

④启动"延伸"命令，将轮廓线 A，B 延长到刚画好的样条曲线上。

⑤启动"图案填充"命令，选用"ANSI31"图案，填充剖面线。

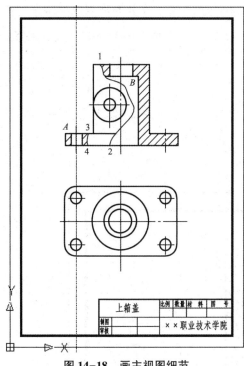

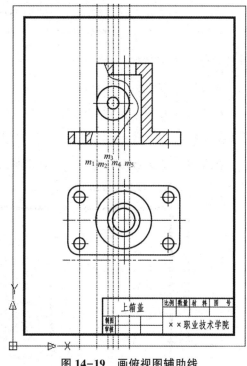

图 14-18　画主视图细节　　　　　　图 14-19　画俯视图辅助线

(6)完成俯视图细节部分。

①调出"辅助线"层作为当前层,启动"构造线"命令,输入"V"选择画"垂直"线项,利用"对象捕捉"功能,捕捉主视图上两同心圆的四个"象限点"和圆心点,画 m_1, m_2, m_3, m_4, m_5 "三等关系"辅助线;启动"偏移"命令,将水平点划线向下偏移 35 mm,如图 14-19 所示。

②调出"粗实线"层作为当前层,用"窗口缩放"命令,放大俯视图;启动"直线"命令,打开"正交功能",并利用"对象捕捉"功能,在"辅助线"上画出直线 n_1, n_2, n_3, n_4, n_5,完成"凸台"投影,如图 14-20 所示。

③调出"细实线"层作为当前层,启动"样条曲线"命令,绘制波浪线 n_6,如图 14-20 所示。

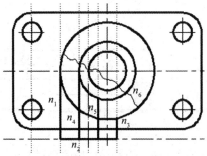

图 14-20　完成"凸台"投影和"波浪线"

④启动"删除"命令，删除作图辅助线；启动"修剪"命令，修剪局部剖视处多余的线条；再调出"细实线"层作为当前层，启动"图案填充"命令，填充"AHSI31"剖面线图案，结果如图14-21所示。

3. 标注尺寸

从"图层列表"工具栏中调出"尺寸"层作为当前层，以"标注1"作为当前标注样式，根据图中的尺寸类型，分别完成"线性""半径""直径"等尺寸标注。

在标注主视图 ϕ30 尺寸时，注意隐藏一端的尺寸线和尺寸界线。

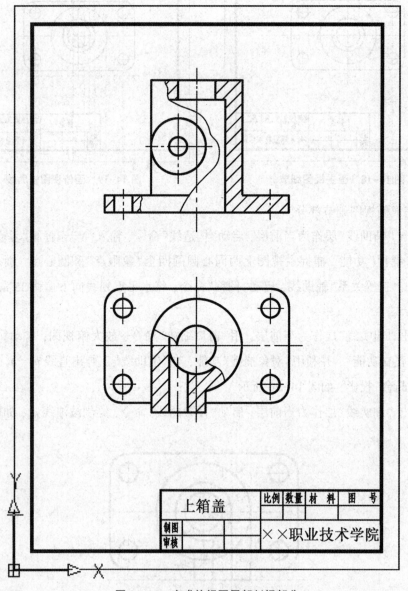

图 14-21　完成俯视图局部剖视部分

任务三 绘制装配图

【任务描述】

抄画如图 14-22 所示装配图。

【任务实施】

1. 设置绘图环境

(1)设置图层及线型。单击图层工具栏中"图层特性管理器"按钮(▒),打开"图层特性管理器"对话框,创建并设置如表 14-2 所列的图层及线型。

表 14-2 图层和线型

序号	图层名	颜色	线型	线宽	用途
1	粗实线	黑/白	Continuous	0.5	可见轮廓线
2	细实线	黑/白	Continuous	默认	细实线绘制
3	点划线	红色	Center	默认	中心线、轴线
4	文字	黑/白	Continuous	默认	文字说明
5	尺寸	绿	Continuous	默认	标注尺寸、技术要求代号等
6	虚线	洋红	HIDDENX2	默认	虚线
7	剖面线	蓝	Continuous	默认	图案填充

(2)选择绘图比例及图幅并绘制图框线。

①根据容器的总高和总宽选择 A4 图纸,选用绘图比例为 1∶1。

②选择"绘图"→"矩形"命令,绘制 A4 图幅的外边框,再选择"修改"→"偏移"命令,将 A4 图幅的外边框向内偏移 10。

③文字样式设置及尺寸标注样式设置同项目一。

2. 布置图面

调出"点划线"层,启动"直线"和"偏移"命令,绘制零件图的基本定位线和装配图的基本中心线;调出"细实线"层,启动"矩形"命令,绘制标题栏及各种表格的外框线。如图 14-23 所示。

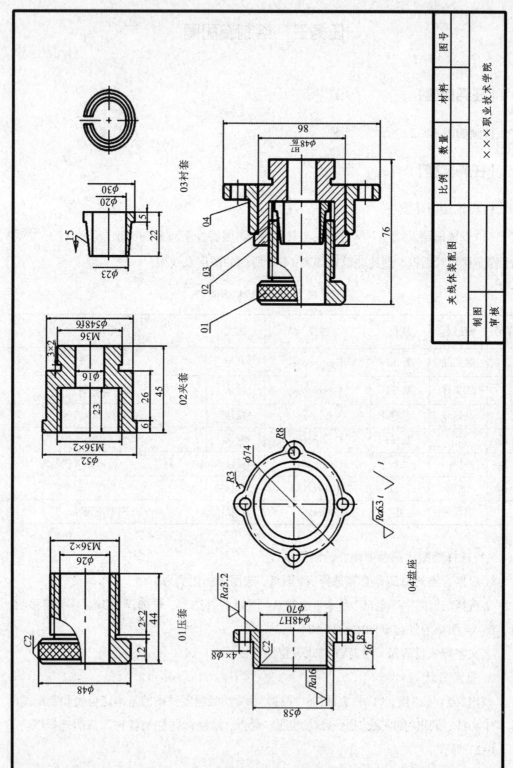

图14-22 夹线体装配图

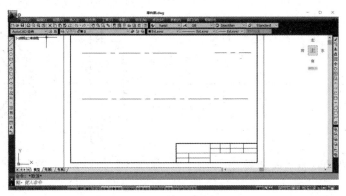

图 14-23　布置图面

3. 绘制零件图

(1)绘制 01 压套。

①用直线、样条线、偏移、镜像、填充、修剪、倒角命令,绘制压套零件图。

②绘制结果如图 14-24 所示。

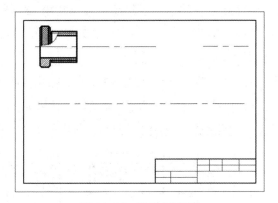

图 14-24　绘制 01 压套

(2)绘制 02 夹套。

①用直线、偏移、镜像、填充、修剪命令,绘制夹套零件图。

②绘制结果如图 14-25 所示。

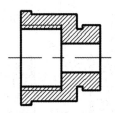

图 14-25　绘制 02 夹套

(3)绘制 03 衬套。

①用直线、圆、偏移、镜像、填充、修剪命令,绘制衬套零件图。

②绘制结果如图 14-26 所示。

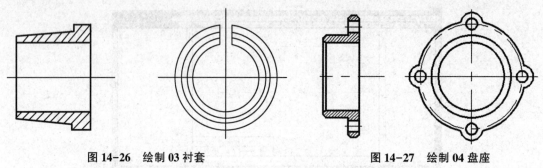

图 14-26　绘制 03 衬套　　　　　　　图 14-27　绘制 04 盘座

（4）绘制 04 盘座。

①用直线、圆、偏移、镜像、填充、修剪、阵列、倒圆角、倒角命令，绘制盘座零件图。

②绘制结果如图 14-27 所示。

4. 绘制装配图

（1）利用"直线"命令绘制长 76 mm 的直线，按照装配要求，利用"移动"命令，以直线左端点为装配基准，将 01 压套左端面中心移动至直线左端，结果如图 14-28（a）所示。

（2）按照装配要求，利用"移动"命令，以直线右端点为装配基准，将 02 夹套右端面中心移动至直线右端，结果如图 14-28（b）所示。

（3）按照装配要求，利用"移动"命令，装配 03 衬套，结果如图 14-28（c）所示。

（4）按照装配要求，利用"移动"命令，装配 04 盘座，结果如图 14-28（d）所示。

（5）利用"修剪"命令，对装配后的零件进行修剪，如图 14-28（e）所示。

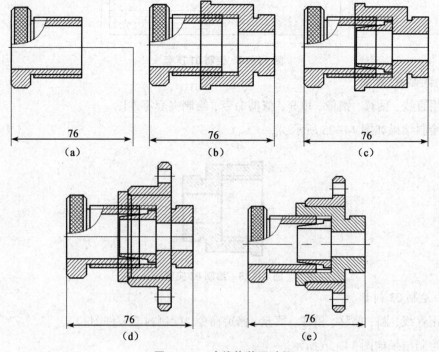

图 14-28　夹线体装配过程

5. 标注主要尺寸及序号

(1)调出"尺寸"层,设定尺寸标注"样式1"的字高为2.5,箭头大小为2.5,然后标注相应尺寸。

(2)设置"样式1"的"替代样式"字高为3.5,启动"快速引线"命令,从装配图左上角开始,按顺时针方向,标注零部件序号。

绘制结果如图14-29所示。

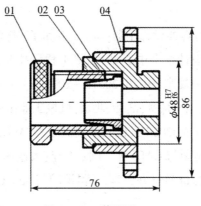

图14-29　装配图

6. 填写表格中文字

在"文字"层上,用"多行文字"命令,采用"汉字"样式,字高为3.5,填写"标题栏"的文字,"对齐格式"采用"居中"和"中央对齐"格式。

7. 保存文件

结果如图14-30所示。

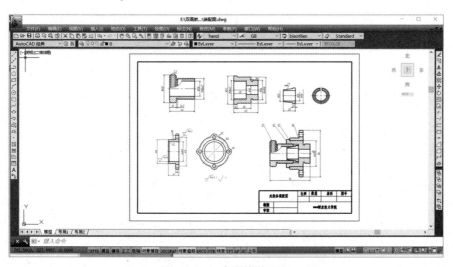

图14-30　夹线体装配图

参考文献

[1] 董大勤,袁凤隐.压力容器设计手册[M].2 版.北京:化学工业出版社,2014.

[2] 全国化工工艺配管设计技术中心站,东华工程科技股份有限公司.化工工艺设计施工图内容和深度统一规定:HG/T 20519—2009[S].北京:中国计划出版社,2010.

[3] 胡建生.机械制图:少学时[M].3 版.北京:机械工业出版社,2017.

[4] 陈天祥.中文版 AutoCAD2008 机械制图案例教程[M].北京:航空工业出版社,2012.

[5] 张晖,侯海晶.化工制图与 CAD[M].3 版.大连:大连理工大学出版社,2023.

[6] 人力资源和社会保障部教材办公室.工程识图与 AutoCAD[M].北京:中国劳动社会保障出版社,2011.

附　录

附录一　螺　纹

1. 普通螺纹（摘自 GB/T 192—2003，GB/T 193—2003，GB/T 196—2003 和 GB/T 197—2003）

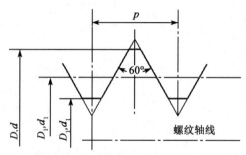

附图 F-1

D—内螺纹大径；d—外螺纹大径；D_2—内螺纹中径；d_2—外螺纹中径；D_1—内螺纹小径；

d_1—外螺纹小径；P—螺距

标记示例：

M10-6g

其中，粗牙普通外螺纹，公称直径 d=M10，中径及大径公差带均为 6g，中等旋合长度，右旋。

M10×1-6H-LH

其中，细牙普通内螺纹，公称直径 D=M10，螺距 P=1，中径及小径公差带均为 6H，中等旋合长度，左旋。

附表 F-1　普通螺纹直径、螺距与公差带　　　　　　　单位：mm

公称直径(D，d)			螺距(P)	
第一系列	第二系列	第三系列	粗牙	细牙
4	—	—	0.7	0.5
5	—	—	0.8	
6	—	—	1	0.75
	7	—		

附表 **F-1**（续）　　　　　　　　　　　　　单位：mm

公称直径(D, d)			螺距(P)	
第一系列	第二系列	第三系列	粗牙	细牙
8	—	—	1.25	1, 0.75
10	—	—	1.5	1.25, 1, 0.75
12	—	—	1.75	1.25, 1
—	14	—	2	1.5, 1.25, 1
—	—	15	—	1.5, 1
16	—	—	2	1.5, 1
—	18	—		2, 1.5, 1
20	—	—	2.5	2, 1.5, 1
—	22	—		2, 1.5, 1
24	—	—	3	2, 1.5, 1
—	—	25	—	2, 1.5, 1
—	27	—	3	2, 1.5, 1
30	—	—	3.5	3, 2, 1.5, 1
—	33	—	3.5	3, 2, 1.5
—	—	35	—	1.5
36	—	—	4	3, 2, 1.5
—	39	—	4	3, 2, 1.5

螺纹种类	精度	外螺纹公差带			内螺纹公差带		
		S	N	L	S	N	L
普通螺纹	中等	(5g6g) (5h6h)	*6g, *6e 6h, *6f	(7e6e) (7g6g) (7h6h)	*5H (5G)	*6H *6G	*7H (7G)
	粗糙	—	8g, (8e)	(9e8e) (9g8g)	—	7H, (7G)	8H, (8G)

注：1. 优先选用第一系列，其次是第二系列，第三系列尽可能不用；括号内尺寸尽可能不用。

2. 大量生产的紧固件螺纹，推荐采用带方框的公差带；带*的公差带优先选用，括号内的公差带尽可能不用。

3. 两种精度选用原则：中等——一般用途；粗糙——对精度要求不高时采用。

2. 管螺纹

(1)55°密封管螺纹(摘自GB/T 7306.1—2000,GB/T 7306.2—2000)。

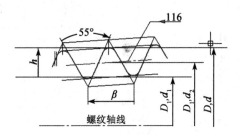

附图 F-2

标记示例:

R1/2

其中,尺寸代号1/2,右旋圆锥外螺纹。

Rc1/2LH

其中,尺寸代号1/2,左旋圆锥内螺纹。

(2)55°非密封管螺纹(摘自GB/T 7307—2001)。

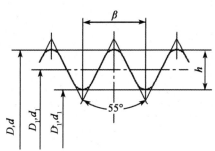

附图 F-3

标记示例:

G1/2LH

其中,尺寸代号1/2,左旋内螺纹。

G1/2A

其中,尺寸代号1/2,A级右旋外螺纹。

附表 F-2　管螺纹尺寸代号及基本尺寸　　　　　　　　　单位:mm

尺寸代号	大径(D, d)	中径(D_2, d_2)	小径(D_1, d_1)	螺距(P)	牙高(h)	每 25.4 mm 内的牙数(n)
1/4	13.157	12.301	11.445	1.337	0.856	19
3/8	16.662	15.806	14.950			
1/2	20.955	19.793	18.631	1.814	1.162	14
3/4	26.441	25.279	24.117			

附表 F-2（续）　　　　　　　　　　　　　单位：mm

尺寸代号	大径(D, d)	中径(D_2, d_2)	小径(D_1, d_1)	螺距(P)	牙高(h)	每 25.4 mm 内的牙数(n)
1	33.249	31.770	30.291			
$1^{1/4}$	41.910	40.431	38.952			
$1^{1/2}$	47.803	46.324	44.845	2.309	1.479	11
2	59.614	58.135	56.656			
$2^{1/2}$	75.184	73.705	72.226			
3	87.884	86.405	84.926			

注：大径、中径、小径值，对于 GB/T 7306.1—2000，GB/T 7306.2—2000 为基准平面内的基本直径，对于 GB/T 7307—2001 为基本直径。

附录二 常用的标准件

1. 六角头螺栓

(1)六角头螺栓(C 级, 摘自 GB/T 5780—2016)。

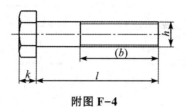

附图 F-4

(2)六角头螺栓(全螺纹, C 级, 摘自GB/T 5781—2016)。

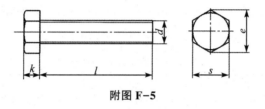

附图 F-5

标记示例:

螺栓 GB/T 5780 M20×100

其中, 螺纹规格 d 为 M20, 公称长度 $l=100$, 性能等级为 4.8 级, 表面不经处理, 杆身半螺纹, 产品等级为 C 级; 是六角头螺栓。

附表 F-3　六角头螺栓规格尺寸　　　　单位: mm

螺纹规格(d)		M5	M6	M8	M10	M12	M16	M20	M24	M30	M36	M42
$b_{参考}$	$l_{公称}\leq125$	16	18	22	26	30	38	46	54	66	—	—
	$125<l_{公称}\leq200$	22	24	28	32	36	44	52	60	72	84	96
	$l_{公称}>200$	35	37	41	45	49	57	65	73	85	97	109
$k_{公称}$		3.5	4.0	5.3	6.4	7.5	10	12.5	15	18.7	22.5	26
S_{max}		8	10	13	16	18	24	30	36	46	55	65
e_{min}		8.63	10.9	14.2	17.6	19.9	26.2	33.0	39.6	50.9	60.8	71.3
$l_{范围}$	GB/T 5780—2016	25~50	30~60	35~80	40~100	45~120	55~160	65~200	80~240	90~300	110~300	160~420
	GB/T 5781—2016	10~40	12~50	16~65	20~80	25~100	35~100	40~100	50~100	60~100	70~100	80~420
$l_{公称}$		10、12、16、20~50(5 进位)、(55)、60、(65)、70~160(10 进位)、180、220~500(20 进位)										

2. 双头螺柱

$b_m = 1d$（GB/T 897—1988），$b_m = 1.25d$（GB/T 898—1988），$b_m = 1.5d$（GB/T 899—1988），$b_m = 2d$（GB/T 900—1988）

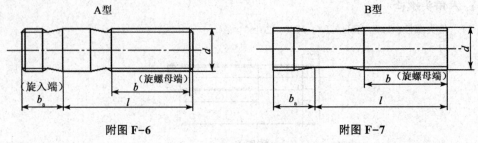

A型　　　　　　　　　　　　　　B型

附图 F-6　　　　　　　　　　　　附图 F-7

标记示例：

螺柱 GB/T 900　M10×50

其中，两端均为粗牙普通螺纹，$d = $ M10，$l = 50$，性能等级为 4.8 级，不经表面处理，B 型，$bm = 2d$；是双头螺柱。

附表 F-4　双头螺柱规格尺寸　　　　　　　　　单位：mm

螺纹规格 (d)	旋入端长度 (b_m)				螺柱长度 (l)/旋螺母端长度 (b)
	GB/T 897 —1988	GB/T 898 —1988	GB/T 899 —1988	GB/T 900 —1988	
M4	—	—	6	8	(16~22)/8，(25~40)/14
M5	5	6	8	10	(16~22)/10，(25~50)/16
M6	6	8	10	12	(20~22)/10，(25~30)/14，(32~75)/18
M8	8	10	12	16	(20~22)/12，(25~30)/16，(32~90)/22
M10	10	12	15	20	(25~28)/14，(30~38)/16，(40~120)/26，130/32
M12	12	15	18	24	(25~30)/16，(32~40)/20，(45~120)/30，(130~180)/36
M16	16	20	24	32	(30~38)/20，(40~55)/30，(60~120)/38，(130~200)/44
M20	20	25	30	40	(35~40)/25，(45~65)/35，(70~120)/46，(130~200)/52
（M24）	24	30	36	48	(45~50)/30，(55~75)/45，(80~120)/54，(130~200)/60
（M30）	30	38	45	60	(60~65)/40，(70~90)/50，(95~120)/66，(130~200)/72，(210~250)/85

附表 F-4（续）　　　　　　　　　　　　　　　　　　单位：mm

螺纹规格 (d)	旋入端长度（b_m）				螺柱长度 l/旋螺母端长度 b
	GB/T 897 —1988	GB/T 898 —1988	GB/T 899 —1988	GB/T 900 —1988	
M36	36	45	54	72	（65~75）/45，（80~110）/60，120/78，（130~200）/ 84，（210~300）/97
M42	42	52	63	84	（70~80）/50，（85~110）/70，120/90，（130~200）/ 96，（210~300）/109
$l_{公称}$	12、(14)、16、(18)、20、(22)、25、(28)、30、(32)、35、(38)、40、45、50、55、60、(65)、70、75、80、(85)、90、(95)、100~260(10 进位)、280、300				

注：1. 尽可能不采用括号内的规格。末端按 GB/T 2—2001 规定。

2. $b_m = 1d$，一般用于钢对钢；$b_m = (1.25~1.5)d$，一般用于钢对铸铁；$b_m = 2d$，一般用于钢对铝合金。

3.六角螺母（C级，摘自 GB/T 41—2016）

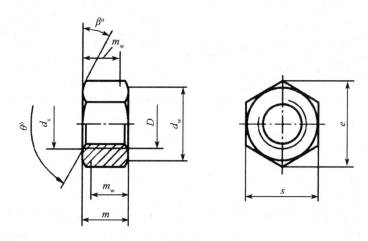

附图 F-8

标记示例：

螺母 GB/T 41　M10

其中，螺纹规格为 M10，性能等级为 5 级，不经表面处理，产品等级为 C 级，是六角螺母。

附表 F-5　六角螺母规格尺寸　　　　　　　　　　　　单位：mm

螺纹规格 (D)		M5	M6	M8	M10	M12	M16	M20
P^a		0.8	1	1.25	1.5	1.75	2	2.5
d_w	min	6.70	8.70	11.50	14.50	16.50	22.00	27.70
e	min	8.63	10.89	14.20	17.59	19.85	26.17	32.95

附表 **F-5**(续)

螺纹规格(D)		M5	M6	M8	M10	M12	M16	M20
m	max	5.60	6.40	7.90	9.50	12.20	15.90	19.00
	min	4.40	4.90	6.40	8.00	10.40	14.10	16.90
m_w	min	3.50	3.70	5.10	6.40	8.30	11.30	13.50
s	公称=max	8.00	10.00	13.00	16.00	18.00	24.00	30.00
	min	7.64	9.64	12.57	15.57	17.57	23.16	29.16

螺纹规格(D)		M24	M30	M36	M42	M48	M56	M64
P^a		3	3.5	4	4.5	5	5.5	6
d_w	min	33.30	42.80	51.10	60.00	69.50	78.70	88.20
e	min	39.55	50.85	60.79	71.30	82.60	93.56	104.86
m	max	22.30	26.40	31.90	34.90	38.90	45.90	52.40
	min	20.20	24.30	29.40	32.40	36.40	43.40	49.40
m_w	min	16.20	19.40	23.20	25.90	29.10	34.70	39.50
s	公称=max	36.00	46.00	55.00	65.00	75.00	85.00	95.00
	min	35.00	45.00	53.80	63.10	73.10	82.80	92.80

$^a P$——螺距。

4. 螺钉

(1)开槽圆柱头螺钉(GB/T 65—2016)。

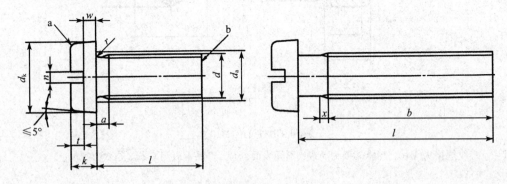

附图 **F-9**

a—圆的或平的;b—辗制末端

标记示例:

　　　　　　　　螺钉 GB/T 65　M5×20

其中,螺纹规格为 M5,$l=50$,性能等级为 4.8 级,不经表面处理,A 级;是开槽圆柱头螺钉。

(2)开槽盘头螺钉(GB/T 67—2016)。

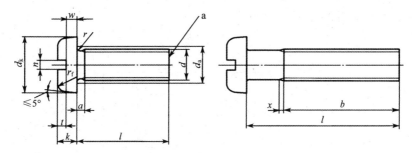

附图 F-10

a—辗制末端

（3）开槽沉头螺钉（GB/T 68—2016）。

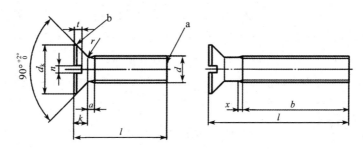

附图 F-11

a—辗制末端；b—圆的或平的

附表 F-6　螺钉规格尺寸　　　　　　　　　　　　单位：mm

螺纹规格(d)		M1.6	M2	M2.5	M3	（M3.5）	M4	M5	M6	M8	M10
$n_{公称}$		0.4	0.5	0.6	0.8	1	1.2	1.2	1.6	2	2.5
GB/T 65—2016	d_{kmax}	3	3.8	4.5	5.5	6	7	8.5	10	13	16
	k_{max}	1.1	1.4	1.8	2	2.4	2.6	3.3	3.9	5	6
	t	0.45	0.6	0.7	0.85	1	1.1	1.3	1.6	2	2.4
	$l_{范围}$	2~16	3~20	3~25	4~30	5~35	5~40	6~50	8~60	10~80	12~80
GB/T 67—2016	d_{kmax}	3.2	4	5	5.6	7	8	9.5	12	16	20
	k_{max}	1	1.3	1.5	1.8	2.1	2.4	3	3.6	4.8	6
	t_{min}	0.35	0.5	0.6	0.7	0.8	1	1.2	1.4	1.9	2.4
	$l_{范围}$	2~16	2.5~20	3~25	4~30	5~35	5~40	6~50	8~60	10~80	12~80
GB/T 68—2016	d_{kmax} （实际值）	3	3.8	4.7	5.5	7.3	8.4	9.3	11.3	15.8	18.3
	k_{max}	1	1.2	1.5	1.65	2.35	2.7	2.7	3.3	4.65	5
	t_{min}	0.32	0.4	0.5	0.6	0.9	1	1.1	1.2	1.8	2
	$l_{范围}$	2.5~16	3~20	4~25	5~30	6~35	6~40	8~50	8~60	10~80	12~80
$l_{系列}$		2、2.5、3、4、5、6、8、10、12、（14）、16、20、25、30、35、40、45、50、（55）、60、（65）、 70、（75）、80									

注：1. 尽可能不采用括号内的规格。

　　2. 商品规格 M1.6~M10。

5. 圆柱销（摘自 GB/T 119.1—2000）

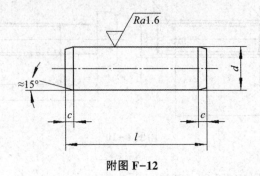

附图 F-12

标记示例：

销　GB/T 119.1　10m6×90

其中，公称直径 $d=10$，公差为 m6，公称长度 $l=90$，材料为钢，不经淬火，不经表面处理；是圆柱销。

销　GB/T 119.1　10m6×90-A1

其中，公称直径 $d=10$，公差为 m6，公称长度 $l=90$，材料为 A1 组奥氏体不锈钢，表面简单处理；是圆柱销。

附表 F-7　圆柱销各部分尺寸　　　　单位：mm

$d_{公称}$	2	2.5	3	4	5	6	8	10	12	16	20	25
$c\approx$	0.35	0.4	0.5	0.63	0.8	1.2	1.6	2.0	2.5	3.0	3.5	4.0
$l_{范围}$	6~20	6~24	8~30	8~40	10~50	12~60	14~80	18~95	22~140	26~180	35~200	50~200
$l_{公称}$	2、3、4、5、6~32（2 进位）、35~100（5 进位）、120~200（20 进位、公称长度大于 200、按照 20 递增）											

6. 圆锥销（摘自 GB/T 117—2000）

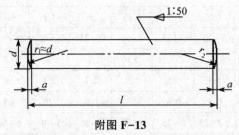

附图 F-13

（1）A 型（磨削）：锥面 Ra 为 0.8 μm。

（2）B 型（切削或冷镦）：锥面 Ra 为 3.2 μm。

标记示例：

销　GB/T 117　6×30

其中，公称直径 $d=6$，公称长度 $l=30$，材料为 35 钢，热处理硬度 28~38HRC，表面氧化处理；是 A 型圆锥销。

附表 F-8　圆锥销各部分尺寸　　　　　　　单位：mm

$d_{公称}$	2	2.5	3	4	5	6	8	10	12	16	20	25
$c\approx$	0.25	0.3	0.4	0.5	0.63	0.8	1.0	1.2	1.6	2.0	2.5	3.0
$l_{范围}$	10~35	10~35	12~45	14~55	18~60	22~90	22~120	26~160	32~180	40~200	45~200	50~200
$l_{公称}$	2、3、4、5、6~32(2进位)、35~100(5进位)、120~200(20进位、公称长度大于200、按照20递增)											

7. 垫圈

（1）平垫圈（A 级，摘自 GB/T 97.1—2002）。

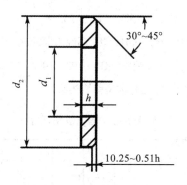

附图 F-14

（2）平垫圈（倒角型，A 级，摘自 GB/T 97.2—2002）。

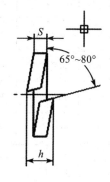

附图 F-15

（3）平垫圈（C 级，摘自 GB/T 95—2002）。

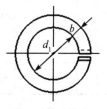

附图 F-16

(4)标准型弹簧垫圈(摘自 GB/T 93—1987)。

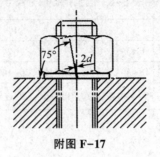

附图 **F-17**

标记示例:

垫圈 GB/T 95 8

意为标准系列,公称规格 8,硬度等级为 100HV 级,不经表面处理,产品等级为 C 级;是平垫圈。

垫圈 GB/T 93 10

意为规格 10,材料为 65Mn,表面氧化;是标准型弹簧垫圈。

附表 **F-9** 垫圈规格尺寸 单位:mm

公称规格 (螺纹大径 d)		4	5	6	8	10	12	16	20	24	30	36	42	48
GB/T 97.1— 2002 (A 级)	d_1	4.3	5.3	6.4	8.4	10.5	13.0	17	21	25	31	37	45	52
	d_2	9	10	12	16	20	24	30	37	44	56	66	78	92
	h	0.8	1	1.6	1.6	2	2.5	3	3	4	4	5	8	8
GB/T 97.2— 2002 (A 级)	d_1	—	5.3	6.4	8.4	10.5	13	17	21	25	31	37	45	52
	d_2	—	10	12	16	20	24	30	37	44	56	66	78	92
	h	—	1	1.6	1.6	2	2.5	3	3	4	4	5	8	8
GB/T 95— 2002 (C 级)	d_1	4.5	5.5	6.6	9	11	13.5	17.5	22	26	33	39	45	52
	d_2	9	10	12	16	20	24	30	37	44	56	66	78	92
	h	0.8	1	1.6	1.6	2	2.5	3	3	4	4	5	8	8
GB/T 93— 1987	d_1	4.1	5.1	6.1	8.1	10.2	12.2	16.2	20.2	24.5	30.5	36.5	42.5	48.5
	$S(b)$	1.1	1.3	1.6	2.1	2.6	3.1	4.1	5	6	7.5	9	10.5	12
	H	2.8	3.3	4	5.3	6.5	7.8	10.3	12.5	15	18.6	22.5	26.3	30

注:1. A 级适用于精装配系列,C 级适用于中等装配系列。

2. C 级垫圈没有 $Ra3.2\ \mu m$ 和去毛刺的要求。

8. 平键及键槽(摘自 GB/T 1095—2003，1096—2003)

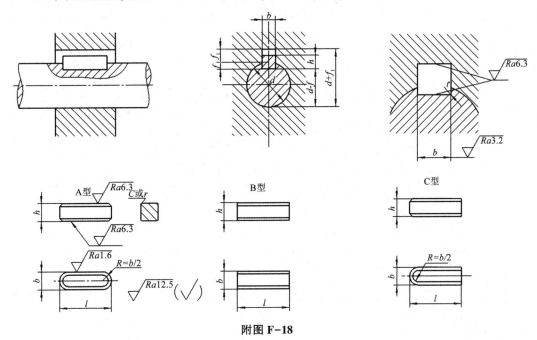

附图 F-18

标记示例：

GB/T 1096 键 16×10×100

意为普通 A 型平键，$b=16$，$h=10$，$L=100$。

GB/T 1096 键 B16×10×100

意为普通 B 型平键，$b=16$，$h=10$，$L=100$。

GB/T 1096 键 C16×10×100

意为普通 C 型平键，$b=16$，$h=10$，$L=100$。

附表 F-10 平键及键槽各部的尺寸
单位：mm

轴	键		键槽									
公称直径 (d)	基本尺寸 ($b×h$)	长度(L)	宽度(b)						深度			半径(r)
			基本尺寸 (b)	极限偏差					轴 t		毂 t_1		
				松联结		正常联结		紧密联结	基本尺寸	极限偏差	基本尺寸	极限偏差	最小	最大
				轴 H9	毂 D10	轴 N9	毂 JS9	轴和毂 P9						
>10~12	4×4	8~45	4	+0.030 0	+0.078 +0.030	0 −0.030	±0.015	−0.012 −0.042	2.5	+0.1 0	1.8	+0.1 0	0.08	0.16
>12~17	5×5	10~56	5						3.0		2.3			
>17~22	6×6	14~70	6						3.5		2.8		0.16	0.25
>22~30	8×7	18~90	8	+0.036 0	+0.098 +0.040	0 −0.036	±0.018	−0.015 −0.051	4.0	+0.2 0	3.3	+0.2 0		
>30~38	10×8	22~110	10						5.0		3.3		0.25	0.40

附表 F-10　平键及键槽各部的尺寸

单位：mm

轴	键		键槽										
			宽度(b)						深度				半径(r)
						极限偏差			轴 t		毂 t_1		
公称直径 (d)	基本尺寸 ($b \times h$)	长度(L)	基本尺寸 (b)	松联结		正常联结		紧密联结	基本尺寸	极限偏差	基本尺寸	极限偏差	
				轴 H9	毂 D10	轴 N9	毂 JS9	轴和毂 P9					最小	最大
>38~44	12×8	28~140	12						5.0		3.3		
>44~50	14×9	36~160	14	+0.043 0	+0.120 +0.050	0 −0.043	±0.0215	−0.018 −0.061	5.5		3.8		0.25	0.40
>50~58	16×10	45~180	16						6.0		4.3		
>58~65	18×11	50~200	18						7.0	+0.2 0	4.4	+0.2 0	
>65~75	20×12	56~220	20						7.5		4.9		
>75~85	22×14	63~250	22	+0.052 0	+0.149 +0.065	0 −0.052	±0.026	−0.022 −0.074	9.0		5.4		0.40	0.60
>85~95	25×14	70~280	25						9.0		5.4		
>95~110	28×16	80~320	28						10		6.4		

$L_{系列}$	6~22(2 进位)，25，28，32，36，40，45，50，56，63，70，80，90，100，110，125，140，160，180，200，220，250，280，320，360，400，450，500

注：1. $(d-t)$ 和 $(d+t_1)$ 两组组合尺寸的极限偏差按照相应的 t 和 t_1 的极限偏差选取，但 $(d-t)$ 极限偏差应取负号(−)。

2. 键 b 的极限偏差为 h8；键 h 的极限偏差矩形为 h11，方形为 h8；键长 L 的极限偏差为 h14。

9. 滚动轴承

附表 F-11　滚动轴承各部分尺寸

单位：mm

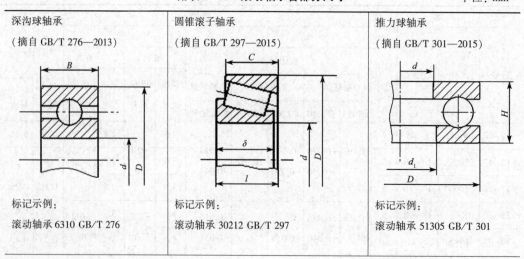

深沟球轴承
（摘自 GB/T 276—2013）

圆锥滚子轴承
（摘自 GB/T 297—2015）

推力球轴承
（摘自 GB/T 301—2015）

标记示例：
滚动轴承 6310 GB/T 276

标记示例：
滚动轴承 30212 GB/T 297

标记示例：
滚动轴承 51305 GB/T 301

附表 F-11（续） 单位：mm

轴承代号	d	D	B	轴承代号	d	D	B	C	T	轴承代号	d	D	T	d_1
尺寸系列[（0）2]				尺寸系列[02]						尺寸系列[12]				
6202	15	35	11	30203	17	40	12	11	13.25	51202	15	32	12	17
6203	17	40	12	30204	20	47	14	12	15.25	51203	17	35	12	19
6204	20	47	14	30205	25	52	15	13	16.25	51204	20	40	14	22
6205	25	52	15	30206	30	62	16	14	17.25	51205	25	47	15	27
6206	30	62	16	30207	35	72	17	15	18.25	51206	30	52	16	32
6207	35	72	17	30208	40	80	18	16	19.75	51207	35	62	18	37
6208	40	80	18	30209	45	85	19	16	20.75	51208	40	68	19	42
6209	45	85	19	30210	50	90	20	17	21.75	51209	45	73	20	47
6210	50	90	20	30211	55	100	21	18	22.75	51210	50	78	22	52
6211	55	100	21	30212	60	110	22	19	23.75	51211	55	90	25	57
6212	60	110	22	30213	65	120	23	20	24.75	51212	60	95	26	62
尺寸系列[（0）3]				尺寸系列[03]						尺寸系列[13]				
6302	15	42	13	30302	15	42	13	11	14.25	51304	20	47	18	22
6303	17	47	14	30303	17	47	14	12	15.25	51305	25	52	18	27
6304	20	52	15	30304	20	52	15	13	16.25	51306	30	60	21	32
6305	25	62	17	30305	25	62	17	15	18.25	51307	35	68	24	37
6306	30	72	19	30306	30	72	19	16	20.75	51308	40	78	26	42
6307	35	80	21	30307	35	80	21	18	22.75	51309	45	85	28	47
6308	40	90	23	30308	40	90	23	20	25.25	51310	50	95	31	52
6309	45	100	25	30309	45	100	25	22	27.25	51311	55	105	35	57
6310	50	110	27	30310	50	110	27	23	29.25	51312	60	110	35	62
6311	55	120	29	30311	55	120	29	25	31.50	51313	65	115	36	67
6312	60	130	31	30312	60	130	31	26	33.50	51314	70	125	40	72
6403	17	62	17	31305	25	62	17	13	18.25	51405	25	60	24	27
6404	20	72	19	31306	30	72	19	14	20.75	51406	30	70	28	32
6405	25	80	21	31307	35	80	21	15	22.75	51407	35	80	32	37
6406	30	90	23	31308	40	90	23	17	25.25	51408	40	90	36	42
6407	35	100	25	31309	45	100	25	18	27.25	51409	45	100	39	47
6408	40	110	27	31310	50	110	27	19	29.25	51410	50	110	43	52
6409	45	120	29	31311	55	120	29	21	31.50	51411	55	120	48	57
6410	50	130	31	31312	60	130	31	22	33.50	51412	60	130	51	62
6411	55	140	33	31313	65	140	33	23	36.00	51413	65	140	56	68
6412	60	150	35	31314	70	150	35	25	38.00	51414	70	150	60	73
6413	65	160	37	31315	75	160	37	26	40.00	51415	75	160	65	78

注：圆括号中的尺寸系列代号在轴承型号中省略。

附录三　极限与配合

公称尺寸 /mm		上极限偏差(es) 所有标准公差等级												基本偏 IT5 和 IT6	IT7	IT8
大于	至	a	b	c	cd	d	e	ef	f	fg	g	h	js	j	j	j
—	3	-270	-140	-60	-34	-20	-14	-10	-6	-4	-2	0		-2	-4	-6
3	6	-270	-140	-70	-46	-30	-20	-14	-10	-6	-4	0		-2	-4	—
6	10	-280	-150	-80	-56	-40	-25	-18	-13	-8	-5	0		-2	-5	—
10	14	-290	-150	-95	—	-50	-32	—	-16	—	-6	0		-3	-6	—
14	18	-290	-150	-95	—	-50	-32	—	-16	—	-6	0		-3	-6	—
18	24	-300	-160	-110	—	-65	-40	—	-20	—	-7	0		-4	-8	—
24	30	-300	-160	-110	—	-65	-40	—	-20	—	-7	0		-4	-8	—
30	40	-310	-170	-120	—	-80	-50	—	-25	—	-9	0		-5	-10	—
40	50	-320	-180	-130	—	-80	-50	—	-25	—	-9	0		-5	-10	—
50	65	-340	-190	-140	—	-100	-60	—	-30	—	-10	0		-7	-12	—
65	80	-360	-200	-150	—	-100	-60	—	-30	—	-10	0		-7	-12	—
80	100	-380	-220	-170	—	-120	-72	—	-36	—	-12	0		-9	-15	—
100	120	-410	-240	-180	—	-120	-72	—	-36	—	-12	0		-9	-15	—
120	140	-460	-260	-200	—	-145	-85	—	-43	—	-14	0		-11	-18	—
140	160	-520	-280	-210	—	-145	-85	—	-43	—	-14	0		-11	-18	—
160	180	-580	-310	-230	—	-145	-85	—	-43	—	-14	0		-11	-18	—
180	200	-660	-340	-240	—	-170	-100	—	-50	—	-15	0		-13	-21	—
200	225	-740	-380	-260	—	-170	-100	—	-50	—	-15	0		-13	-21	—
225	250	-820	-420	-280	—	-170	-100	—	-50	—	-15	0		-13	-21	—
250	280	-920	-480	-300	—	-190	-110	—	-56	—	-17	0		-16	-26	—
280	315	-1050	-540	-330	—	-190	-110	—	-56	—	-17	0		-16	-26	—
315	355	-1200	-600	-360	—	-210	-125	—	-62	—	-18	0		-18	-28	—
355	400	-1350	-680	-400	—	-210	-125	—	-62	—	-18	0		-18	-28	—
400	450	-1500	-760	-440	—	-230	-135	—	-68	—	-20	0		-20	-32	—
450	500	-1650	-840	-480	—	-230	-135	—	-68	—	-20	0		-20	-32	—

js 列：偏差 $=\pm \mathrm{IT}n/2$，式中 n 是标准公差等级数

注：1. 公称尺寸小于或等于 1 时，基本偏差 a 和 b 均不采用。

　　2. 公差带 js7 至 js11，若 ITn 值是奇数，则取偏差 $=\pm(\mathrm{IT}n-1)/2$。

数值(摘自 GB/T 1800.1—2020)　　　　　　　　　　　　　　　　　　　　　　　　　　单位：μm

差数值

IT4 至 IT7	≤IT3 >IT7	所有标准公差等级 下极限偏差(ei)													
k		m	n	p	r	s	t	u	v	x	y	z	za	zb	zc
0	0	+2	+4	+6	+10	+14	—	+18	—	+20	—	+26	+32	+40	+60
+1	0	+4	+8	+12	+15	+19	—	+23	—	+28	—	+35	+42	+50	+80
+1	0	+6	+10	+15	+19	+23	—	+28	—	+34	—	+42	+52	+67	+97
+1	0	+7	+12	+18	+23	+28	—	+33	—	+40	—	+50	+64	+90	+130
									+39	+45	—	+60	+77	+108	+150
+2	0	+8	+15	+22	+28	+35	—	+41	+47	+54	+63	+73	+98	+136	+188
							+41	+48	+55	+64	+75	+88	+118	+160	+218
+2	0	+9	+17	+26	+34	+43	+48	+60	+68	+80	+94	+112	+148	+200	+274
							+54	+70	+81	+97	+114	+136	+180	+242	+325
+2	0	+11	+20	+32	+41	+53	+66	+87	+102	+122	+144	+172	+226	+300	+405
					+43	+59	+75	+102	+120	+146	+174	+210	+274	+360	+480
+3	0	+13	+23	+37	+51	+71	+91	+124	+146	+178	+214	+258	+335	+445	+585
					+54	+79	+104	+144	+172	+210	+254	+310	+400	+525	+690
+3	0	+15	+27	+43	+63	+92	+122	+170	+202	+248	+300	+365	+470	+620	+800
					+65	+100	+134	+190	+228	+280	+340	+415	+535	+700	+900
					+68	+108	+146	+210	+252	+310	+380	+465	+600	+780	+1000
+4	0	+17	+31	+50	+77	+122	+166	+236	+284	+350	+425	+520	+670	+880	+1150
					+80	+130	+180	+258	+310	+385	+470	+575	+740	+960	+1250
					+84	+140	+196	+284	+340	+425	+520	+640	+820	+1050	+1350
+4	0	+20	+34	+56	+94	+158	+218	+315	+385	+475	+580	+710	+920	+1200	+1550
					+98	+170	+240	+350	+425	+525	+650	+790	+1000	+1300	+1700
+4	0	+21	+37	+62	+108	+190	+268	+390	+475	+590	+730	+900	+1150	+1500	+1900
					+114	+208	+294	+435	+530	+660	+820	+1000	+1300	+1650	+2100
+5	0	+23	+40	+68	+126	+232	+330	+490	+595	+740	+920	+1100	+1450	+1850	+2400
					+132	+252	+360	+540	+660	+820	+1000	+1250	+1600	+2100	+2600

附表 F-13　孔的基本偏差数值

基本偏

公称尺寸/mm 大于	至	A	B	C	CD	D	E	EF	F	FG	G	H	JS	J IT6	J IT7	J IT8	K ≤IT8	K >IT8	M ≤IT8	M >IT8
		下极限偏差(EI) 所有标准公差等级																		
—	3	+270	+140	+60	+34	+20	+14	+10	+6	+4	+2	0		+2	+4	+6	0	0	-2	-2
3	6	+270	+140	+70	+46	+30	+20	+14	+10	+6	+4	0		+5	+6	+10	-1+Δ	—	-4+Δ	-4
6	10	+280	+150	+80	+56	+40	+25	+18	+13	+8	+5	0		+5	+8	+12	-1+Δ	—	-6+Δ	-6
10	14	+290	+150	+95	—	+50	+32	—	+16	—	+6	0		+6	+10	+15	-1+Δ	—	-7+Δ	-7
14	18	+290	+150	+95	—	+50	+32	—	+16	—	+6	0		+6	+10	+15	-1+Δ	—	-7+Δ	-7
18	24	+300	+160	+110	—	+65	+40	—	+20	—	+7	0		+8	+12	+20	-2+Δ	—	-8+Δ	-8
24	30	+300	+160	+110	—	+65	+40	—	+20	—	+7	0		+8	+12	+20	-2+Δ	—	-8+Δ	-8
30	40	+310	+170	+120	—	+80	+50	—	+25	—	+9	0		+10	+14	+24	-2+Δ	—	-9+Δ	-9
40	50	+320	+180	+130	—	+80	+50	—	+25	—	+9	0		+10	+14	+24	-2+Δ	—	-9+Δ	-9
50	65	+340	+190	+140	—	+100	+60	—	+30	—	+10	0		+13	+18	+28	-2+Δ	—	-11+Δ	-11
65	80	+360	+200	+150	—	+100	+60	—	+30	—	+10	0		+13	+18	+28	-2+Δ	—	-11+Δ	-11
80	100	+380	+220	+170	—	+120	+72	—	+36	—	+12	0		+16	+22	+34	-3+Δ	—	-13+Δ	-13
100	120	+410	+240	+180	—	+120	+72	—	+36	—	+12	0		+16	+22	+34	-3+Δ	—	-13+Δ	-13
120	140	+460	+260	+200	—	+145	+85	—	+43	—	+14	0		+18	+26	+41	-3+Δ	—	-15+Δ	-15
140	160	+520	+280	+210	—	+145	+85	—	+43	—	+14	0		+18	+26	+41	-3+Δ	—	-15+Δ	-15
160	180	+580	+310	+230	—	+145	+85	—	+43	—	+14	0		+18	+26	+41	-3+Δ	—	-15+Δ	-15
180	200	+660	+340	+240	—	+170	+100	—	+50	—	+15	0		+22	+30	+47	-4+Δ	—	-17+Δ	-17
200	225	+740	+380	+260	—	+170	+100	—	+50	—	+15	0		+22	+30	+47	-4+Δ	—	-17+Δ	-17
225	250	+820	+420	+280	—	+170	+100	—	+50	—	+15	0		+22	+30	+47	-4+Δ	—	-17+Δ	-17
250	280	+920	+480	+300	—	+190	+110	—	+56	—	+17	0		+25	+36	+55	-4+Δ	—	-20+Δ	-20
280	315	+1050	+540	+330	—	+190	+110	—	+56	—	+17	0		+25	+36	+55	-4+Δ	—	-20+Δ	-20
315	355	+1200	+600	+360	—	+210	+125	—	+62	—	+18	0		+29	+39	+60	-4+Δ	—	-21+Δ	-21
355	400	+1350	+680	+400	—	+210	+125	—	+62	—	+18	0		+29	+39	+60	-4+Δ	—	-21+Δ	-21
400	450	+1500	+760	+440	—	+230	+135	—	+68	—	+20	0		+33	+43	+66	-5+Δ	—	-23+Δ	-23
450	500	+1650	+840	+480	—	+230	+135	—	+68	—	+20	0		+33	+43	+66	-5+Δ	—	-23+Δ	-23

JS 列：偏差=±ITn/2，式中n是标准公差等级数

注：1. 公称尺寸小于或等于1时，基本偏差A和B及大于IT8的N均不采用。

2. 公差带JS7至JS11，若ITn值数是奇数，则取偏差=±(ITn-1)/2。

3. 对小于或等于IT8的K，M，N和小于或等于IT7的P至ZC，所需Δ值从表内右侧选取。例

4. 特殊情况：250~315段的M6，ES=-9 μm(代替-11 μm)。

（摘自 GB/T 1800.1—2020）　　　　　　　　　　　　　　　　　　　　　　　　单位：μm

差数值

上极限偏差（ES）														Δ 值					
≤IT8	>IT8	≤IT7	标准公差等级大于IT7											标准公差等级					
N	P至ZC	P	R	S	T	U	V	X	Y	Z	ZA	ZB	ZC	IT3	IT4	IT5	IT6	IT7	IT8
−4	−4	−6	−10	−14	—	−18	—	−20	—	−26	−32	−40	−60	0	0	0	0	0	0
−8+Δ	0	−12	−15	−19	—	−23	—	−28	—	−35	−42	−50	−80	1	1.5	1	3	4	6
−10+Δ	0	−15	−19	−23	—	−28	—	−34	—	−42	−52	−67	−97	1	1.5	2	3	6	7
−12+Δ	0	−18	−23	−28	—	−33	—	−40	—	−50	−64	−90	−130	1	2	3	3	7	9
							−39	−45	—	−60	−77	−108	−150						
−15+Δ	0	−22	−28	−35	−41	−41	−47	−54	−63	−73	−98	−136	−188	1.5	2	3	4	8	12
						−48	−55	−64	−75	−88	−118	−160	−218						
−17+Δ	0	−26	−34	−43	−48	−60	−68	−80	−94	−112	−148	−200	−274	1.5	3	4	5	9	14
					−54	−70	−81	−97	−114	−136	−180	−242	−325						
−20+Δ	0	−32	−41	−53	−66	−87	−102	−122	−144	−172	−226	−300	−405	2	3	5	6	11	16
			−43	−59	−75	−102	−120	−146	−174	−210	−274	−360	−480						
−23+Δ	0	−37	−51	−71	−91	−124	−146	−178	−214	−258	−335	−445	−585	2	4	5	7	13	19
			−54	−79	−104	−144	−172	−210	−254	−310	−400	−525	−690						
−27+Δ	0	−43	−63	−92	−122	−170	−202	−248	−300	−365	−470	−620	−800	3	4	6	7	15	23
			−65	−100	−134	−190	−228	−280	−340	−415	−535	−700	−900						
			−68	−108	−146	−210	−252	−310	−380	−465	−600	−780	−1000						
−31+Δ	0	−50	−77	−122	−166	−236	−284	−350	−425	−520	−670	−880	−1150	3	4	6	9	17	26
			−80	−130	−180	−258	−310	−385	−470	−575	−740	−960	−1250						
			−84	−140	−196	−284	−340	−425	−520	−640	−820	−1050	−1350						
−34+Δ	0	−56	−94	−158	−218	−315	−385	−475	−580	−710	−920	−1200	−1550	4	4	7	9	20	29
			−98	−170	−240	−350	−425	−525	−650	−790	−1000	−1300	−1700						
−37+Δ	0	−62	−108	−190	−268	−390	−475	−590	−730	−900	−1150	−1500	−1900	4	5	7	11	21	32
			−114	−208	−294	−435	−530	−660	−820	−1000	−1300	−1650	−2100						
−40+Δ		−68	−126	−232	−330	−490	−595	−740	−920	−1100	−1450	−1850	−2400	5	5	7	13	23	34
			−132	−252	−360	−540	−660	−820	−1000	−1250	−1600	−2100	−2600						

注：P 至 ZC 栏（>IT8）——在大于 IT7 的相应数值上增加一个 Δ 值。

如：18~30段的K7，Δ=8 μm，所以 ES=(−2+8) μm=+6 μm；18~30段的S6，Δ=4 μm，所以 ES=(−35+4) μm=−31 μm。

附表 F-14　轴的常用公差带及其极限

代号		a	b	c	d	e	f	g	h					
公称尺寸/mm														公差
大于	至	11	11	11	9	8	7	6	5	6	7	8	9	10
—	3	-270 / -330	-140 / -200	-60 / -120	-20 / -45	-14 / -28	-6 / -16	-2 / -8	0 / -4	0 / -6	0 / -10	0 / -14	0 / -25	0 / -40
3	6	-270 / -345	-140 / -215	-70 / -145	-30 / -60	-20 / -38	-10 / -22	-4 / -12	0 / -5	0 / -8	0 / -12	0 / -18	0 / -30	0 / -48
6	10	-280 / -370	-150 / -240	-80 / -170	-40 / -76	-25 / -47	-13 / -28	-5 / -14	0 / -6	0 / -9	0 / -15	0 / -22	0 / -36	0 / -58
10	14	-290 / -400	-150 / -260	-95 / -205	-50 / -93	-32 / -59	-16 / -34	-6 / -17	0 / -8	0 / -11	0 / -18	0 / -27	0 / -43	0 / -70
14	18	-290 / -400	-150 / -260	-95 / -205	-50 / -93	-32 / -59	-16 / -34	-6 / -17	0 / -8	0 / -11	0 / -18	0 / -27	0 / -43	0 / -70
18	24	-300 / -430	-160 / -290	-110 / -240	-65 / -117	-40 / -73	-20 / -41	-7 / -20	0 / -9	0 / -13	0 / -21	0 / -33	0 / -52	0 / -84
24	30	-300 / -430	-160 / -290	-110 / -240	-65 / -117	-40 / -73	-20 / -41	-7 / -20	0 / -9	0 / -13	0 / -21	0 / -33	0 / -52	0 / -84
30	40	-310 / -470	-170 / -330	-120 / -280	-80 / -142	-50 / -89	-25 / -50	-9 / -25	0 / -11	0 / -16	0 / -25	0 / -39	0 / -62	0 / -100
40	50	-320 / -480	-180 / -340	-130 / -290	-80 / -142	-50 / -89	-25 / -50	-9 / -25	0 / -11	0 / -16	0 / -25	0 / -39	0 / -62	0 / -100
50	65	-340 / -530	-190 / -380	-140 / -330	-100 / -174	-60 / -106	-30 / -60	-10 / -29	0 / -13	0 / -19	0 / -30	0 / -46	0 / -74	0 / -120
65	80	-360 / -550	-200 / -390	-150 / -340	-100 / -174	-60 / -106	-30 / -60	-10 / -29	0 / -13	0 / -19	0 / -30	0 / -46	0 / -74	0 / -120
80	100	-380 / -600	-220 / -440	-170 / -390	-120 / -207	-72 / -126	-36 / -71	-12 / -34	0 / -15	0 / -22	0 / -35	0 / -54	0 / -87	0 / -140
100	120	-410 / -630	-240 / -460	-180 / -400	-120 / -207	-72 / -126	-36 / -71	-12 / -34	0 / -15	0 / -22	0 / -35	0 / -54	0 / -87	0 / -140
120	140	-460 / -710	-260 / -510	-200 / -450	-145 / -245	-85 / -148	-43 / -83	-14 / -39	0 / -18	0 / -25	0 / -40	0 / -63	0 / -100	0 / -160
140	160	-520 / -770	-280 / -530	-210 / -460	-145 / -245	-85 / -148	-43 / -83	-14 / -39	0 / -18	0 / -25	0 / -40	0 / -63	0 / -100	0 / -160
160	180	-580 / -830	-310 / -560	-230 / -480	-145 / -245	-85 / -148	-43 / -83	-14 / -39	0 / -18	0 / -25	0 / -40	0 / -63	0 / -100	0 / -160
180	200	-660 / -950	-340 / -630	-240 / -530	-170 / -285	-100 / -172	-50 / -96	-15 / -44	0 / -20	0 / -29	0 / -46	0 / -72	0 / -115	0 / -185
200	225	-740 / -1030	-380 / -670	-260 / -550	-170 / -285	-100 / -172	-50 / -96	-15 / -44	0 / -20	0 / -29	0 / -46	0 / -72	0 / -115	0 / -185
225	250	-820 / -1110	-420 / -710	-280 / -570	-170 / -285	-100 / -172	-50 / -96	-15 / -44	0 / -20	0 / -29	0 / -46	0 / -72	0 / -115	0 / -185
250	280	-920 / -1240	-480 / -800	-300 / -620	-190 / -320	-110 / -191	-56 / -108	-17 / -49	0 / -23	0 / -32	0 / -52	0 / -81	0 / -130	0 / -210
280	315	-1050 / -1370	-540 / -860	-330 / -650	-190 / -320	-110 / -191	-56 / -108	-17 / -49	0 / -23	0 / -32	0 / -52	0 / -81	0 / -130	0 / -210
315	355	-1200 / -1560	-600 / -960	-360 / -720	-210 / -350	-125 / -214	-62 / -119	-18 / -54	0 / -25	0 / -36	0 / -57	0 / -89	0 / -140	0 / -230
355	400	-1350 / -1710	-680 / -1040	-400 / -760	-210 / -350	-125 / -214	-62 / -119	-18 / -54	0 / -25	0 / -36	0 / -57	0 / -89	0 / -140	0 / -230
400	450	-1500 / -1900	-760 / -1160	-440 / -840	-230 / -385	-135 / -232	-68 / -131	-20 / -60	0 / -27	0 / -40	0 / -63	0 / -97	0 / -155	0 / -250
450	500	-1650 / -2050	-840 / -1240	-480 / -880	-230 / -385	-135 / -232	-68 / -131	-20 / -60	0 / -27	0 / -40	0 / -63	0 / -97	0 / -155	0 / -250

偏差（摘自 GB/T 1800.2—2020）　　　　　　　　　　　　　　单位：μm

等级

h 11	h 12	js 6	k 6	m 6	n 6	p 6	r 6	s 6	t 6	u 6	v 6	x 6	y 6	z 6
0 −60	0 −100	±3	+6 0	+8 +2	+10 +4	+12 +6	+16 +10	+20 +14	—	+24 +18	—	+26 +20	—	+32 +26
0 −75	0 −120	±4	+9 +1	+12 +4	+16 +8	+20 +12	+23 +15	+27 +19	—	+31 +23	—	+36 +28	—	+43 +35
0 −90	0 −150	±4.5	+10 +1	+15 +6	+19 +10	+24 +15	+28 +19	+32 +23	—	+37 +28	—	+43 +34	—	+51 +42
0 −110	0 −180	±5.5	+12 +1	+18 +7	+23 +12	+29 +18	+34 +23	+39 +28	—	+44 +33	—	+51 +40	—	+61 +50
											+50 +39	+56 +45	—	+71 +60
0 −130	0 −210	±6.5	+15 +2	+21 +8	+28 +15	+35 +22	+41 +28	+48 +35	—	+54 +41	+60 +47	+67 +54	+76 +63	+86 +73
									+54 +41	+61 +48	+68 +55	+77 +64	+88 +75	+101 +88
0 −160	0 −250	±8	+18 +2	+25 +9	+33 +17	+42 +26	+50 +34	+59 +43	+64 +48	+76 +60	+84 +68	+96 +80	+110 +94	+128 +112
									+70 +54	+86 +70	+97 +81	+113 +97	+130 +114	+152 +136
0 −190	0 −300	±9.5	+21 +2	+30 +11	+39 +20	+51 +32	+60 +41	+72 +53	+85 +66	+106 +87	+121 +102	+141 +122	+163 +144	+191 +172
							+62 +43	+78 +59	+94 +75	+121 +102	+139 +120	+165 +146	+193 +174	+229 +210
0 −220	0 −350	±11	+25 +3	+35 +13	+45 +23	+59 +37	+73 +51	+93 +71	+113 +91	+146 +124	+168 +146	+200 +178	+236 +214	+280 +258
							+76 +54	+101 +79	+126 +104	+166 +144	+194 +172	+232 +210	+276 +254	+332 +310
0 −250	0 −400	±12.5	+28 +3	+40 +15	+52 +27	+68 +43	+88 +63	+117 +92	+147 +122	+195 +170	+227 +202	+273 +248	+325 +300	+390 +365
							+90 +65	+125 +100	+159 +134	+215 +190	+253 +228	+305 +280	+365 +340	+440 +415
							+93 +68	+133 +108	+171 +146	+235 +210	+277 +252	+335 +310	+405 +380	+490 +465
0 −290	0 −460	±14.5	+33 +4	+46 +17	+60 +31	+79 +50	+106 +77	+151 +122	+195 +166	+265 +236	+313 +284	+379 +350	+454 +425	+549 +520
							+109 +80	+159 +130	+209 +180	+287 +258	+339 +310	+414 +385	+499 +470	+604 +575
							+113 +84	+169 +140	+225 +196	+313 +284	+369 +340	+454 +425	+549 +520	+669 +640
0 −320	0 −520	±16	+36 +4	+52 +20	+66 +34	+88 +56	+126 +94	+190 +158	+250 +218	+347 +315	+417 +385	+507 +475	+612 +580	+742 +710
							+130 +98	+202 +170	+272 +240	+382 +350	+457 +425	+557 +525	+682 +650	+822 +790
0 −360	0 −570	±18	+40 +4	+57 +21	+73 +37	+98 +62	+144 +108	+226 +190	+304 +268	+426 +390	+511 +475	+626 +590	+766 +730	+936 +900
							+150 +114	+244 +208	+330 +294	+471 +435	+566 +530	+696 +660	+856 +820	+1036 +1000
0 −400	0 −630	±20	+45 +5	+63 +23	+80 +40	+108 +68	+166 +126	+272 +232	+370 +330	+530 +490	+635 +595	+780 +740	+960 +920	+1140 +1100
							+172 +132	+292 +252	+400 +360	+580 +540	+700 +660	+860 +820	+1040 +1000	+1290 +1250

附表 F-15　孔的常用公差带及其极限

| 代号 公称尺寸/mm | | A | B | C | D | E | F | G | H | | | | | 公差 |
大于	至	11	11	11	9	8	8	7	6	7	8	9	10	11
—	3	+330 +270	+200 +140	+120 +60	+45 +20	+28 +14	+20 +6	+12 +2	+6 0	+10 0	+14 0	+25 0	+40 0	+60 0
3	6	+345 +270	+215 +140	+145 +70	+60 +30	+38 +20	+28 +10	+16 +4	+8 0	+12 0	+18 0	+30 0	+48 0	+75 0
6	10	+370 +280	+240 +150	+170 +80	+76 +40	+47 +25	+35 +13	+20 +5	+9 0	+15 0	+22 0	+36 0	+58 0	+90 0
10	14	+400 +290	+260 +150	+205 +95	+93 +50	+59 +32	+43 +16	+24 +6	+11 0	+18 0	+27 0	+43 0	+70 0	+110 0
14	18	+400 +290	+260 +150	+205 +95	+93 +50	+59 +32	+43 +16	+24 +6	+11 0	+18 0	+27 0	+43 0	+70 0	+110 0
18	24	+430 +300	+290 +160	+240 +110	+117 +65	+73 +40	+53 +20	+28 +7	+13 0	+21 0	+33 0	+52 0	+84 0	+130 0
24	30	+430 +300	+290 +160	+240 +110	+117 +65	+73 +40	+53 +20	+28 +7	+13 0	+21 0	+33 0	+52 0	+84 0	+130 0
30	40	+470 +310	+330 +170	+280 +120	+142 +80	+89 +50	+64 +25	+34 +9	+16 0	+25 0	+39 0	+62 0	+100 0	+160 0
40	50	+480 +320	+340 +180	+290 +130	+142 +80	+89 +50	+64 +25	+34 +9	+16 0	+25 0	+39 0	+62 0	+100 0	+160 0
50	65	+530 +340	+380 +190	+330 +140	+174 +100	+106 +60	+76 +30	+40 +10	+19 0	+30 0	+46 0	+74 0	+120 0	+190 0
65	80	+550 +360	+390 +200	+340 +150	+174 +100	+106 +60	+76 +30	+40 +10	+19 0	+30 0	+46 0	+74 0	+120 0	+190 0
80	100	+600 +380	+440 +220	+390 +170	+207 +120	+125 +72	+90 +36	+47 +12	+22 0	+35 0	+54 0	+87 0	+140 0	+220 0
100	120	+630 +410	+460 +240	+400 +180	+207 +120	+125 +72	+90 +36	+47 +12	+22 0	+35 0	+54 0	+87 0	+140 0	+220 0
120	140	+710 +460	+510 +260	+450 +200	+245 +145	+145 +85	+106 +43	+54 +14	+25 0	+40 0	+63 0	+100 0	+160 0	+250 0
140	160	+770 +520	+530 +280	+460 +210	+245 +145	+145 +85	+106 +43	+54 +14	+25 0	+40 0	+63 0	+100 0	+160 0	+250 0
160	180	+830 +580	+560 +310	+480 +230	+245 +145	+145 +85	+106 +43	+54 +14	+25 0	+40 0	+63 0	+100 0	+160 0	+250 0
180	200	+950 +660	+630 +340	+530 +240	+285 +170	+172 +100	+122 +50	+61 +15	+29 0	+46 0	+72 0	+115 0	+185 0	+290 0
200	225	+1030 +740	+670 +380	+550 +260	+285 +170	+172 +100	+122 +50	+61 +15	+29 0	+46 0	+72 0	+115 0	+185 0	+290 0
225	250	+1110 +820	+710 +420	+570 +280	+285 +170	+172 +100	+122 +50	+61 +15	+29 0	+46 0	+72 0	+115 0	+185 0	+290 0
250	280	+1240 +920	+800 +480	+620 +300	+320 +190	+191 +110	+137 +56	+69 +17	+32 0	+52 0	+81 0	+130 0	+210 0	+320 0
280	315	+1370 +1050	+860 +540	+650 +330	+320 +190	+191 +110	+137 +56	+69 +17	+32 0	+52 0	+81 0	+130 0	+210 0	+320 0
315	355	+1560 +1200	+960 +600	+720 +360	+350 +210	+214 +125	+151 +62	+75 +18	+36 0	+57 0	+89 0	+140 0	+230 0	+360 0
355	400	+1710 +1350	+1040 +680	+760 +400	+350 +210	+214 +125	+151 +62	+75 +18	+36 0	+57 0	+89 0	+140 0	+230 0	+360 0
400	450	+1900 +1500	+1160 +760	+840 +440	+385 +230	+232 +135	+165 +68	+83 +20	+40 0	+63 0	+97 0	+155 0	+250 0	+400 0
450	500	+2050 +1650	+1240 +840	+880 +480	+385 +230	+232 +135	+165 +68	+83 +20	+40 0	+63 0	+97 0	+155 0	+250 0	+400 0

偏差（摘自 GB/T 1800.2—2020）

单位：μm

等级 12	JS 6	JS 7	K 6	K 7	K 8	M 7	N 6	N 7	P 6	P 7	R 7	S 7	T 7	U 7
+100 / 0	±3	±5	0 / -6	0 / -10	0 / -14	-2 / -12	-4 / -10	-4 / -14	-6 / -12	-6 / -16	-10 / -20	-14 / -24	—	-18 / -28
+120 / 0	±4	±6	+2 / -6	+3 / -9	+5 / -13	0 / -12	-5 / -13	-4 / -16	-9 / -17	-8 / -20	-11 / -23	-15 / -27	—	-19 / -31
+150 / 0	±4.5	±7	+2 / -7	+5 / -10	+6 / -16	0 / -15	-7 / -16	-4 / -19	-12 / -21	-9 / -24	-13 / -28	-17 / -32	—	-22 / -37
+180 / 0	±5.5	±9	+2 / -9	+6 / -12	+8 / -19	0 / -18	-9 / -20	-5 / -23	-15 / -26	-11 / -29	-16 / -34	-21 / -39	—	-26 / -44
+210 / 0	±6.5	±10	+2 / -11	+6 / -15	+10 / -23	0 / -21	-11 / -24	-7 / -28	-18 / -31	-14 / -35	-20 / -41	-27 / -48	—	-33 / -54
													-33 / -54	-40 / -61
+250 / 0	±8	±12	+3 / -13	+7 / -18	+12 / -27	0 / -25	-12 / -28	-8 / -33	-21 / -37	-17 / -42	-25 / -50	-34 / -59	-39 / -64	-51 / -76
													-45 / -70	-61 / -86
+300 / 0	±9.5	±15	+4 / -15	+9 / -21	+14 / -32	0 / -30	-14 / -33	-9 / -39	-26 / -45	-21 / -51	-30 / -60	-42 / -72	-55 / -85	-76 / -106
											-32 / -62	-48 / -78	-64 / -94	-91 / 121
+350 / 0	±11	±17	+4 / -18	+10 / -25	+16 / -38	0 / -35	-16 / -38	-10 / -45	-30 / -52	-24 / -59	-38 / -73	-58 / -93	-78 / -113	-111 / -146
											-41 / -76	-66 / -101	-91 / -126	-131 / -166
+400 / 0	±12.5	±20	+4 / -21	+12 / -28	+20 / -43	0 / -40	-20 / -45	-12 / -52	-36 / -61	-28 / -68	-48 / -88	-77 / -117	-107 / -147	-155 / -195
											-50 / -90	-85 / -125	-119 / -159	-175 / -215
											-53 / -93	-93 / -133	-131 / -171	-195 / -235
+460 / 0	±14.5	±23	+5 / -24	+13 / -33	+22 / -50	0 / -46	-22 / -51	-14 / -60	-41 / -70	-33 / -79	-60 / -106	-105 / -151	-149 / -195	-219 / -265
											-63 / -109	-113 / -159	-163 / -209	-241 / -287
											-67 / -113	-123 / -169	-179 / -225	-267 / -313
+520 / 0	±16	±26	+5 / -27	+16 / -36	+25 / -56	0 / -52	-25 / -57	-14 / -66	-47 / -79	-36 / -88	-74 / -126	-138 / -190	-198 / -250	-295 / -347
											-78 / -130	-150 / -202	-220 / -272	-330 / -382
+570 / 0	±18	±28	+7 / -29	+17 / -40	+28 / -61	0 / -57	-26 / -62	-16 / -73	-51 / -87	-41 / -98	-87 / -144	-169 / -226	-247 / -304	-369 / -426
											-93 / -150	-187 / -244	-273 / -330	-414 / -471
+630 / 0	±20	±31	+8 / -32	+18 / -45	+29 / -68	0 / -63	-27 / -67	-17 / -80	-55 / -95	-45 / -108	-103 / -166	-209 / -272	-307 / -370	-467 / -530
											-109 / -172	-229 / -292	-337 / -400	-517 / -580

附表 F-16 标准公差数值(摘自 GB/T 1800.1—2020)

公称尺寸 /mm		标准公差等级																	
大于	至	IT1	IT2	IT3	IT4	IT5	IT6	IT7	IT8	IT9	IT10	IT11	IT12	IT13	IT14	IT15	IT16	IT17	IT18
		/μm											/mm						
—	3	0.8	1.2	2	3	4	6	10	14	25	40	60	0.1	0.14	0.25	0.4	0.6	1	1.4
3	6	1	1.5	2.5	4	5	8	12	18	30	48	75	0.12	0.18	0.3	0.45	0.75	1.2	1.8
6	10	1	1.5	2.5	4	6	9	15	22	36	58	90	0.15	0.22	0.36	0.58	0.9	1.5	2.2
10	18	1.2	2	3	5	8	11	18	27	43	70	110	0.18	0.27	0.43	0.7	1.1	1.8	2.7
18	30	1.5	2.5	4	6	9	13	21	33	52	84	130	0.21	0.33	0.52	0.84	1.3	2.1	3.3
30	50	1.5	2.5	4	7	11	16	25	39	62	100	160	0.25	0.39	0.62	1	1.6	2.5	3.9
50	80	2	3	5	8	13	19	30	46	74	120	190	0.3	0.46	0.74	1.2	1.9	3	4.6
80	120	2.5	4	6	10	15	22	35	54	87	140	220	0.35	0.54	0.87	1.4	2.2	3.5	5.4
120	180	3.5	5	8	12	18	25	40	63	100	160	250	0.4	0.63	1	1.6	2.5	4	6.3
180	250	4.5	7	10	14	20	29	46	72	115	185	290	0.46	0.72	1.15	1.85	2.6	4.6	7.2
250	315	6	8	12	16	23	32	52	81	130	210	320	0.52	0.81	1.3	2.1	3.2	5.2	8.1
315	400	7	9	13	18	25	36	57	89	140	230	360	0.57	0.89	1.4	2.3	3.6	5.7	8.9
400	500	8	10	15	20	27	40	63	97	155	250	250	0.63	0.97	1.55	2.5	4	6.3	9.7

注：公称尺寸小于或等于 1 时，无 IT14。

附录四 常用材料

附表 F-17 常用的金属材料与非金属材料

<table>
<tr><th colspan="2">名称</th><th>牌号</th><th>说明</th><th>应用举例</th></tr>
<tr>
<td rowspan="8">黑色金属</td>
<td rowspan="3">灰铸铁
（GB/T 9439—2023）</td>
<td>HT100</td>
<td rowspan="3">HT—灰铸铁代号；
150—抗拉强度，MPa</td>
<td>属低强度铸铁，用于盖、手把、手轮等不重要零件</td>
</tr>
<tr>
<td>HT150</td>
<td>属中等强度铸铁，用于一般铸件，如机床座、端盖、带轮、工作台等</td>
</tr>
<tr>
<td>HT200</td>
<td>属高强度铸铁，用于较重要铸件，如气缸、齿轮、凸轮、机座、床身、飞轮、带轮、齿轮箱、阀壳、联轴器、衬筒、轴承座等</td>
</tr>
<tr>
<td rowspan="3">球墨铸铁
（GB/T 1348—2019）</td>
<td>QT450-10</td>
<td rowspan="3">QT—球铁代号；
450—抗拉强度，MPa；
10—断后伸长率</td>
<td rowspan="3">具有较高的强度和塑性，广泛用于受磨损和受冲击的零件，如曲轴、气缸套、活塞环、摩擦片、中低压阀门、千斤顶座等</td>
</tr>
<tr>
<td>QT500-7</td>
</tr>
<tr>
<td>QT600-3</td>
</tr>
</table>

<table>
<tr>
<td rowspan="6">黑色金属</td>
<td rowspan="3">铸钢
（GB/T 11352—2009）</td>
<td>ZG200-400</td>
<td rowspan="3">ZG—铸钢代号；
200—屈服强度，MPa；
400—抗拉强度，MPa</td>
<td>用于各种形状的零件，如机座、变速箱壳等</td>
</tr>
<tr>
<td>ZG270-500</td>
<td>用于各种形状的零件，如飞轮、机架、水压机工作缸、横梁等</td>
</tr>
<tr>
<td>ZG310-570</td>
<td>用于各种形状的零件，如联轴器、气缸、齿轮及重负荷的机架等</td>
</tr>
<tr>
<td rowspan="3">碳素结构钢
（GB/T 700—2006）</td>
<td>Q215-A</td>
<td rowspan="3">Q—屈服点；
215—屈服点（强度）数值，MPa；
A—质量等级</td>
<td>塑性大、抗拉强度低、易焊接，用于炉撑、铆钉、垫圈、开口销等</td>
</tr>
<tr>
<td>Q235-A</td>
<td rowspan="2">有较高的强度和硬度，伸长率也相当大，可以焊接，用途很广，是一般机械上的主要材料，用于低速轻载齿轮、键、拉杆、钩子、螺栓、套圈等</td>
</tr>
<tr>
<td>Q275</td>
</tr>
</table>

附表 F-17（续）

名称		牌号	说明	应用举例
黑色金属	优质碳素结构钢 （GB/T 699—2015）	15，15F	15—以平均万分数表示的碳的质量分数 F—质量等级	塑性、韧性、焊接性能和冷冲性能均极好，但强度低。用于螺钉、螺母、法兰盘、渗碳零件等
		35		不经热处理可用于中等载荷的零件，如拉杆、轴、套筒、钩子等；调质处理后适用于强度及韧性要求较高的零件，如传动轴等
		45		用于强度要求较高的零件，如齿轮、机床主轴、花键轴等
		15Mn	15—以平均万分数表示的碳的质量分数； Mn—含锰量较高	其性能与 15 钢相似，渗碳后淬透性、强度比 15 钢高
		45Mn		用于受磨损的零件，如轴轴、心轴、齿轮、花键轴等
有色金属	普通黄铜 （GB/T 5231—2022）	H59	H—黄铜的代号； 96—铜的平均质量分数	用于热轧、热压零件，如套管、螺母等
		H68		用于较复杂的冷冲零件和深拉深零件，如弹壳、垫座等
		H96		用于散热器和冷凝器管子等
	铸造铜合金 （GB/T 1176—2013）	ZCuSn5Pb5Zn5	Z—铸造代号； Al—基体元素铝的元素符号； Si5—硅元素符号及其平均质量分数	用于轴瓦、衬套、缸套、油塞、离合器、蜗轮等中等滑动速度工作的耐磨、耐腐蚀零件
		ZCuSn10Zn2		用于中等极较高负荷和小滑动速度工作的重要管配件，以及阀、旋塞、泵体、齿轮、叶轮、蜗轮等
		ZCuAl9Fe4 Ni4Mn2		用于船舶螺旋桨、耐磨和 400 ℃以下工作的零件，如轴承、齿轮、蜗轮、螺母、阀体、法兰等
		ZCuAl10Fe3		用于强度高、耐磨、耐蚀的零件，如蜗轮、轴承、衬套、耐热管配件等

附表 F-17（续）

	名称	牌号	说明	应用举例
有色金属	铸造铝合金 （GB/T 1173—2013）	ZAlSi5CulMg	Z—铸造代号； Al—基体元素铝的元素符号； Si5—硅元素符号及其平均质量分数	用于风冷发动机的气缸头、机闸、油泵体等在225℃以下工作的零件
		ZAlCu4		用于中等载荷、形状较简单的在200℃以下工作的小零件
非金属	尼龙 （JB/ZQ 4196—2006）	尼龙6	尼龙66的密度、抗拉强度、抗压强度等材料性能高于尼龙6	用于中等载荷、使用温度不大于100~120℃、无润滑条件下工作的耐磨受力传动零件
		尼龙66		用于轻载荷、中等温度（最高80~100℃）无润滑、要求噪声低的条件下工作的耐磨受力传动零件
	耐油石棉橡胶板 （GB/T 539—2008）	NY150 NY250 NY400 HNY300	NY——一般工作用； HNY——航空工业用； 150—适用最高温度	用于在一定温度的机油、变压器油、汽油等介质中工作的零件，冲制各种形状的垫圈
	软钢纸板 （QB/T 2200—1996）	T112-3244 T122-3038 T132-3236	规格： 920×650 650×490 650×400 400×300	用于制作密封连接处的垫圈
	工业用平面毛毡 （FZ/T 25001—2012）		T112—细毛； T122—半粗毛； T132—粗毛。 后两位数是密度（g/cm³）的百分数（如0.32~0.44 g/cm³）	用作密封、防振缓冲衬垫

附表 F-18　低压流体输送用焊接钢管(公称直径不大于 168.3 mm)尺寸规格(摘自 GB/T 3092—2015)

单位：mm

公称口径	外径	普通管壁厚	加厚管壁厚	公称口径	外径	普通管壁厚	加厚管壁厚
6	10.2	2.0	2.5	40	48.3	3.5	4.5
8	13.5	2.5	2.8	50	60.3	3.8	4.5
10	17.2	2.5	2.8	65	76.1	4.0	4.5
15	21..3	2.8	3.5	80	88.9	4.0	5.0
20	26.9	2.8	3.5	100	114.3	4.0	5.0
25	33.7	3.2	4.0	125	139.7	4.0	5.5
32	42.4	3.5	4.0	150	168.3	4.5	6.0

附表 F-19　普通无缝钢管尺寸规格(摘自 GB/T 17395—1998)　　单位：mm

外径	壁厚	外径	壁厚	外径	壁厚	外径	壁厚
17		48	1.0 ~ 12	140	2.9 ~ 36	356	9.0 ~ 65
21	0.25 ~ 5.0	60	1.0 ~ 16	168	3.5 ~ 45	406	9.0 ~ 65
27	0.40 ~ 6.0	76	1.0 ~ 20	219	6.0 ~ 55	457	9.0 ~ 65
34	0.40 ~ 7.0	89	1.4 ~ 24	273	6.5 ~ 65	508	9.0 ~ 65
42	1.0 ~ 10	114	1.4 ~ 30	325	7.5 ~ 65	610	9.0 ~ 65
壁厚尺寸系列	0.25, 0.3, 0.4, 0.5, 0.6, 0.8, 1, 1.2, 1.4, 1.5, 1.6, 1.8, 2, 2.2, 2.5, 2.8, 2.9, 3.2, 3.5, 4, 4.5, 5, 5.4, 6, 6.3, 7, 7.5, 8, 8.5, 8.8, 9.5, 10, 11, 12, 13, 14, 15, 16, 17, 18, 19, 20, 22, 24, 25, 26, 28, 30, 32, 34, 36, 38, 40, 42, 45, 48, 50, 55, 60, 65						

注：表中所列为普通钢管组第 1 系列的尺寸规格。

附录五　化工设备标准零部件

1. 椭圆形封头(摘自 JB/T 4737—1995)

(1)以内径为基准的封头(EHA)。

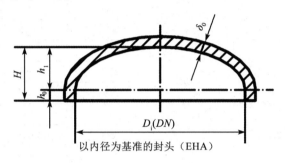

以内径为基准的封头（EHA）

附图 F-19

(2)以外径为基准的封头(EHB)。

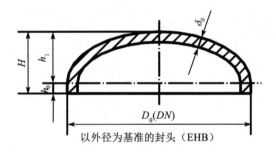

以外径为基准的封头（EHB）

附图 F-20

符号含义：DN 为公称直径；D_i 为内径；D_o 为外径；H 总深度；δ_n 为名义厚度；h_1 为曲面深度；h_0 为直边高度(当封头公称直径小于或等于 2000 mm 时，$h_0 = 25$ mm；当封头公称直径大于 2000 mm 时，$h_0 = 40$ mm)

标记示例：

$$\text{EHA} \quad 2000{\times}16\text{-}16MnR \quad \text{JB/T} \quad 4746$$

意为公称直径 2000 mm、名义厚度 16 mm、材质 16MnR、以内径为基准的椭圆形封盖头。

附表 F-20　椭圆形封头部分尺寸
单位：mm

公称直径(DN)	总深度(H)	名义厚度(δ_n)	公称直径(DN)	总深度(H)	名义厚度(δ_n)
以内径为基准的封盖头（EHA）					
300	100	2~8	1600	425	6~32
350	113		1700	450	
400	125	3~14	1800	475	
450	138		1900	500	8~32
500	150		2000	525	
550	163		2100	565	
600	175	3~20	2200	590	
650	188		2300	615	
700	200		2400	650	
750	213		2500	665	
800	225		2600	690	10~32
850	238		2700	715	
900	250	4~28	2800	740	
950	263		2900	765	
1000	275		3000	790	
1100	300	5~32	3100	815	12~32
1200	325		3200	840	
1300	350		3300	865	
1400	375	6~32	3400	890	16~32
1500	400		3500	915	
以外直径为基准的封头（EHB）					
159	65	4~8	325	106	6~12
219	80	5~8	377	119	8~14
273	93	6~12	426	132	
名义厚度系列			2, 3, 4, 5, 6, 8, 10, 12, 14, 16, 18, 20, 22, 24, 26, 28, 30, 32		

2. 板式平焊钢制管法兰和法兰盖

（1）板式平焊钢制管法兰（摘自 HG/T 20592—2009，HG/T 20593—2014）

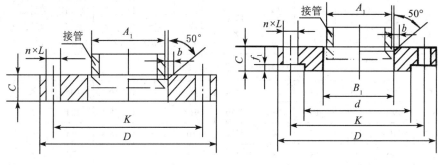

附图 F-21

（2）钢制管法兰盖（摘自 HG/T 20592—2009，HG/T 20593—2014）

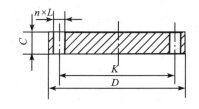 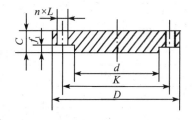

附图 F-22

标记示例：

HG/T 20592　法兰　PL150-0.6　RF　Q235A

意为公称通径 150 mm、公称压力 0.6 MPa、配用公制管的突面板式平焊法兰、法兰材料为 Q235A。

HG/T 20592　法兰盖　BL150-1.0　FF　Q235A

意为公称通径 150 mm、公称压力 1.0 MPa、配用公制管的全平面法兰盖、法兰盖材料为 Q235A。

附表 F-21　板式平焊钢制管法兰和法兰盖各部分尺寸　　　　单位：mm

公称通径（DN）	钢管外径（A_1）	连接尺寸					板式平焊法兰					法兰盖
		法兰外径(D)	螺孔中心圆直径(K)	螺孔直径(L)	螺孔数量(n)	螺纹(Th)	法兰内径(B_1)	坡口宽度(b)	法兰厚度(C)	密封面直径(d)	密封面厚度(f_1)	厚度（C）
PN0.6 MPa 板式平焊法兰和法兰盖												
10	14	75	50	11	4	M10	15	0	12	33	2	12
15	18	80	55	11	4	M10	19	0	12	38	2	12
20	25	90	65	11	4	M10	26	0	14	48	2	14
25	32	100	75	11	4	M10	33	0	14	58	2	14
32	38	120	90	14	4	M12	39	0	16	69	2	16
40	45	130	100	14	4	M12	46	0	16	78	2	16
50	57	140	110	14	4	M12	59	0	16	88	2	16

附表 F-21（续）   单位：mm

公称通径（DN）	钢管外径（A₁）	连接尺寸					板式平焊法兰					法兰盖
		法兰外径（D）	螺孔中心圆直径（K）	螺孔直径（L）	螺孔数量（n）	螺纹（Th）	法兰内径（B₁）	坡口宽度（b）	法兰厚度（C）	密封面直径（d）	密封面厚度（f₁）	厚度（C）
PN0.6 MPa 板式平焊法兰和法兰盖												
65	76	160	130	14	4	M12	78	0	16	108	2	16
80	89	190	150	18	4	M16	91	0	18	124	2	18
100	108	210	170	18	4	M16	110	0	18	144	2	18
125	133	240	200	18	8	M16	135	0	18	174	2	18
150	159	265	225	18	8	M16	161	0	20	199	2	20
200	219	320	280	18	8	M16	222	0	22	254	2	22
250	273	375	335	18	12	M16	276	0	24	39	2	24
300	325	440	395	22	12	M20	328	0	24	363	2	24
PN1.0 MPa 板式平焊法兰和法兰盖												
15	18	95	65	14	4	M12	19	0	14	46	2	14
20	25	105	75	14	4	M12	26	0	16	56	2	16
25	32	115	85	14	4	M12	33	0	16	65	2	16
32	38	140	100	18	4	M16	39	0	18	76	2	18
40	45	150	110	18	4	M16	46	0	18	84	2	18
50	57	165	125	18	4	M16	59	0	20	99	2	20
65	76	185	145	18	4	M16	78	0	20	118	2	20
80	89	200	160	18	4	M16	91	0	20	132	2	20
100	108	220	180	18	8	M16	110	0	22	156	2	22
125	133	250	210	18	8	M16	135	0	22	184	2	22
150	159	285	240	22	8	M20	161	0	24	211	2	24
200	219	340	295	22	8	M20	222	0	24	266	2	24
250	273	395	350	22	12	M20	276	0	26	319	2	26
300	325	445	400	22	12	M20	328	0	28	370	2	26
PN1.6 MPa 板式平焊法兰和法兰盖												
15	18	95	65	14	4	M12	19	4	14	46	2	14
20	25	105	75	14	4	M12	26	4	16	56	2	16
25	32	115	85	14	4	M12	33	5	16	65	2	16
32	38	140	100	18	4	M16	39	5	18	76	2	18
40	45	150	110	18	4	M16	46	5	18	84	2	18
50	57	165	125	18	4	M16	59	5	20	99	2	20
65	76	185	145	18	4	M16	78	6	20	118	2	20

附表 **F-21**（续）　　　　　　　　　　　　　　　　单位：mm

公称通径（DN）	钢管外径（A_1）	连接尺寸					板式平焊法兰					法兰盖
		法兰外径(D)	螺孔中心圆直径(K)	螺孔直径(L)	螺孔数量（n）	螺纹（Th）	法兰内径（B_1）	坡口宽度（b）	法兰厚度（C）	密封面直径（d）	密封面厚度（f_1）	厚度（C）
PN1.6 MPa 板式平焊法兰和法兰盖												
80	89	200	160	18	8	M16	91	6	20	132	2	20
100	108	220	180	18	8	M16	110	6	22	156	2	22
125	133	250	210	18	8	M16	135	6	22	184	2	22
150	159	285	240	22	8	M20	161	6	24	211	2	24
200	219	340	295	22	12	M20	222	8	26	266	2	24
250	273	405	355	26	12	M24	276	10	28	319	2	26
300	325	460	410	26	12	M24	328	11	32	370	2	28
PN2.5 MPa 板式平焊法兰和法兰盖												
15	18	95	65	14	4	M12	19	4	14	46	2	14
20	25	105	75	14	4	M12	26	4	16	56	2	16
25	32	115	85	14	4	M12	33	5	16	65	2	16
32	38	140	100	18	4	M16	39	5	18	76	2	18
40	45	150	110	18	4	M16	46	5	18	84	2	18
50	57	165	125	18	4	M16	59	5	20	99	2	20
65	76	185	145	18	8	M16	78	6	22	118	2	22
80	89	200	160	18	8	M16	91	6	24	132	2	24
100	108	235	190	22	8	M20	110	6	26	156	2	24
125	133	270	220	26	8	M24	135	6	28	184	2	26
150	159	300	250	26	8	M24	161	6	30	211	2	28
200	219	360	310	26	12	M24	222	8	32	274	2	30
250	273	425	370	30	12	M27	276	10	35	330	2	32
300	325	485	430	30	16	M27	328	11	38	389	2	34

3. 甲型平焊法兰(摘自 NB/T 4721—2012)

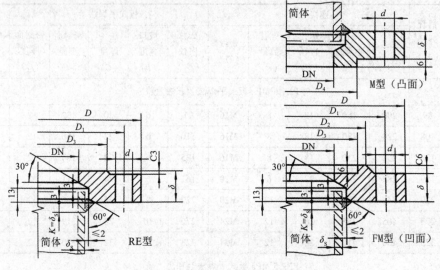

附图 **F-23**

附表 F-22　甲型平焊法兰规格尺寸　　　　　　　　　　　　　单位：mm

公称直径	法兰							螺柱	
/mm	D	D_1	D_2	D_3	D_4	δ	d	规格	数量
$PN = 0.25$ MPa									
700	815	780	750	740	737	36	18	M16	28
800	915	880	850	840	837	36	18	M16	32
900	1015	980	950	940	937	40	18	M16	36
1000	1130	1090	1055	1045	1042	40	23	M20	32
1200	1330	1290	1255	1241	1238	44	23	M20	36
1400	1530	1490	1455	1441	1438	46	23	M20	40
1600	1730	1690	1655	1641	1638	50	23	M20	48
1800	1930	1890	1855	1841	1838	56	23	M20	52
2000	2130	2090	2055	2041	2038	60	23	M20	60

附表 **F-22**（续）　　　　　　　　　　　　　　　单位：mm

公称直径	法兰							螺柱	
/mm	D	D_1	D_2	D_3	D_4	δ	d	规格	数量
$PN=0.6$ MPa									
500	615	580	550	540	537	30	18	M16	20
600	715	680	650	640	637	32	18	M16	24
700	830	790	755	745	742	36	23	M20	24
800	930	890	855	845	842	40	23	M20	24
900	1030	990	955	945	942	44	23	M20	32
1000	1130	1090	1055	1042	1042	48	23	M20	36
1200	1330	1290	1255	1241	1238	60	23	M20	52
$PN=1.0$ MPa									
300	415	350	350	340	337	26	18	M16	16
400	515	450	450	440	437	30	18	M16	20
500	630	555	555	545	542	34	23	M20	20
600	730	655	655	645	642	40	23	M20	24
700	830	755	755	745	742	46	23	M20	32
800	930	855	855	845	842	54	23	M20	40
900	1030	955	955	945	942	60	23	M20	48
$PN=1.6$ MPa									
300	430	355	355	345	342	30	23	M20	16
400	530	455	455	445	442	36	23	M20	20
500	630	555	555	545	542	44	23	M20	28
600	730	655	655	645	642	54	23	M20	40

4. 人孔与手孔

（1）常压人孔（摘自 HG/T 21515—2014）。

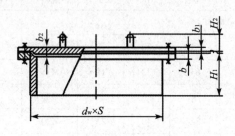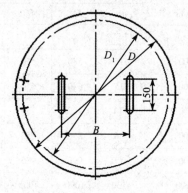

附图 F-24

（2）常压手孔（摘自 HG/T 21528—2014）。

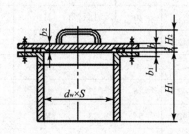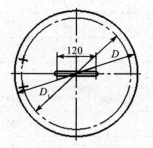

附图 F-25

附表 F-23　人孔与手孔的规格尺寸

公称压力 /MPa	公称直径 /mm	$d_W×S$ /mm	D /mm	D_1 /mm	b /mm	b_1 /mm	b_2 /mm	H_1 /mm	H_2 /mm	B /mm	螺栓	
											数量	规格/mm
常压人孔												
常压	450	480×6	570	535	14	10	12	160	90	250	20	M16×50
	500	530×6	620	585	14	10	12	160	90	250	20	
	600	630×6	720	685	16	12	14	180	92	300	24	
1.6	150	159×6	280	240	28	18	20	170	84	—	8	M20×70
	250	273×8	405	355	32	24	26	200	90	—	12	M22×85
平盖手孔												
1.0	150	159×45	280	240	24	16	18	160	82	—	8	M20×65
	250	273×8	390	350	26	18	20	190	84	—	12	M20×70

5. 耳式支座(摘自 JB/T 4712.3—2007)

A型、B型（支座号1~5，无盖板）

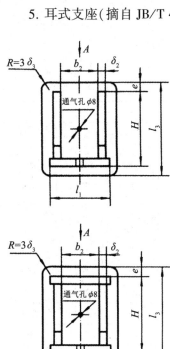

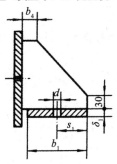

A型、B型（支座号6~8，有盖板）

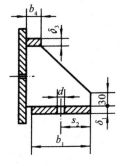

C型（支座号1~3，一个螺栓孔）

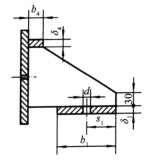

C型（支座号4~8，两个螺栓孔）

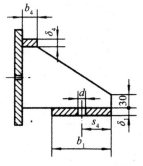

附图 F-26

标记示例：

JB/T 4712.3—2007，耳式支座 A3-I

意为 A 型，3 号耳式支座，支座材料 Q235A。

附表 F-24　耳式支座部分尺寸

单位：mm

支座号			1	2	3	4	5	6	7	8
容器公称直径(DN)			300~600	500~1000	700~1400	1000~2000	1300~2600	1500~300	1700~3400	2000~4000
高度(H)			125	160	200	250	320	400	480	600
底板	l_1	A,B,C 型	100	125	160	200	250	320	375	480
	b_1		60	80	105	140	180	230	280	360
	δ_1		6	8	10	14	16	20	22	26
	s_1		30	40	50	70	90	115	130	145
	c	C 型	—	—	—	90	120	160	200	280
肋板	l_2	A 型	70	90	110	140	180	230	280	350
		B 型	160	180	205	290	330	380	430	510
		C 型	250	280	300	390	430	480	530	600
	b_2	A 型	70	90	110	140	180	230	280	350
		B 型	70	90	110	140	180	230	280	350
		C 型	80	100	130	170	210	260	310	400
	δ_2	A 型	4	5	6	8	10	12	4	16
		B 型	5	6	8	10	12	14	16	18
		C 型	6	6	8	10	12	14	16	18
垫板	l_3	A,B 型	160	200	250	315	400	500	600	720
		C 型	260	310	370	430	510	570	630	750
	b_3	A,B 型	125	160	200	250	320	400	500	600
		C 型	170	210	260	320	380	450	540	650
	δ_3		6	6	8	8	10	12	14	16
	e	A,B 型	20	24	30	40	48	60	70	72
		C 型	30	30	35	35	40	45	45	50
盖板	b_4	A 型	30	30	30	30	30	50	50	50
		B,C 型	50	50	50	70	70	100	100	100
	δ_4	A 型	—	—	—	—	—	12	14	16
		B 型	—	—	—	—	—	14	16	18
		C 型	8	10	12	12	14	14	16	18

附表 F-24 (续)   单位: mm

<table>
<tr><td colspan="3">支座号</td><td>1</td><td>2</td><td>3</td><td>4</td><td>5</td><td>6</td><td>7</td><td>8</td></tr>
<tr><td rowspan="4">地脚螺栓</td><td>d</td><td rowspan="2">A, B 型</td><td>24</td><td>24</td><td>30</td><td>30</td><td>30</td><td>36</td><td>36</td><td>36</td></tr>
<tr><td>规格</td><td>M20</td><td>M20</td><td>M24</td><td>M24</td><td>M24</td><td>M30</td><td>M30</td><td>M30</td></tr>
<tr><td>d</td><td rowspan="2">C 型</td><td>24</td><td>30</td><td>30</td><td>30</td><td>30</td><td>36</td><td>36</td><td>36</td></tr>
<tr><td>规格</td><td>M20</td><td>M24</td><td>M24</td><td>M24</td><td>M24</td><td>M30</td><td>M30</td><td>M30</td></tr>
<tr><td colspan="3">材料代号</td><td colspan="2">I</td><td colspan="2">II</td><td colspan="2">III</td><td colspan="2">IV</td></tr>
<tr><td colspan="3">肋板和底板材料</td><td colspan="2">Q235A</td><td colspan="2">16MnR</td><td colspan="2">0Cr18Ni9</td><td colspan="2">15CrMoR</td></tr>
</table>

6. 鞍式支座 (摘自 JB/T 4712.1—2007)

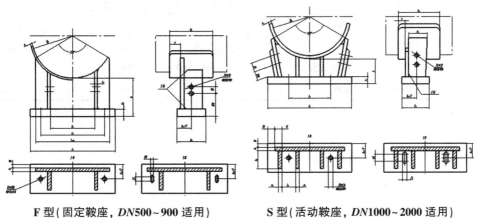

F 型 (固定鞍座, *DN*500~900 适用)   **S 型** (活动鞍座, *DN*1000~2000 适用)

标注示例:

JB/T 4712.1—2007, 鞍座 BI 900-S

意为 *DN*900 mm、120°包角重型、带垫板、滑动式支座。

附表 F-25 鞍式支座部分尺寸   单位: mm

<table>
<tr><td rowspan="3">型式特征</td><td rowspan="3">公称直径
(DN)</td><td rowspan="3">鞍座高度
(h)</td><td colspan="3">底板</td><td>腹板</td><td colspan="4">肋板</td><td colspan="4">垫板</td><td rowspan="3">螺栓间距
(l_2)</td></tr>
<tr><td rowspan="2">l_1</td><td rowspan="2">b_1</td><td rowspan="2">δ_1</td><td rowspan="2">δ_2</td><td rowspan="2">l_3</td><td rowspan="2">b_2</td><td rowspan="2">b_3</td><td rowspan="2">δ_3</td><td rowspan="2">弧长</td><td rowspan="2">b_4</td><td rowspan="2">δ_4</td><td rowspan="2">e</td></tr>
<tr></tr>
<tr><td rowspan="7">DN500~900, 120°包角重型 (BI) 带垫板或不带垫板 (若去掉垫板, 则为 BIII 型)</td><td>500</td><td rowspan="7">200</td><td>460</td><td rowspan="7">150</td><td rowspan="7">10</td><td rowspan="5">8</td><td>250</td><td>—</td><td rowspan="5">120</td><td rowspan="5">8</td><td>590</td><td rowspan="7">200</td><td rowspan="7">6</td><td rowspan="7">36</td><td>330</td></tr>
<tr><td>550</td><td>510</td><td>275</td><td>—</td><td>650</td><td>360</td></tr>
<tr><td>600</td><td>550</td><td>300</td><td>—</td><td>710</td><td>400</td></tr>
<tr><td>650</td><td>590</td><td>325</td><td>—</td><td>770</td><td>430</td></tr>
<tr><td>700</td><td>640</td><td>350</td><td>—</td><td>830</td><td>460</td></tr>
<tr><td>800</td><td>720</td><td rowspan="2">10</td><td>400</td><td>—</td><td rowspan="2">10</td><td>940</td><td>530</td></tr>
<tr><td>900</td><td>810</td><td>450</td><td>—</td><td>1060</td><td>590</td></tr>
</table>

附表 F-25(续)　　　　　　　　　　　　　　　　　单位：mm

型式特征	公称直径(DN)	鞍座高度(h)	底板 l_1	底板 b_1	底板 δ_1	腹板 δ_2	肋板 l_3	肋板 b_2	肋板 b_3	肋板 δ_3	垫板 弧长	垫板 b_4	垫板 δ_4	e	螺栓间距(l_2)
DN1000 ~ 2000，120°包角、A 型和 BI 型，带垫板（分子为轻型，分母为重型）	1000		760			6/8	170			6/8	1180				600
	1100		820				185				1290				660
	1200	200	880	170	10/12	6/10	200	140	180		1410	270	6/8		720
	1300		940			8/10	215			6/10	1520				780
	1400		1000				230				1640				840
	1500		1060				242				1760			40	900
	1600		1120	200		8/12	257	170	230		1870	320			960
	1700	250	1200		12/16		277			8/12	1990				1040
	1800		1280				296				2100		8/10		1120
	1900		1360	220		10/14	316	190	260		2220	350			1200
	2000		1420				331				2330				1260

附录六　化工工艺图有关代号和图例

附表 F-26　常用设备分类代号及其图例(摘自 HG/T 20519—2009)

设备类型（代号）	图例	设备类型（代号）	图例
塔(T)	填料塔　板式塔　喷洒塔	泵(P)	离心泵　旋转泵、齿轮泵 螺杆泵
容器（V）	卧式容器　球罐 锥顶罐　平顶容器	换热器(E)	固定管板式列管换热器　浮头式列管换热器 喷淋式冷却器
反应器(R)	固定床反应器　列管式反应器　反应釜（开式、带搅拌、夹套）	压缩机(C)	鼓风机　离心式压缩机 （卧式）　（立式） 旋转式压缩机